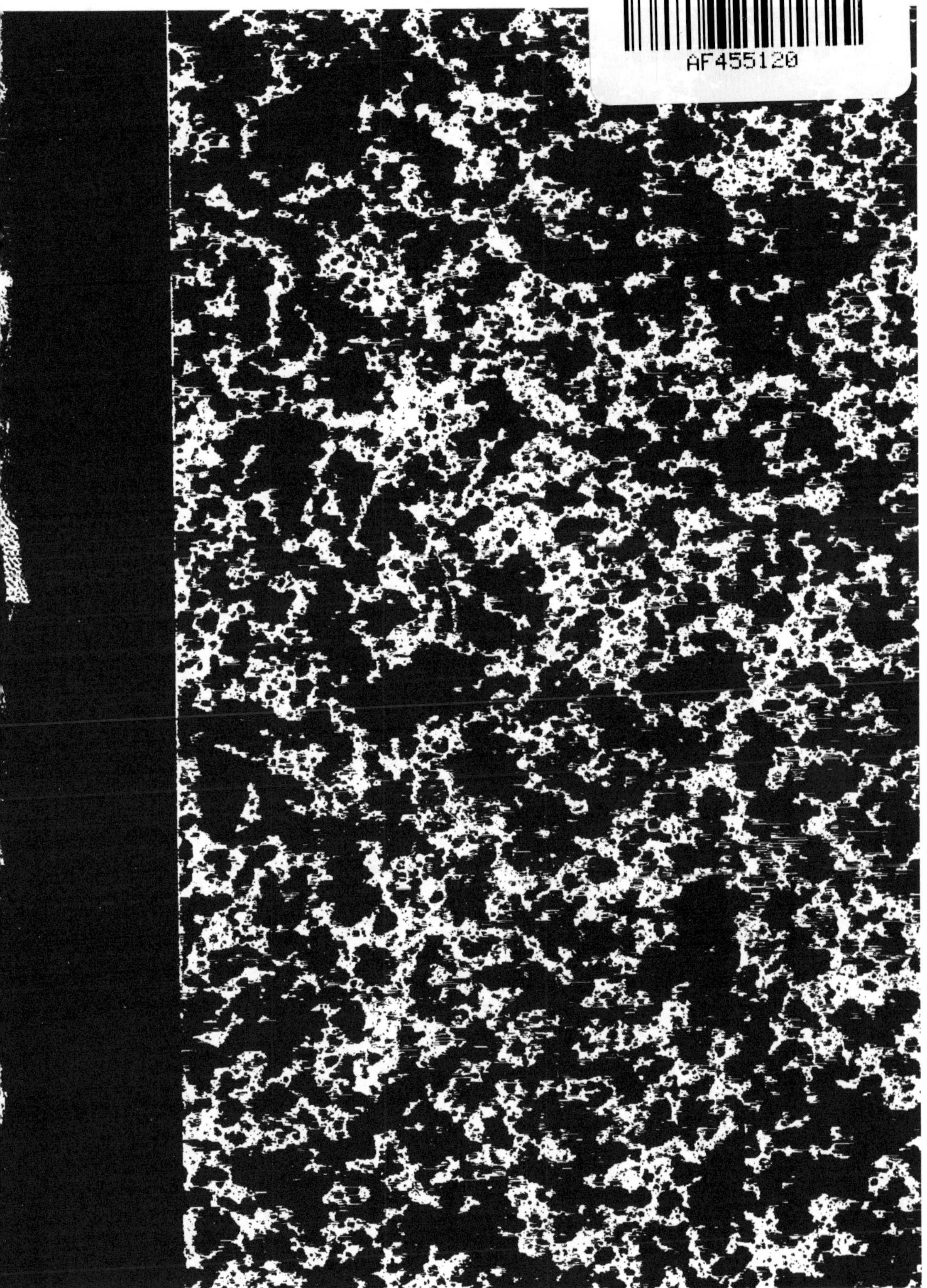

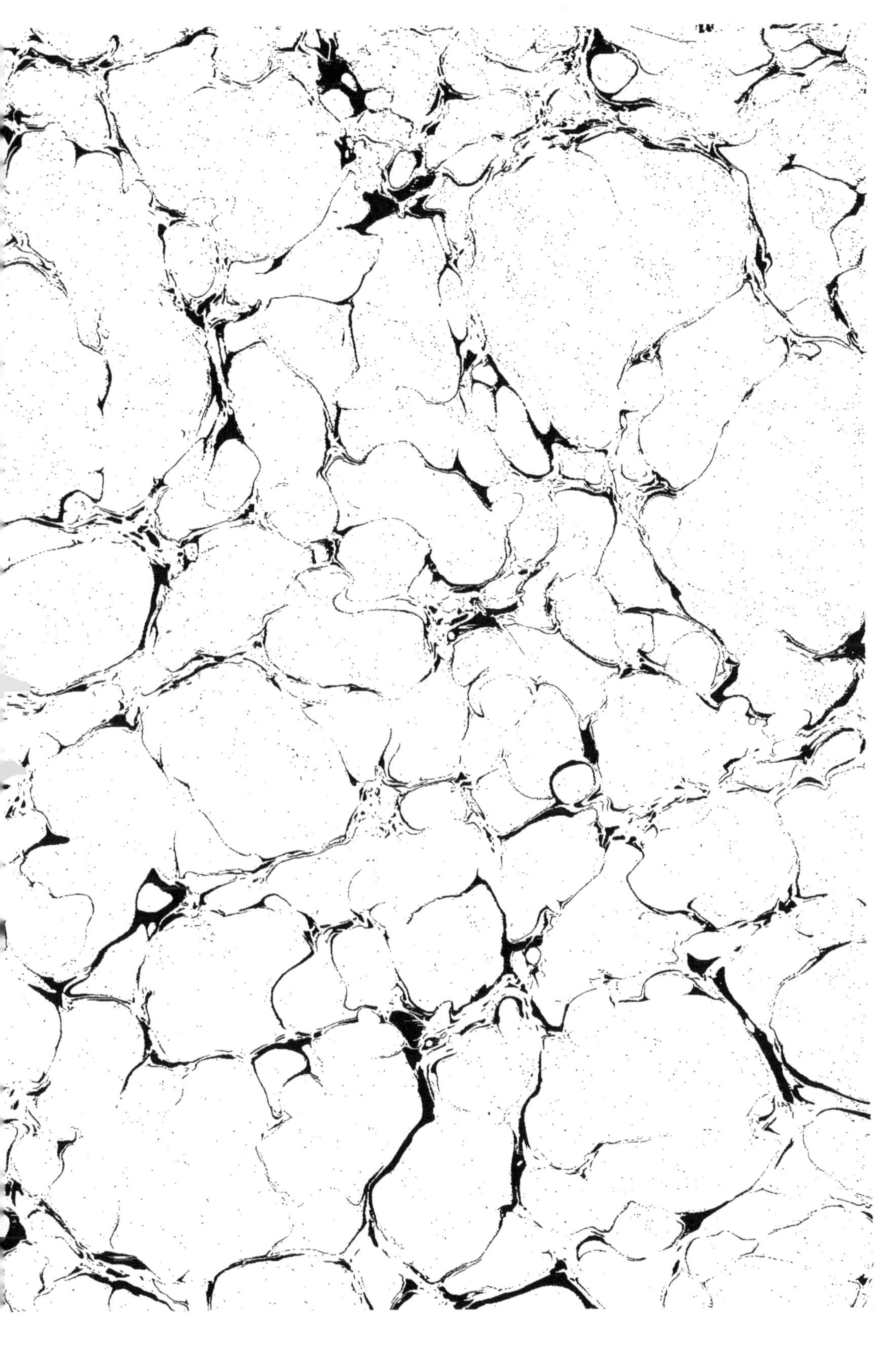

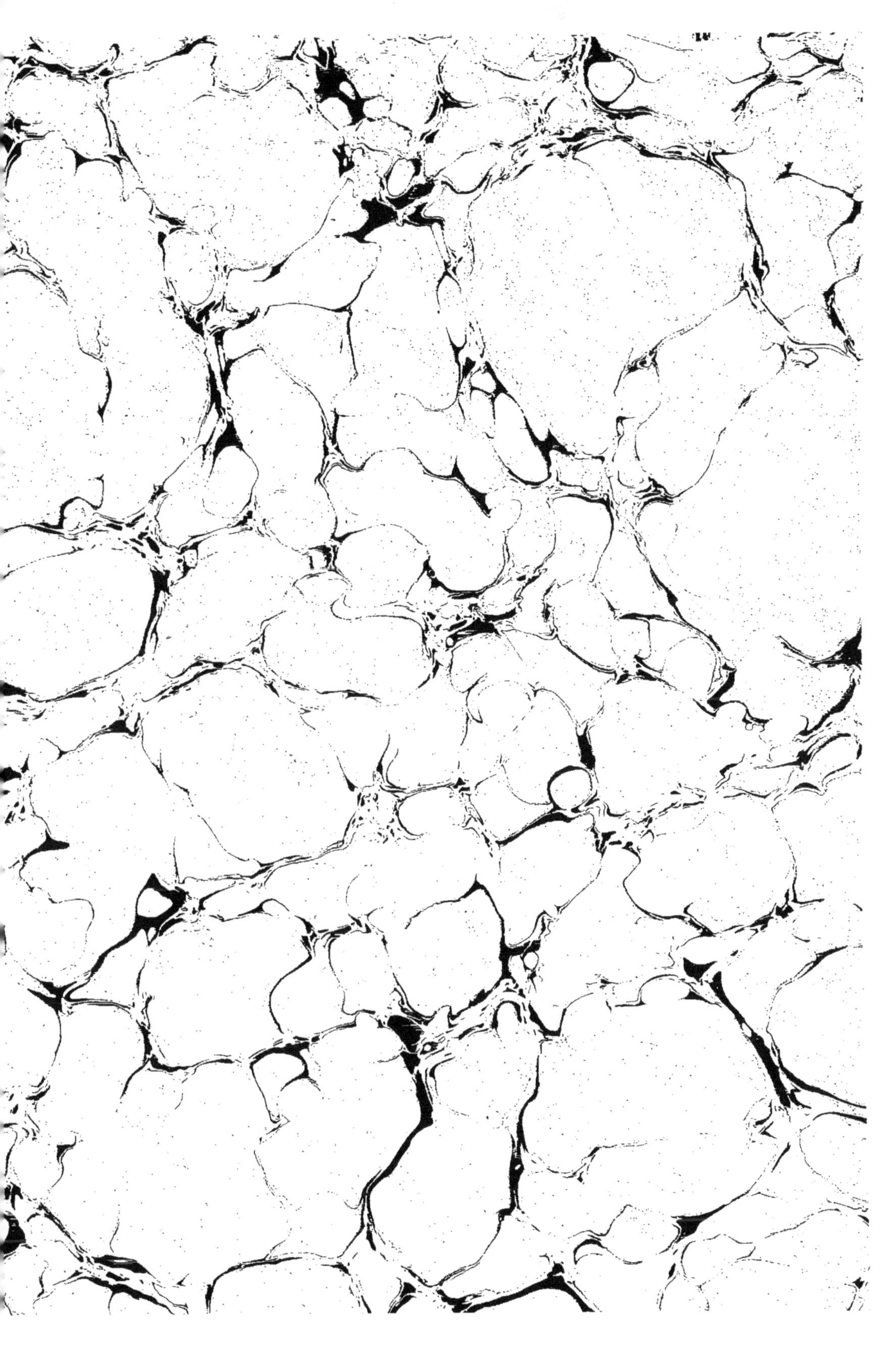

Carpentier

La Botanique d'Andrée

(1887)

LA

BOTANIQUE D'ANDRÉE

DANS LA MÊME COLLECTION

OUVRAGES DU MÊME AUTEUR

Enfants d'Alsace et de Lorraine, avec une lettre autographe de Victor Hugo, ouvrage illustré de gravures sur bois hors texte et de vignettes dans le texte d'après les compositions de Éd. Zier.

(Couronné par l'Académie française.)

Les Ignorances de Madeleine. Ouvrage illustré de 114 gravures sur bois.

9736-87. — Corbeil. Imprimerie Crété.

Jean, pâle, essoufflé, ahuri, bondit à leurs côtés.

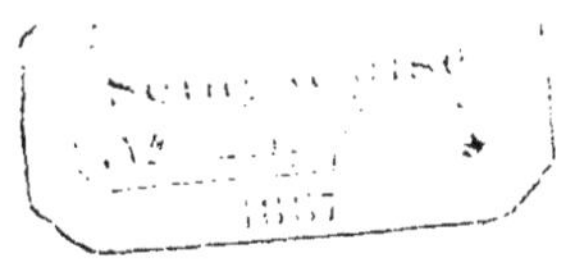

LA BOTANIQUE D'ANDRÉE

PAR

EMILIE CARPENTIER

OFFICIER D'ACADÉMIE

PARIS

LIBRAIRIE DE THÉODORE LEFÈVRE ET EMILE GUÉRIN

2, RUE DES POITEVINS

En écrivant pour vous, mes jeunes amis et amies, la *Botanique d'Andrée*, l'auteur n'a point eu la prétention de faire un livre de haute science ; non, il a eu tout bonnement la pensée d'éveiller en vous le goût des plantes et l'amour de la nature, et de vous montrer, à votre portée, là, tout près de vous, une source de jouissances saines et pures.

Quoi de meilleur qu'une promenade aux champs ou en forêt, quand on sait voir, regarder et observer? Chaque brin de mousse, chaque herbe ou fleurette est plus riche en merveilles, en grâce ou en beauté que tous les jouets de la terre ensemble. C'est que le jouet est l'œuvre imparfaite de l'homme, tandis que les choses de la nature sont sorties de la main d'un divin Ouvrier qui leur a imprimé un cachet de perfection qui nous pénètre et nous charme.

C'est donc le désir d'éveiller votre curiosité d'abord, votre intérêt ensuite, qui nous a guidée. Nous avons mis en scène des enfants comme vous, avec leurs ignorances naïves et leurs jeunes révoltes, avec leur désir de voir et de connaître, captivés à la fin par les merveilles qui leur sont révélées.

Puissent-ils vous intéresser, ces petits acteurs qui vont, viennent, souffrent et espèrent, comme il arrive dans la vie de tous les jours ! Puissiez-vous surtout recevoir de ce modeste livre une influence heureuse ! Ne passez pas indifférents au milieu de ce monde où le bon Dieu a jeté ses dons à pleines mains. Aimez les bois et les prés, aimez les fleurs, apprenez à connaître leurs secrets, leur utilité, leur beauté. De cette étude-là vous sortirez meilleurs, reconnaissants envers Celui qui a tout créé, et désireux de savoir pour être utiles à vous et aux autres. C'est de l'étude des choses de la nature qu'on peut dire avec le poète :

C'est avoir profité que de savoir s'y plaire.

É. CARPENTIER.

LA

BOTANIQUE D'ANDRÉE

CHAPITRE PREMIER

FRANÇAIS ET RUSSES

Le palais des princes Souvarine, situé près de la Perspective Newsky, à Saint-Pétersbourg, avait depuis quelques jours perdu sa physionomie si vivante et si animée. Quand un visiteur soulevait le riche marteau en argent ciselé de la grande porte, le moujick qui tenait la place de concierge s'avançait en grand deuil, le visage triste, et disait d'une voix basse que le prince ne recevait pas. Depuis huit jours, les trois joyeux enfants, Serge, Paul et Léna qu'on voyait, chaque matin, partir dans la drowska pour leur promenade, sortaient en voiture fermée; à travers les glaces, on apercevait trois petites mines allongées et tristes, avec des yeux rouges qui avaient tout l'air d'avoir pleuré. Ils avaient, en effet, versé bien des larmes, les petits princes, depuis que leur mère, la belle et bonne princesse Anna Souvarine, était morte, en quelques jours, d'un mal subit et terrible. Il y avait plus d'une semaine que la triste cérémonie avait été célébrée, au milieu des regrets et de la douleur de tous ceux qui avaient connu la princesse, et le prince Ladislas, son époux, n'avait pas encore quitté ses appartements ni demandé ses enfants. Ils étaient restés confiés aux soins dévoués de leur nourrice, Vanda, et à ceux, plus intelligents et tout aussi affectueux, de Mme Desay, leur institutrice française. Un soir, le prince Souvarine fit prier madame Desay de vouloir bien venir l'entretenir. Elle s'y rendit sur-le-champ. Le prince Ladislas avait l'air grave et profondément triste; sous ce costume noir et sévère, avec ce front chargé d'ennuis, cette attitude découragée, on aurait eu peine à reconnaître le brillant gentilhomme dont l'humeur enjouée, le caractère aimable, l'esprit inventif et le cœur généreux étaient l'âme de toutes les fêtes, soit à la cour, soit à la ville.

— Madame Desay, dit-il, j'ai une grave communication à vous faire; je souhaite que vous l'entendiez favorablement. Il m'est impossible de demeurer ici. Le coup qui me frappe a été tellement imprévu que je ne m'en relèverai pas d'ici longtemps; je ne reprendrai possession de moi-même qu'en quittant ce palais, tout rempli encore de la princesse. Je vais donc partir. J'ai sollicité un commandement du Czar, dans la guerre qui se prépare contre la Turquie; ma nomination m'est arrivée, il y a deux heures. Demain soir, j'aurai quitté Saint-Pétersbourg.

Et comme Mme Desay faisait un geste de surprise,

— Oui, je vous entends, Madame: « et mes enfants, n'est-ce pas? » Oh! je ne les oublie pas. Je pourrais les confier à mes frères, leurs oncles, ou à ma belle-mère; mais je crois salutaire aussi pour eux de changer d'air; la tristesse est une mauvaise chose pour l'enfance. Je vous les confie, madame Desay; vous les emmènerez en France, et vous leur ferez continuer, sous vos yeux, les études que vous avez dirigées avec autant d'intelligence que de tact. Consentez-vous?

— Je suis très attachée à mes élèves, prince, et ce n'est pas en ce moment que mon dévouement leur fera défaut.

— Merci, madame Desay, je vous avais bien jugée. Mon intendant Ivanof vous précédera de quelques jours afin de vous préparer un établissement convenable. Je désire que, pendant votre séjour en France vous appeliez auprès de vous vos enfants; ce sera une satisfaction pour votre cœur, et vos élèves se trouveront moins seuls.

— Merci, prince; quand devrons-nous partir?

— Dans une semaine au plus tard. Dès mon arrivée au camp, je vous ferai savoir où vous pourrez m'adresser vos lettres; je les désire fréquentes; songez que je vous confie mon plus précieux trésor, pour longtemps peut-être.

— Mais, mon prince, si la guerre se termine vite?

— Alors, je voyagerai; je ne me sens pas le courage de reprendre la vie ici, dans cette ville, dans cette demeure où... Non! dit le prince Souvarine en portant la main à ses yeux. Il reprit, après un instant : La princesse vous estimait et vous aimait fort, madame Desay, faites que ma fille et mes fils gardent d'elle un pieux et doux souvenir. Je vous reverrai avant mon départ; veuillez m'amener mes enfants.

La voix du prince était entrecoupée, on voyait qu'il luttait contre une profonde émotion, et des larmes roulaient sur son mâle visage, quand les enfants entrèrent dans le salon, où il les attendait. Tous les trois, se tenant par la main, s'étaient arrêtés sur le seuil; avec leurs grands yeux bleus, leurs chevelures blondes flottant sur leurs épaules, leur air triste jurant avec leurs couleurs roses et leur air de santé, ils étaient charmants, en vérité. Le prince leur tendit les bras; ils s'y jetèrent en pleurant, et, pendant un bon moment, on n'entendit qu'un murmure plaintif et confus. Puis, le prince ayant repris possession de lui-même leur fit connaître ses projets. L'enfance aime le changement; elle-même, avec sa rapidité d'impression, passe brusquement d'un sentiment à un autre tout contraire; aussi, un sourire éclaira-t-il ces jeunes visages encore tout mouillés, quand le prince eut prononcé le mot voyage. Un voyage, et à Paris encore! Paul, le plus jeune, manifesta ouvertement sa joie; Serge et Léna restèrent plus calmes. Cette dernière surtout s'affligea à l'idée de quitter son père.

— Pourquoi ne venez-nous pas avec nous? dit-elle; nous serons comme des orphelins sans père et sans mère. Il n'entrait pas dans les idées du prince Souvarine d'exposer ses sentiments intimes à une enfant de douze ans; il se contenta de la prendre dans ses bras, de l'embrasser et de lui dire :

— J'irai vous retrouver dès que je le pourrai. En attendant, apprenez bien, écoutez madame Desay que vous aimez tous, et n'oubliez pas, chaque jour, de prier devant les Saintes Images pour votre mère d'abord, pour moi ensuite.

Voilà, pourquoi, dans les premiers jours d'avril 187... nous retrouvons les enfants du prince Souvarine installés dans un vaste et confortable appartement avoisinant le parc Monceaux. Ils avaient repris le courant habituel de leur vie ; les domestiques russes, nécessaires à leur service, les avaient accompagnés, et si ce n'avait été le vide causé par l'absence de leurs parents chéris, les jeunes princes auraient tous goûté un vif plaisir de leur séjour dans cet aimable Paris, qui brille d'un si doux éclat, aux premiers jours du printemps. Tous, c'est-à-dire non : Léna se montrait la plus rebelle aux distractions, la plus indifférente aux études variées que madame Desay leur présentait. A la danse, à la gymnastique, au cours, où on la menait ainsi que ses frères, elle demeurait à l'écart ; avec ses cheveux, s'échappant en touffes légères de sous sa toque de zibeline, ses grands yeux clairs au regard un peu âpre, ses mouvements brusques, elle méritait presque le nom de *petite sauvage*, que les jeunes Parisiennes, plus communicatives et plus sociables, lui avaient décerné tout bas. Ses couleurs avaient pâli, son appétit diminué, et le docteur, consulté par Mme Desay, avait déclaré que, si cet état se prolongeait, il y aurait à craindre que l'enfant fût atteinte du mal du pays.

Mais ce n'était pas sa froide Russie que regrettait Léna ; elle éprouvait un sentiment de joie involontaire quand on les conduisait au parc et que le doux soleil venait la caresser de ses rayons ; alors, elle regardait avec plaisir le gazon qui verdissait, les arbres qui se couvraient de bourgeons, les moineaux qui, délivrés de l'hiver, passaient et repassaient devant elle, en jetant dans l'air d'aigus cris de joie. Ailleurs, elle portait un air d'ennui et d'indifférence qui inquiétait Mme Desay, et qui avait le don d'irriter Serge, l'aîné de la famille. C'était un beau garçon, grand pour ses treize ans, blond comme sa sœur, mais dont le visage à l'expression hautaine annonçait un esprit fier et dominateur. Bien qu'il eût été élevé par des parents ennemis des vieux préjugés russes qui se refusent à croire le peuple de la même essence que son seigneur, il avait dans le sang toutes les fiertés parfois féroces de sa race, et se montrait dur à manier. Heureusement qu'il aimait le travail et détestait les reproches; il faisait donc tout pour les éviter, et Mme Desay, grâce à son tact, avait su prendre sur le jeune prince un ascendant indispensable à son autorité, dans les circonstances actuelles. Paul, le plus jeune, était le plus doux, le plus gai, le plus caressant, mais aussi le plus léger et le plus paresseux. Il adorait le jeu et détestait franchement l'étude. Courir, danser, faire des armes, monter à cheval, cela lui plaisait à la folie, mais son enthousiasme tombait quand on le plaçait devant une grammaire ou une géographie; il avouait qu'alors il éprouvait la sensation d'une douche glacée, en plein hiver, et sans réaction. Le peu de succès qu'on obtenait en lui faisant répéter lesdites leçons lui attirait, de la part de Serge, de dures épithètes; c'est ainsi qu'il l'appelait moujick. Paul, qui était brave, se vengeait la main haute, et Léna intervenait entre ses frères, pour rétablir la paix. Ils l'aimaient tous deux beaucoup; mais elle s'entendait surtout avec Paul.

— Pourquoi n'es-tu plus gaie comme à Saint-Pétersbourg? lui demanda-t-il un jour; on dirait que tu as pleuré.

Léna qui avait pleuré la veille, dans son lit, avant de s'endormir, lui répondit simplement :

— Je m'ennuie de maman.

— C'est bien naturel, dit-il, moi aussi, je m'ennuie de maman. Mais Paul n'avait pas l'âme profonde de sa jeune sœur, et, après avoir essayé de la consoler, il retourna à ses jeux.

Ce ne fut que lorsque l'installation eut été complète que Mme Desay, se rendant à l'invitation du prince Souvarine, fit venir ses deux enfants, pour habiter avec les jeunes Russes. Andrée, sa fille, avait quinze ans; Jean, son fils, en avait douze. C'était pour eux qu'elle s'était expatriée, et le traitement relativement élevé que lui donnait le prince lui servait à les pourvoir d'une éducation solide et forte, destinée à leur assurer l'avenir.

Andrée était vive, studieuse et aimante; son visage, plus agréable que beau, prévenait en sa faveur, au premier abord, et elle savait se faire aimer ; au couvent, elle ne comptait que des amies. Elle comprenait tout le dévouement de sa mère, et aspirait au jour où, à son tour, elle pourrait la dédommager de ses peines et de ses fatigues. Jean était timide et doux comme une demoiselle. Très heureux de passer plusieurs mois avec sa mère et sa sœur, il éprouvait cependant un vague malaise à l'idée de se trouver avec de nouveaux visages, au milieu de ces enfants si riches qu'on appelait princes. Ce titre surtout le troublait. Il ne connaissait, d'après son *Histoire de France*, les princes que comme des fils de rois, et il se demandait comment il allait leur parler. L'accueil cordial qu'il reçut de Paul et de Léna le rassura un peu, mais il regarda Serge avec une certaine appréhension ; dans la manière dont l'envisagea le jeune Russe, il sentit, malgré son sourire, une hauteur qui le glaça.

Andrée n'avait pu voir les trois orphelins sans que son bon cœur s'émût de pitié pour eux. Elle ne voyait ni leur richesse ni leur titre ; ils avaient perdu leur mère, elle les trouvait aussi malheureux que les enfants du plus pauvre ouvrier. Pendant que Paul, qui avait tout de suite songé à se faire un ami de Jean, l'emmenait dans sa chambre et lui emplissait généreusement les mains de livres et de joujoux, Andrée s'était tournée vers Léna ; elle lui parlait doucement, lui disait toute sa joie d'être en famille, faisant des projets pour leurs études ; la sauvage petite fille la regardait à travers les touffes folles de ses cheveux, mais ne répondait rien. Pendant plusieurs jours, ce fut ainsi ; Andrée n'avait aucun succès.

Mme Desay, qui avait compté sur la grâce communicative de sa fille pour apprivoiser Léna, se sentit découragée. Que faire, si cette enfant s'obstinait à s'isoler et s'attrister ainsi ? Sa santé s'altérerait, et que dirait le prince qui la lui avait confiée? Andrée, elle, ne perdait point courage ; malgré les regards durs que lui lançait la nourrice Vanda, très jalouse de l'amitié de ses princes, malgré l'air d'ennui de Léna, elle renouvela de plus belle ses tentatives. Il lui sembla qu'au piano Léna avait esquissé un sourire, quand elle lui avait joué une valse du compositeur russe le plus en vogue. Le lendemain matin, Andrée, qui était sortie de bonne heure avec sa mère, entra dans la chambre de la jeune princesse avec une touffe de violettes et une grosse botte de giroflées, qui emplirent la pièce de leurs parfums.

— Des fleurs ! s'écria Léna, en tendant les mains vers les bouquets : des violettes, oh ! donnez, donnez-les-moi.

Violette.

Enfin, la glace était rompue ; c'étaient les fleurs qui avaient fait le miracle.

— Certes, je vous les donne, Léna ; c'est pour vous que j'ai été les chercher, ce matin ! Ce n'est rien encore que celles-ci, vous en verrez bien d'autres, dans un mois ! Il en pousse à foison dans notre pays. Léna ne répondait pas ; la figure enfoncée dans les touffes embaumées, il sembla à Andrée qu'elle pleurait :

— Qu'as-tu, lui dit-elle, en la tutoyant sans y prendre garde, t'ai-je fait du chagrin ?

Giroflée.

— Non, oh ! non ! dit Léna ; ces fleurs, ces violettes, ce sont celles-là que maman aimait tant ; elle en avait toujours chez elle, cette odeur me rappelle celle qu'on respirait dans sa chambre. Maman ! oh ! maman !

Andrée prit l'enfant dans ses bras, l'embrassa, lui essuya les yeux, essaya de la calmer par de douces paroles comme on en dit aux tout petits enfants. Léna se laissa faire.

— Merci, dit-elle enfin, merci ; et imitant Andrée : Que tu es bonne ! ajouta-t-elle.

Quand on annonça le déjeuner, Andrée, triomphante, entra dans la salle à manger en donnant le bras à Léna, qui, les yeux encore rouges, souriait et aspirait quelques violettes, plantées dans son corsage.

— Enfin ! dit Mme Desay ; voilà la connaissance faite.

— Oui, dit Léna ; Andrée est vraiment bien aimable, je serai contente d'être avec elle.

— Et moi, je suis content d'être avec Jean, dit Paul, en secouant vigoureusement la main de son timide ami.

— Le prince a eu une heureuse inspiration, pensa Mme Desay, en promenant un regard maternel sur les enfants ; Andrée et Jean me rendront la tâche plus facile.

Elle ne rencontra pas le regard de Serge qui se porta d'abord vers Léna, puis vers Paul, avec une expression un peu méprisante.

CHAPITRE II

DES FLEURS!

A partir de ce jour, Léna devint la compagne inséparable de cette aimable Andrée, dont l'esprit ingénieux ne se lassait pas de distraire ou d'amuser la jeune Russe. Cette dernière devint, avec elle, aussi communicative qu'elle avait été renfermée, et en fit sa confidente. L'enfant avait ressenti une amère douleur de la mort de sa mère et le soin qu'elle avait, jusqu'alors, apporté à cacher ses impressions n'avait pas peu contribué à augmenter son chagrin et sa tristesse. Ses frères ne lui inspiraient point une confiance suffisante ; Serge était trop dur, Paul trop léger ; quant à Mme Desay, sa qualité d'institutrice la rendait trop imposante pour Léna, naturellement timide et enfermée. Andrée était donc arrivée tout à fait au bon moment ; la nature un peu sauvage, mais franche et originale, de la fille du prince Souvarine lui plaisait, et c'était sans effort qu'elle s'était rapprochée d'elle. Les causeries devinrent fréquentes entre les deux jeunes filles, et le sujet favori de Léna était, tour à tour, la Russie et les fleurs. Malgré les charmes de Paris, elle avait sans cesse présente à l'esprit sa vie d'autrefois, et en racontait les détails à Andrée.

— Une seule chose manque, dans mon pays, pour que je le trouve parfait, dit-elle un jour à sa compagne. Ce sont ces fleurs magnifiques que vous avez ici. Dans le palais, il y avait bien un jardin d'hiver, avec de grandes plantes vertes, mais elles ne fleurissaient jamais ; il fait bien trop froid ; et quand ma mère voulait de beaux bouquets, elle les faisait venir de Paris ou de Nice.

— Pas du tout de fleurs ? dit Andrée.

— C'est-à-dire que, dans notre terre de Kursba, nous avions bien un jardin ; mais il est peu riche en plantes, et encore, nous ne les voyions fleurir que pendant l'été. Aussi, puisque je suis en France, je veux connaître toutes vos fleurs, savoir leur nom, leur espèce, la manière de les faire pousser, afin de pouvoir établir, là-bas, un vrai jardin de France ; le prince, j'en suis sûre, en sera ravi.

— C'est très facile, ma chère Léna ; mais, pour cela il faut apprendre un peu de botanique, dit Mme Desay qui avait entendu.

Léna fronça légèrement le sourcil ; on apprenait déjà tant de choses !

— Rassure-toi, lui dit Andrée ; c'est une étude bien amusante, car on peut la faire en se promenant.

— Surtout en se promenant, insista Mme Desay.

— Alors, j'en suis, moi, dit Paul, et Jean aussi ; dis, Jean et toi, Serge ?

— Moi, je me contenterai des leçons de mes professeurs, dit sèchement Serge ; je n'ai point le désir de devenir jardinier.

— Votre czar Pierre le Grand s'était bien fait charpentier, prince, dit Andrée qui avait la réplique vive.

— Et l'empereur Dioclétien se reposait de l'empire en plantant des laitues, dit Mme Desay en souriant. Aucun état n'est humiliant à exercer, quand on le fait avec honnêteté et conscience ; Serge changera d'avis, et ne sera pas le plus inhabile dans nos excursions.

— Mon père m'a ordonné de vous obéir, madame Desay, je le ferai donc : mais il ne me sera pas agréable de jouer ainsi avec des petites filles. C'est bon pour amuser Léna ; mais moi, je suis déjà un jeune homme.

Andrée ne put réprimer une envie de rire ; Léna l'imita, et Mme Desay, habituée aux boutades du « jeune homme de treize ans et demi », se contenta de répondre avec son sourire calme :

— J'espère, Serge, que dans ce jeu vous trouverez beaucoup à apprendre.

— Tiens, dit Paul en apportant une petite assiette remplie de terre, au milieu de laquelle s'élevait un petit être frêle et chancelant, d'un vert tendre et d'une forme indécise, voici un échantillon du jardin de Jean ; il n'est pas comme toi, lui ; il aimerait joliment être jardinier ; moi aussi, du reste, pour faire pousser des pêches, des fraises et du raisin.

Serge allait repousser l'assiette avec une vigueur qui aurait compromis la sûreté du petit être, quand Mme Desay la saisit à temps et dit :

— Paul a eu une excellente idée, et si vous le voulez, Andrée pourra, avec ce petit rien qui pousse, vous donner une première leçon de botanique.

Jean suivait des yeux sa plantation, avec une certaine inquiétude.

— C'est cela, c'est cela, commençons.

— Tenez, dit Mme Desay, voici un atlas avec planches que vous pourrez consulter ; moi, je vous laisse, j'ai à sortir.

— Maman, quand je ne saurai pas quelque chose, comment ferai-je, si vous vous en allez ?

— Ne dis que ce que tu sais, et dis-le simplement, comme tu le comprends ; à vous tous, faites une causerie, non une leçon ; demain nous irons chercher l'application de vos connaissances nouvelles, dans une promenade, soit au Jardin des Plantes, soit au Bois.

Andrée, après le départ de sa mère, resta un instant interdite, l'air railleur de Serge la troublait et l'irritait un peu.

— Eh bien, Mademoiselle, dit-il, qu'allez-vous nous apprendre sur cette insignifiante petite herbe ?

JEAN, *blessé dans son amour-propre de propriétaire.* — D'abord ce n'est pas une herbe, c'est un haricot.

ANDRÉE. — Oui, un tout jeune haricot; il y a deux jours, il ne sortait pas encore de terre. Mais, pour que vous compreniez bien, il faudrait le voir de près.

JEAN. — Arrête, Andrée, et respecte mon élève. Je vais à la cuisine en chercher d'autres; on verra tout aussi bien, sans toucher à celui-ci.

Quand le petit garçon fut revenu avec plusieurs graines qu'il posa devant sa sœur, celle-ci en prit une :

ANDRÉE. — Je vais d'abord enlever cette peau épaisse et cependant souple qui enveloppe notre haricot et qui lui sert de robe pour le défendre contre le froid: c'est l'épiderme. Nous avons de la peine à l'enlever parce qu'elle est sèche; mais dans la terre, sous l'influence de l'humidité, elle se détendra, se gonflera, et, à un moment donné, éclatera pour laisser passer le germe; tenez, le voici, replié entre les deux parties de la graine; il est tout petit encore, il est frileux, délicat; comme un nouveau-né, il a besoin d'une nourrice.

SERGE, *dédaigneux.* — Ce jeune haricot est tout à fait touchant.

ANDRÉE. — N'est-ce pas, mon prince? Le bon Dieu a donc mis, dans ces deux parties grosses et grasses qui l'enveloppent, assez de fécule pour le nourrir jusqu'à ce qu'il soit plus fort. Regardez dans ce germe — ou embryon comme on dit — on reconnaît déjà les deux parties qui formeront la plante; ce petit feuillet découpé deviendra la tigelle, plus tard la tige; ce petit bâton, cylindrique et pointu, s'enfoncera dans la terre et formera la racine, qu'on appelle d'abord radicule. Ne crains rien pour ta plante, Jean, je vais écarter tout doucement la terre pour montrer à nos amis le travail qu'elle a déjà accompli.

LÉNA. — Il y a une vraie racine avec quantité de petits filaments.

ANDRÉE. — C'est ce qu'on nomme le chevelu; chacun de ces fils est muni d'un suçoir par lequel la plante va chercher dans la terre les sucs qui sont nécessaires à sa nourriture; quand elle les a pris, elle les transforme dans sa racine selon ses besoins; ainsi, la racine des plantes est à la fois leur bouche et leur estomac. Pendant que la radicule s'enfonce ainsi, la tigelle s'élève dans l'air et par ses feuilles, — qui en ce moment sont encore plissées comme les ailes d'un petit papillon, mais qui se déplieront et s'étendront, — elle prendra, dans l'air, les gaz qui sont nécessaires à son existence.

Haricot.

SERGE. — Mademoiselle Andrée, vous parlez comme un livre, et votre haricot est un haricot savant.

PAUL, *impatienté*. — Alors, il n'est pas comme toi.

LÉNA. — Laisse-nous donc écouter, vilain moqueur. Continue, ma chère Andrée ; tu nous apprends là des choses bien intéressantes et des plus curieuses à connaître.

JEAN. — Si tu as fini de parler sur la racine, Andrée, remets la terre; je ne me soucie point que ma plante ait froid.

ANDRÉE. — Voilà qui est fait. Je disais donc que par la tige et les feuilles, les parties vertes enfin, la plante respire.

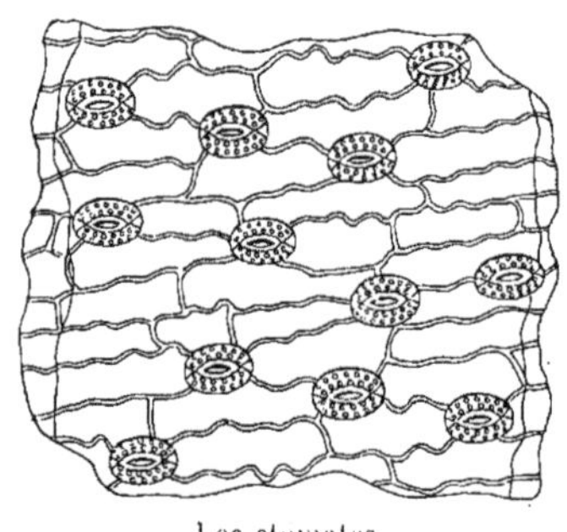
Les stomates.

SERGE. — Elle a des poumons, sans doute ?

ANDRÉE. — Non, les végétaux ne sont point organisés comme des animaux, mais elle respire par de petites ouvertures, nommées *stomates*, placées de distance en distance sous les feuilles. Ces stomates sont mises en communication avec un petit tuyau fin, roulé sur lui-même en spirale et qu'on nomme *trachée*; l'air pris ainsi pénètre dans la plante.

PAUL. — Je ne m'étonne plus que maman nous ait si bien défendu de coucher avec des fleurs la nuit, c'est parce qu'elles nous prennent tout notre air.

Andrée. — Maman n'a jamais voulu parler des plantes vertes, Paul, mais des fleurs. Laisse-moi te dire pourquoi. Par leurs stomates, les plantes prennent l'air que nous rejetons, — avec nos poumons, prince Serge, — et qui est devenu mauvais pour les animaux. Ce gaz, qui se nomme acide carbonique, est composé de carbone et d'oxygène. Les plantes, en bonnes personnes, prennent le carbone et rejettent l'oxygène qui, rendu à l'air, ne sera pas perdu pour nous.

Serge. — C'est de la chimie, cela.

Andrée. — En effet, les plantes sont d'excellents chimistes, qui, sans laboratoire ni creuset, font d'excellentes expériences et ne les manquent jamais. Seulement, ce que nous disons là n'a lieu qu'à la lumière du jour ; pendant la nuit, les fleurs rejettent de l'acide carbonique en assez grande quantité pour causer de grands maux de tête à ceux qui les garderaient près d'eux; certaines fleurs même, ayant un parfum violent, telles que le jasmin, les lauriers-roses, les lilas, les jacinthes réunies en grande quantité, peuvent déterminer l'asphyxie.

Jacinthe.

Léna. — Le haricot n'est point dans ce cas, je pense, et nous voilà bien loin de lui.

Andrée. — Nous y revenons. Voyez, maintenant qu'il est grand, il n'a plus besoin de ses nourrices, et les voici qui pendent vides, épuisées, toutes prêts à tomber. Il faut que je vous dise leur nom, au fait, ce sont les cotylédons. Ils jouent un grand rôle dans la botanique, les naturalistes s'en sont servis pour la diviser en trois parties. On a ainsi les acotylédonées qui n'en ont point ; ce sont les plantes les moins parfaites, les mousses, les lichens, les champignons : les monocotylédonées qui n'en ont qu'un, comme les graminées et les palmiers ; enfin les dicotylédonées qui en ont deux, et qui renferment les végétaux les plus nombreux et les mieux organisés.

Léna. — Oh ! oh ! voilà les mots difficiles ; qui a eu l'idée de diviser ainsi les plantes?

Andrée. — Ce sont les botanistes, et ils ont longtemps cherché pour trouver un système clair et facile. Ma mère vous expliquera cela quand nous en serons arrivés à étudier les familles des plantes. Je puis seulement vous dire que cette division d'après l'embryon et le développement de la graine est due à Laurent de Jussieu, qui vivait...

MADAME DESAY, *qui, depuis quelques instants, est entrée.* — Bravo, Andrée, tu as dit d'excellentes choses, mais, à mon avis, le moment n'est pas venu d'exposer les différents systèmes. La plus simple classification semblera embrouillée et dure à tes jeunes auditeurs; fais-leur d'abord faire connaissance avec beaucoup de plantes et de fleurs ; le reste viendra plus tard.

ANDRÉE, *un peu déconcertée.* — Alors, maman, vous allez penser aussi que j'ai eu tort de leur donner la division des végétaux.

SERGE. — Assurément ; pour moi je n'y comprends rien.

MADAME DESAY. — Serge, mon enfant, ne faites pas votre possible pour être désobligeant. Au contraire, Andrée, tu as fort bien débuté. En toutes choses, mes amis, il faut un commencement, et je vous avoue que, moi j'aurais pris les choses de plus haut. La botanique a dû commencer dès qu'il y a eu des plantes. Il faut donc remonter à ces époques lointaines où la terre, couverte de volcans et de lacs immenses, avait un climat général semblable à celui des tropiques aujourd'hui; alors, d'un pôle à l'autre s'élevaient des végétaux tels qu'on en rencontre encore au Brésil. Une forêt de ce beau pays donne une idée assez exacte de ce qu'était la terre d'alors, avec ses animaux gigantesques et étranges, avec sa végétation riche et puissante.

SERGE. — Comment peut-on savoir cela?

MADAME DESAY. — En fouillant la terre, en sondant les profondeurs du sol; et alors, on trouve ces immenses mines de charbon qui sont d'un secours indispensable à l'industrie.

LÉNA. — Jusqu'à présent, Madame, je ne vois point les belles plantes dont vous parliez.

MADAME DESAY. — Mais c'est le charbon lui-même. Par une révolution que les savants ont reconnue avoir eu lieu, l'air de la terre s'est subitement refroidi, et tous les êtres ont été détruits. C'est alors

que d'autres plus parfaits, plus complets sont nés. On a retrouvé dans la masse de houille des troncs ayant conservé, avec leurs écailles, les branches des pins ou des palmiers. Le mineur, en ouvrant une galerie nouvelle, a maintes fois mis à jour des fragments de charbon sur lesquels on reconnaissait les feuilles ailées du pin et ses fruits coniques. C'est ainsi qu'on a pu établir d'une façon précise la forme de certains animaux dont l'espèce est aujourd'hui disparue. D'autres ont été pétrifiés, et forment ce qu'on nomme les fossiles. Parmi les végétaux antiques, les fougères semblent avoir occupé l'âge le plus ancien. Elles se retrouvent dans les profondeurs les plus grandes, et devaient être, dans cette époque lointaine, les uniques végétaux ; non des herbes que vous verrez dans les forêts, et qui s'élèvent à un mètre de terre, mais des arbres magnifiques mesurant 15 et 20 mètres, ainsi qu'on les voit encore sous l'équateur. Ces fougères semblent avoir eu un rôle précieux pour les êtres qui leur ont succédé. A l'époque où elles couvraient la terre, l'air, où dominait l'acide carbonique, était irrespirable; ce sont les fougères qui, peu à peu, ont absorbé cette masse de charbon dissoute dans l'air, et, après en avoir empli leurs tiges, leurs feuilles, elles tombaient épuisées, remplacées par d'autres. Combien de fois ces immenses forêts furent-elles renouvelées? on l'ignore; mais, quand elles eurent épuré l'air de son carbone, métamorphosées elles-mêmes en charbon, elles ont formé les plus profonds lits de houille.

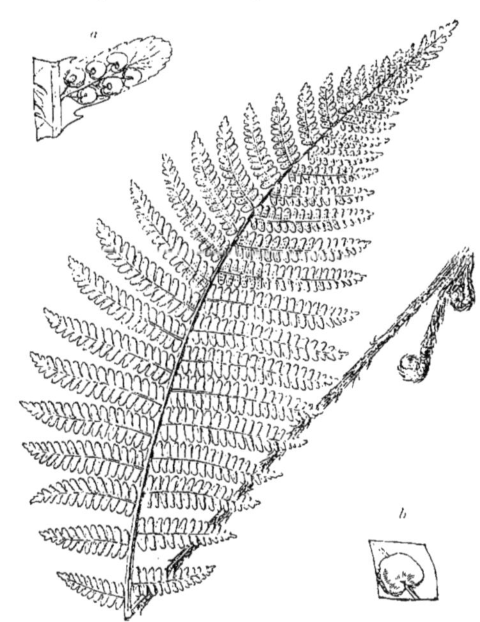

Fougère apidie mâle. — *a*. fragment de fronde; *b*. sporange.

SERGE. — Le niveau de la terre a donc baissé ?

MADAME DESAY. — La croûte terrestre s'est épaissie, se couvrant d'êtres nouveaux, qui refoulaient les premiers dans le sol. Maintenant que nous avons fait cette digression nécessaire, tu peux, ma chère Andrée, continuer comme tu avais commencé. Mais je crois que l'entretien a été assez long aujourd'hui, nous le poursuivrons demain, au Bois. Et puisque vous avez été si attentifs, je vous apporte une belle récompense.

Mme Desay, après avoir regardé ses élèves avec un bon sourire, posa sur la table une lettre portant des timbres de Russie.

— Papa ! dit Léna en tendant les mains vers la missive bienheureuse, pendant que Serge, en sa qualité d'aîné, s'en était d'abord emparé, et faisait vivement sauter le cachet.

— Oh ! il n'y en a pas long, dit Paul qui avait réussi à se glisser près de son frère.

Mme Desay et ses enfants s'étaient discrètement écartés.

— Papa va bien, dit Serge en s'adressant à l'institutrice ; il est arrivé au camp, et le grand-duc Nicolas l'a pris dans son état-major ; ils vont partir bientôt, mais le prince ne nous dit pas pour quel endroit.

LÉNA. — Alors, il faut lui répondre ce soir même. C'est moi qui vais lui écrire. Je vais lui dire combien nous sommes aimés chez Madame Desay, et comme Andrée est bonne pour nous.

PAUL. — Dis-lui aussi que je le trouve bien heureux de pouvoir aller à la guerre ; ah ! comme j'aurais aimé le suivre !

SERGE, *moqueur*. — N'oublie pas de dire à papa, Léna, que, tous en chœur, nous apprenons la botanique.

CHAPITRE III

PREMIERS EXPLOITS DE SERGE

Le lendemain, à l'heure du déjeuner, Serge entra dans la salle à manger, éperonné, guêtré, la cravache à la main. Léna le regarda avec surprise.

— Mais ce n'est point l'heure du manège, frère, dit-elle en riant. As-tu donc oublié que nous allons au Bois, chercher des plantes?

SERGE. — J'y ai parfaitement pensé, et j'estime que c'est la manière la plus amusante de comprendre quelque chose sur les plantes, car je n'apprécie qu'à moitié la botanique en chambre.

MADAME DESAY. — Nous sommes tous de votre avis, Serge, les végétaux doivent être surpris et étudiés en pleine nature; mais cela ne m'explique point pourquoi nous vous voyons en tenue de cheval.

SERGE. — Madame Desay, c'est parce que je compte que vous voudrez bien nous faire passer par le manège; alors, je demanderai un cheval et je courrai un peu par le bois, pendant que Mlle Andrée fera la leçon aux enfants.

PAUL, *riant*. — Aux enfants! c'est superbe.

MADAME DESAY, *douce et ferme*. — Serge, il faut renoncer à votre projet, pour ce matin. Vous n'avez pas songé que j'irais chevaucher à vos côtés, n'est-ce pas? et vous n'avez pas davantage oublié l'engagement que j'ai pris auprès du prince de ne jamais vous laisser sans moi? Quittez donc cet appareil qui serait ridicule, à pied; vous montez au manège tous les deux jours, n'est-ce pas suffisant?

Serge rougit et pâlit tour à tour. Un moment, il eut, certes, la velléité de résister, mais ce ne fut qu'un éclair. Il ne fit pas de réponse, et quand, le déjeuner terminé, chacun se disposa à partir, il ne conserva de son équipage cavalier que la cravache. La voiture attendait les enfants devant la maison ; elle les conduisit jusqu'à la porte du Bois où tous descendirent. Il faisait un temps clair et doux; des promeneurs, des cavaliers venus pour respirer le bon air printanier, allaient et venaient avec un air de bonne humeur. Mme Desay et ses élèves suivaient la grande allée conduisant au petit lac. Dès qu'ils eurent fait quelques pas, Léna, Paul et Jean manifestèrent leur désappointement. On était venu pour voir des fleurs ; il n'y en avait pas; à peine quelques arbres montraient-ils leurs feuilles; les autres avaient pour tout ornement de petits cônes bruns et écailleux ; ce n'était pas très joli. Serge, armé de sa cravache, suivait silencieusement.

Peuplier blanc. — *a*, *b*, rameaux florifère et folifère ; *c*, fleurs femelles ; *d*, fleur mâle ; *e*, *f*, fruit.

Andrée. — Il me semble qu'au contraire nous trouvons les choses tout à fait au point pour continuer notre entretien d'hier, n'est-ce pas, maman ?

Léna. — Hier, nous avons parlé du jeune haricot.

Andrée. — Justement, de l'embryon ; aujourd'hui, nous pouvons voir à notre aise les bourgeons qui sont les véritables berceaux de la plante, car ce sont eux qui enferment les branches, les feuilles et les fleurs. Comme il fait froid dans nos pays, pendant l'hiver, le bourgeon est couvert de feuilles écailleuses, que Linné, je crois, appelait les *logements d'hiver*. Pour certains arbres frileux, il y a encore à l'intérieur une gomme résineuse qui ne se laisse pas pénétrer par l'eau ; les peupliers sont dans ce cas; chez les saules, on trouve dans le bourgeon un épais duvet. Aussi, quand les feuilles sortent, il tombe autour des arbres comme une pluie de coton. Nous l'avons mainte fois remarqué sur les quais, n'est-ce pas, Jean?

Jean qui, depuis l'arrivée dans le Bois, ne cessait de déterrer de petites plantes, qu'il serrait précieusement dans son chapeau, répondit :

— Oui, et même je croyais que ce duvet venait des oiseaux.

Léna. — Cueillons un bourgeon pour le voir de plus près.

D'un coup de sa cravache, Serge en fit sauter plusieurs, d'un innocent chêne bordant le chemin.

Madame Desay. — Un seul aurait suffi. As-tu un canif, Andrée? Oui; alors tranche horizontalement ce petit bourgeon; regardez maintenant; voilà les feuilles pliées sur elles-mêmes. Quand elles seront assez fortes, les écailles s'écarteront, et, de là, partiront les fibres et les tissus qui doivent produire la branche qui, elle-même, se forme comme la tige et lui est en tout semblable comme composition.

Andrée. — Les bourgeons ne naissent pas que sur la tige; il s'en produit sur les racines, et cela fait naître souvent une grande quantité de plantes autour de la principale.

Madame Desay. — Cette facilité qu'ont les bourgeons à naître a été mise à profit. On a remarqué qu'en tranchant un tronc soit à ras de terre, soit plus haut, il renaissait des bourgeons en quantité. Vous verrez souvent un bois entier ainsi abattu, renaître et former ce qu'on nomme un taillis. Ces saules aux formes bizarres que vous voyez, là-bas, le long de l'eau, voient tous les ans leur tête tranchée, et leurs branches flexibles, qui repoussent toujours, sont employées dans le jardinage, pour faire des tuteurs et des liens.

Andrée. — A propos du bourgeon, il me semble qu'on peut bien parler de la greffe, dites, maman?

Madame Desay. — C'est même le moment. Viens donc avec nous, Jean; cela t'intéressera, mon petit jardinier, et te reposera de ta cueillette effrénée. Écoute, il s'agit, avec un bourgeon, de faire des merveilles.

ANDRÉE. — Oui ; on peut détacher un bourgeon de sa plante mère sans le faire mourir, à la condition de le reporter sur une autre plante qui pourra le nourrir à son tour. Pour cela, on fait à l'écorce de l'arbre sur lequel on veut opérer une incision ayant la forme d'un T; on met à cette place un bourgeon muni d'un morceau d'écorce, et on l'attache avec de la laine.

MADAME DESAY. — C'est la greffe en écusson, qui se pratique pour les rosiers, que tu donnes là, Andrée ; mais on greffe de maintes manières. Il faut quelquefois tailler la greffe en biseau, et pour guérir les cicatrices faites à la plante, on l'enduit d'une composition appelée cire à greffer, ou d'un mélange de terre glaise et de goudron ; et après? dis au moins le plus intéressant.

ANDRÉE. — Le bourgeon se développe, les feuilles poussent, les branches s'allongent, et il naît des fleurs ou des fruits. Comme la greffe porte un bourgeon d'une espèce supérieure sur un arbre sauvage, on lui fait ainsi produire, sans dépense, des fruits excellents ou des fleurs magnifiques. Ainsi, sur un rosier sauvage, on greffe des roses reines, des roses thé, des roses du roi et tant d'espèces brillantes et parfumées ; pour les arbres fruitiers, il suffit de les choisir ayant un rapport d'espèce, de floraison ou de maturité de fruits ; c'est ainsi qu'on greffera le pêcher sur l'amandier, l'abricotier sur le prunier ; les poiriers et les pommiers d'espèces différentes, les uns sur les autres.

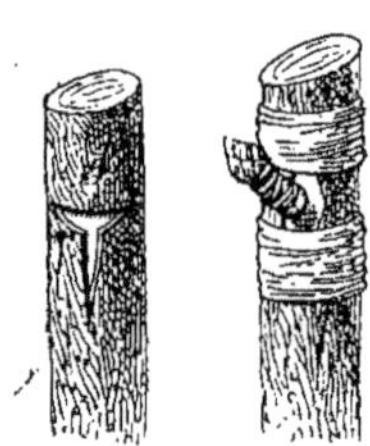
Greffe en écusson.

JEAN. — Eh bien, moi je ferais plusieurs greffes d'espèces diverses sur un même sauvageon ; croyez-vous, maman, que j'aurais plusieurs espèces de fruits ?

MADAME DESAY. — Sans aucun doute, et les horticulteurs se sont ainsi plu à faire porter différents fruits au même arbre.

LÉNA. — Combien j'aimerais voir ces petits chênes porter des pommes au lieu de glands !

ANDRÉE. — Ah ! tu oublies qu'il faut un rapport de nature, car si la greffe et le sujet sont de nature trop disparate, le sujet ne fournira point au bourgeon les sucs qui lui sont nécessaires, et il mourra.

PAUL. — Je prie madame Desay de nous acheter à chacun, au prochain marché de la Madeleine, un petit arbre et une greffe; on verra quel sera le meilleur jardinier.

MADAME DESAY, *en riant.* — Mon Dieu, que voici un jeune garçon pressé! Ce que vous demandez, Paul, ne pourrait se pratiquer que sur un rosier; si vous l'écussonnez au printemps, et que vous vouliez avoir des fleurs la même année, il faut prendre un sujet ayant déjà des fleurs lui-même, sans quoi ce sera pour l'an prochain. Les greffes faites en automne ne produisent que l'année suivante.

JEAN, *avec un soupir.* — Quel dommage que nous n'ayons pas un jardin, à nous tout seuls; c'est en semant et plantant que nous apprendrions bien la botanique.

MADAME DESAY. — Le jardinage et l'horticulture, veux-tu dire, mon ami; pour la botanique, il suffit d'herboriser. Mais je reconnais que la culture des plantes les fait aimer, et si notre séjour en France devait se prolonger, je louerais un grand jardin, aux environs de Paris, pour vous procurer ce plaisir.

SERGE, *avec importance.* — Qu'importe qu'il se prolonge, notre séjour; mon père ne vous a-t-il pas laissé carte blanche pour notre instruction et nos plaisirs?

MADAME DESAY. — Pour ces questions, Serge, vous trouverez bon que je ne prenne conseil que du prince ou de moi.

LÉNA. — En vérité, Serge, tu es mal inspiré, depuis quelque temps; on dirait que tu prends plaisir à blesser tout le monde.

ANDRÉE, *souriant.* — On dit pourtant que l'étude de la nature adoucit les mœurs.

La cravache, mise en branle par la main nerveuse du jeune prince, alla s'abattre plusieurs fois sans pitié sur les jeunes tiges de fleurettes, commençant à montrer timidement la tête au soleil de mars.

MADAME DESAY. — Il me semble que nos bourgeons nous conduisent directement à l'observation des branches qui en sortent, et en regardant autour de nous, nous verrons qu'elles se plaisent à suivre les directions les plus variées. Suivons le lac, nous allons avoir la vue d'une quantité très variée d'arbres.

ANDRÉE. — Les rameaux et les branches se développent quelquefois sous terre, c'est ce qui se rencontre dans la pomme de terre.

Les pommes de terre.

dont chaque petit nœud que l'on voit à sa surface est un vrai bourgeon.

SERGE. — La pomme de terre est une racine.

ANDRÉE. — Je l'ai cru comme vous, longtemps ; ce n'est qu'en en voyant planter, et en remarquant qu'à chaque bourgeon poussait une branche avec des feuilles et des fleurs que j'ai été convaincue. Il arrive aussi que, dans certains végétaux, la branche pousse des rameaux qui s'arrêtent tout à coup, s'amincissent, se durcissent et forment une épine.

Madame Desay. — C'est très juste, et, par une forte culture, on a pu quelquefois rendre assez de vigueur à ces bourgeons avortés pour

Les aiguillons du rosier. Les poils de l'ortie.

leur faire pousser des feuilles et continuer leur développement. Au moins, je l'ai vu pratiquer sur le prunier sauvage.

Jean. — Un jardinier bien entendu ferait produire bien des feuilles à un rosier, car voilà une plante qui ne manque pas d'épines.

Andrée. — D'aiguillons, veux-tu dire. Ce que tu nommes épines dans la rose ne tient qu'à l'écorce, et s'enlève avec elle ; les épines naissent du tronc même, et pour les enlever il faut les briser. Quand les aiguillons sont jeunes, ils sont doux comme des poils ; en vieillissant, ils durcissent.

Léna. — Alors l'ortie a de bien cruelles épines.

ANDRÉE, *en riant*. — Eh bien, non, ce ne sont point des épines. Ce sont des poils. Maman, je vous prierai de nous en dire l'utilité, car je ne la connais point.

MADAME DESAY. — Ce sont des fils qu'on observe sur presque toutes les plantes, et en particulier sur celles qui vivent dans les lieux secs, élevés ou arides. Il n'y en a pas sur les plantes qui vivent dans l'eau.

Ces poils, qui sont formés d'une ou de plusieurs cellules, sont quelquefois placés sur une petite glande remplie d'un liquide particulier qu'ils sont chargés de faire sortir. Celui de l'ortie est âcre et brûlant, mais si Léna touchait des orties sèches, elle les trouverait inoffensives, parce que le liquide est parti.

PAUL. — A la bonne heure, voici de beaux arbres ; celui-là, je le reconnais, c'est un sapin ; il y en a assez dans nos forêts.

ANDRÉE. — Je crois bien, c'est un arbre du Nord. Voyez-vous, sa forme est celle d'un cône ; elle vient de ses branches qui s'élargissant par la base — ce sont les plus anciennes — sont plus courtes à mesure qu'on arrive au sommet.

LÉNA. — Et ce grand arbre maigre dont la cime forme un parapluie ?

ANDRÉE. — Dis : un dôme ; c'est plus noble pour ce pauvre pin d'Italie, qui fait assez triste mine.

MADAME DESAY. — Le mot parasol est plus juste ; je réserverais celui de dôme pour les cèdres, les chênes mêmes.

ANDRÉE. — Sur le bord de l'eau, voici les peupliers dont la forme est effilée parce que leurs branches montent vers le ciel sans s'écarter du tronc. Tout au contraire des végétaux, en général, voici le saule qui, au lieu d'élever ses branches et ses rameaux, les laisse retomber si gracieusement vers le sol.

MADAME DESAY. — Il y a aussi le sophora du Japon, qui ressemble à notre saule ; seulement sa tige est longue et nue.

ANDRÉE. — Ce cyprès porte ses branches comme le peuplier ; enfin, ce beau marronnier, tout couvert de fleurs, rappelle par sa forme arrondie une immense boule fleurie.

SERGE. — Et que devons-nous conclure de cela?

ANDRÉE. — Simplement que la forme générale des végétaux naît de la direction prise par leurs branches et leurs rameaux.

JEAN. — J'ai lu que le sapin était l'arbre protecteur des pays de montagnes, parce que leur direction verticale leur permettait de se serrer les uns contre les autres et de s'appuyer réciproquement pour résister aux vents violents et aux avalanches, qui pourraient les briser ou les renverser. Trouvez-vous cela juste, maman?

MADAME DESAY. — Très juste, et nous prenons bonne note de ton observation.

ANDRÉE. — Maintenant, si nous cueillions quelques feuilles, qu'en dites-vous, maman, cela permettrait aux garçons de courir un peu; et puis, nous pourrons ensuite considérer leurs différentes formes et en dire un mot.

MADAME DESAY. — C'est cela, mes enfants, faites la chasse aux feuilles, mais en gens bien élevés, sans détruire inutilement; surtout, ne vous éloignez pas de nous.

La chose était du goût de Serge. Encore une fois la cravache siffla, mais d'une façon presque joyeuse, et pendant que madame Desay et les deux jeunes filles s'asseyaient sur une des pentes gazonnées descendant vers le lac, et se livraient au bien-être qu'amène, chez les vieux comme chez les jeunes, un beau jour de printemps, les trois garçons, Serge en tête, partirent en courant. En voyant ce déploiement de fougue, madame Desay eut l'idée de les rappeler, mais, ne voulant pas les priver d'un plaisir qu'ils semblaient goûter si vivement, elle les laissa. A cette heure, le Bois était presque désert. Andrée et Léna causaient côte à côte, mêlant leurs petits rires de jeunes filles au gazouillement qui se faisait entendre dans les nids, madame Desay se laissa aller au cours de ses pensées qui se portaient invariablement sur les enfants qui lui étaient confiés et sur les siens à elle. Un bon moment se passa ainsi. Les jeunes chasseurs ne revenaient pas.

— D'après le temps qu'ils mettent, dit la mère, je crois qu'ils vont nous apporter toutes les feuilles du Bois dans leurs chapeaux.

En ce moment, on entendit une vague rumeur, et les rares promeneurs qui suivaient tout à l'heure les allées d'un pas lent et calme marchaient très vite; quelques-uns même se mirent à courir. Ce fut Andrée qui, la première, fut mise en éveil.

— Maman, voyez, qu'y a-t-il donc? dit-elle. Tout le monde court.

— Je ne sais vraiment pas, ma fille.

— Si nous allions voir, maman, reprit Andrée, avec un sentiment mal défini d'inquiétude.

— C'est impossible ; les enfants vont revenir nous trouver ici ; ne nous voyant pas, ils pourraient s'égarer.

Un pas précipité retentit, tout à coup, près des trois femmes, et Jean, pâle, essoufflé, ahuri, bondit à leurs côtés, en disant d'une voix étouffée :

— Maman, Andrée, quel malheur ! Serge est prisonnier !

— Comment ! dit madame Desay, que contes-tu là? Quelle est cette mauvaise plaisanterie ?

— Ce n'est point une plaisanterie, maman, venez vite, sans quoi le garde va l'emmener ; il veut l'arrêter ; venez, venez ! par ici ! bien vite.

Madame Desay, très émue, devancée par Léna et Jean, hâta le pas, ainsi qu'Andrée ; en dix minutes, elles arrivèrent à une clairière, au delà de la petite rivière, qu'on passe à cet endroit sur un pont rustique. Une vingtaine de personnes étaient assemblées, la plupart riaient. Le garde, un vieux grognard qui avait bien la soixantaine, agitait sa canne d'un mouvement fébrile et lui faisait décrire un moulinet vers un but que les regards de madame Desay ne saisirent pas tout de suite.

— Serge ! Paul ! cria Léna d'une voix désespérée, descendez bien vite, nous voilà.

La direction du regard de la jeune fille guida celui de madame Desay ; elle leva les yeux, et, dans un chêne d'accès assez difficile pour ne point tenter de vieilles jambes, elle vit, campé entre deux branches, Serge, l'œil allumé, la lèvre fièrement relevée, l'attitude provocante; un peu au-dessous, cramponné assez péniblement, Paul, non moins résolu, semblait décidé à défendre son aîné.

— A-t-on jamais vu deux lurons pareils, disait le garde en tortillant son impériale ; voulez-vous bien descendre, et me suivre de bonne volonté au poste, ou..., ou..., je vais vous appréhender au corps.

— Venez ! dit Serge.

— Fi ! que c'est laid, des jeunes gens bien couverts comme ils sont, se conduire en maraudeurs.

— Que signifie cela ? Paul, Serge, mes enfants, que s'est-il passé ? demanda madame Desay on ne peut plus fâchée de ce scandale.

— Ce qui s'est passé, Madame ! Vos fils — car ce sont vos fils, je le vois — se sont amusés à arracher des feuilles, des branches, de ci, de là, comme des forcenés, et quand je les ai priés de cesser leurs dévastations, le plus grand m'a menacé de sa cravache, il m'a même effleuré la joue, moi, un vieux militaire ! Mais cela ne se passera pas ainsi ; on va voir au poste !

A l'invitation formelle que leur fit madame Desay, les deux jeunes Russes descendirent d'assez mauvaise grâce et vinrent se ranger à côté d'elle. Déjà le garde avançait la main pour la laisser retomber sur l'épaule de Serge que sa mauvaise humeur visait surtout, quand celui-ci s'écria :

— Ne me touchez pas, ou je vous frappe.

Et Paul, animé par le contact de son frère, dit au garde en le regardant bien en face : Moujick !

Les choses allaient certes se gâter, malgré les excuses et la réparation qu'offrait Mme Desay, quand un jeune homme de bonne mine, décoré de la Légion d'honneur, ayant toute l'allure d'un marin, s'avança fort à propos.

— Monsieur Leberrier ! s'écria Andrée en devenant toute rouge de surprise ; ah ! Monsieur, quelle sotte aventure ; comment sortir de là ?

M. Edme Leberrier était le frère d'une amie de pension de la jeune Desay ; après avoir salué ces dames, il entreprit de faire entendre raison au garde. Il y parvint heureusement, en lui affirmant que ces jeunes garçons étaient étrangers, fort joueurs et qu'ils avaient pu commettre inconsciemment un acte répréhensible. « D'ailleurs, ajouta-t-il, s'il y a eu quelque dégât de commis, on payera l'indemnité qui sera réclamée. » Le garde se calma tout à fait en entendant des propositions si raisonnables; le petit ruban rouge qui ornait la boutonnière du nouveau venu était bien pour quelque chose dans ce changement à vue. Il reconnut du reste que les dégâts se bornaient à quelques feuilles, mais si l'on tolérait de semblables cueillettes, le bois se trouverait bientôt réduit à rien. Tout s'arrangea donc. La foule des curieux, voyant que tout s'apaisait et qu'il n'y aurait aucun scandale, s'était dispersée. Mme Desay put donc faire accepter au garde les marques de sa satisfaction pour n'avoir point poussé plus loin cette affaire. Elle se tourna ensuite vers M. Leberrier pour lui exprimer toute sa gratitude.

— Je suis trop heureux, Madame, répondit-il courtoisement, d'être arrivé tout juste d'Afrique pour vous rendre ce léger service. Bien que je sois parti depuis trois ans, j'ai tout de suite reconnu Mlle Andrée.

La conversation se continua jusqu'à la sortie du Bois. M. Edme Leberrier, après être sorti du *Borda* avec le grade d'aspirant, avait fait plusieurs voyages. Il aimait la mer, mais il s'était bientôt pris d'un goût plus vif pour l'histoire naturelle, et, sur la vue d'une collection d'échantillons, faite par lui, animaux, pierres, et surtout plantes, le ministre l'avait chargé d'une mission scientifique pour Madagascar, dont la flore est une des plus riches et des plus variées du monde. Il revenait donc avec des herbiers dont il se montrait justement fier. Pendant que le jeune marin parlait ainsi, Andrée et Léna n'avaient pas cessé d'échanger des regards étonnés et des demi-sourires d'intelligence. Mme Desay se chargea de les expliquer.

— Ces demoiselles trouvent bizarre la coïncidence qui les met en présence d'un savant, dans la science où elles commencent à épeler ensemble. Vous nous trouvez, Monsieur, en pleine exploration botanique, et c'était dans un but scientifique que ces jeunes messieurs dépouillaient les arbres du Bois.

— J'éprouve, alors, un double plaisir d'avoir tendu la main à des collègues, dit plaisamment M. Leberrier; si je ne craignais point d'être indiscret, je vous demanderais, Madame, la permission de montrer à vos élèves quelques-uns des échantillons que je rapporte.

— Adopté! s'écria Jean avec enthousiasme. Mais il s'arrêta tout rouge, devant le regard étonné et mécontent de sa mère. Elle reprit, cependant :

— Monsieur, je ne doute point de l'avantage qui résultera pour les enfants de votre aimable visite et serai très flattée de vous recevoir.

La famille de M. Leberrier était connue de longue main par Mme Desay; elle savait de combien d'aimables attentions elle avait entouré Andrée, pendant son séjour en Russie; elle acceptait donc sans arrière-pensée. Comme le jeune savant prenait congé, Serge, encore humilié de l'aventure qu'il avait provoquée, s'avança vers lui, et lui tendant la main, lui dit gravement :

— Et moi, Monsieur le marin, je vous remercie très cordialement du service que vous m'avez rendu. Je ne veux point l'oublier.

M. Leberrier sourit de l'air fier avec lequel cela lui était dit, et s'éloigna, pendant que Mme Desay et les siens remontaient en voiture. A peine la portière était-elle fermée que Paul, ôtant son chapeau, le renversa sur les genoux de Léna, et il en tomba une pluie de feuilles de maintes espèces. Jean en fit autant sur ceux d'Andrée; quant à Serge, il annonça qu'il en avait plein ses poches. Cette moisson, qui avait échappé aux investigations du garde, mit la petite troupe en bonne humeur, et ce fut au milieu d'une conversation des plus animées, coupée de francs éclats de rire, qu'on fit retour à la maison.

CHAPITRE IV

MERVEILLES DES FEUILLES

On était rentré un peu las de la promenade, l'après-midi fut consacré à considérer de près les produits de la chasse des garçons. Toutes les feuilles étaient soigneusement étalées sur la table, malheureusement les mêmes espèces revenaient souvent.

— N'importe, dit Andrée, il y a là suffisamment pour comprendre la structure des feuilles, surtout, maman, si vous voulez nous montrer le beau microscope.

Le beau microscope de Jean était un instrument d'excellente qualité, grossissant cent cinquante fois en diamètre; c'était plus qu'il n'était suffisant pour les études élémentaires des jeunes gens. Ce microscope représentait la valeur de deux ans d'efforts de Jean. Par semaine, il recevait dix sous, quand ses notes étaient bonnes ; sa mère l'avait réglé ainsi; quand il fut possesseur de cinquante francs, il acheta l'instrument qu'il convoitait depuis longtemps; aussi n'y touchait-il qu'avec une certaine solennité. L'examen des infiniment petits dont ce microscope lui révélait les merveilles lui avait fait passer bien d'intéressantes récréations; rien n'excitait d'ailleurs son intérêt et sa curiosité comme les sciences se rattachant à l'histoire naturelle. Le microscope fut monté, placé sur la table, bien en face du jour, et les verres attendaient les échantillons que le petit garçon et sa mère préparaient ensemble.

Mme Desay avait placé devant Andrée son excellent atlas de botanique, renfermant quantité de figures, et la jeune fille fut invitée à dire un mot sur les feuilles.

ANDRÉE. — Les feuilles, le plus souvent plates et vertes, naissent autour de la tige, à laquelle elles sont attachées par une sorte de queue mince nommée pétiole; quelquefois ce pétiole s'élargit et entoure la tige par une portion nommée gaine; d'autres fois, il est accompagné de petites pièces ressemblant à des feuilles, mais n'en étant pas, ce sont les stipules. En voici sur cette feuille de rose sauvage. Le houblon, le sarrazin en possèdent. La partie plate et amincie, qui est la feuille elle-même, forme le limbe. Ce limbe est recouvert en dessus et en dessous d'une lame sans couleur percée de trous, les stomates; ces lames sont l'épiderme qui protège la chair de la feuille ou parenchyme.

Rose sauvage (églantier à fleurs blanches). — *a*, plante entière ; *b*, coupe de la fleur ; *c*, *d*, fruit.

MADAME DESAY. — Voyez, j'en ai préparé un fragment.

LÉNA, *qui s'est élancée la première vers le microscope.* — Je vois de petits grains verts, puis de petits trous; comme tout cela forme un joli dessin, on dirait une éponge verte.

ANDRÉE. — Les petites cavités correspondent aux stomates.

Serge et Paul, tour à tour, viennent confirmer le dire de Léna.

JEAN. — Je ne m'explique point ce que viennent faire ces filaments.

ANDRÉE. — Comment, toi, Jean, tu ne reconnais point les nervures; c'est comme qui dirait les petits os de la feuille, et de leur disposition dépend sa forme.

LÉNA. — Au moins, elles ont des formes variées; regardons toutes celles que nous avons apportées.

ANDRÉE. — Voici la forme la plus simple, c'est celle du pin, on dirait une aiguille, elle est dite aciculaire ; voici les mêmes pour le sapin, le mélèze et les arbres verts. Celle-ci est en spatule, c'est celle de la pâquerette ; cette autre est dentée et pointue, c'est celle du châtaignier. Voici une feuille ridée et toute couverte de nervures, c'est celle du tilleul. Quand elles ont le contour découpé, elles forment des dents de scie, si elles sont aiguës, ou des crénelures, si elles sont obtuses. Le chêne a une feuille fidée ou coupée ; quand les divisions sont profondes, elles forment des lobes.

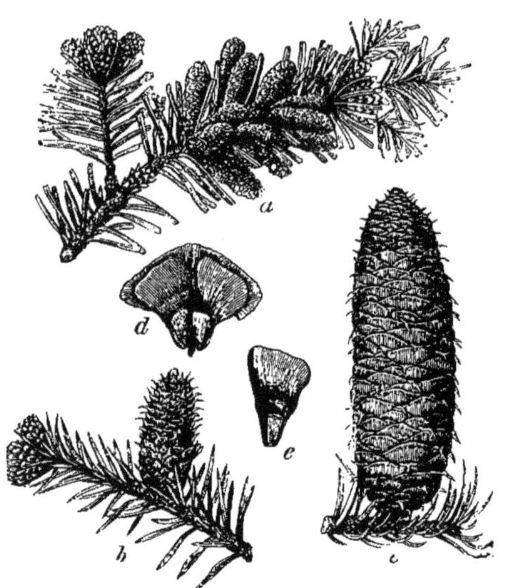

Sapin. — *a, b*, rameaux mâle et femelle ; *c*, cône ; *d, e*, écaille et graine.

PAUL. — Je pense qu'en voici une qui en a des lobes.

ANDRÉE. — C'est une feuille de marronnier que vous tenez là, Paul ; alors nous arrivons aux feuilles composées. Tant que les divisions tiennent à la nervure du milieu, elles sont simples et appartiennent à celles que nous citerons tout à l'heure ; mais quand cette nervure prend la forme d'une branche qui porte plusieurs feuilles complètes, elle est dite composée, comme dans le marronnier, l'acacia, le trèfle. En général, les feuilles des monocotylédonées...

LÉNA. — Oh ! nous voilà revenus aux grands mots.

ANDRÉE. — Il le faut bien, sans quoi nous ne pourrions jamais analyser de plantes, et c'est à cela que nous tendons. Dans les monocotylédonées, les nervures ne sont pas en réseau, et sont parallèles, comme dans l'iris, le roseau ; elles sont toujours entières, dans leur premier âge ; ainsi celles des palmiers, qui sont en épingle, étaient entières, elles se sont fendues à la longue, comme on le voit très bien dans les grandes feuilles du bananier. Dans les graminées et dans plusieurs plantes d'eau, elles ont la forme d'un ruban.

Dans les dicotylédonées, les feuilles sont des plus variées, c'est d'elles surtout que nous parlions en les caractérisant tout à l'heure; leurs nervures, en naissant les unes des autres, forment des ramifications, des divisions, des dents, etc.

Dans les acotylédonées, excepté les fougères qui présentent des feuilles très développées et très variées, elles sont très simples comme dans les mousses et disparaissent dans les champignons, les algues et les lichens.

SERGE. — Vous avez dit, Mademoiselle Andrée, que les feuilles étaient plates, regardez donc celle-ci.

Et le jeune garçon plaça devant Andrée une feuille courbe et épaisse, d'un vert particulier.

JEAN. — Ah! mais ce n'est pas le bois de Boulogne, ici; et vous ne devez point arracher ainsi les plantes de notre serre.

SERGE. — Une serre, cette petite caisse en verre! vous vous flattez.

Ficoïde.

Eh bien, Mademoiselle Andrée, que me répondez-vous?

ANDRÉE, *un peu fâchée.* — Cette feuille appartient à une plante grasse, un cactus, et toutes les feuilles de ces végétaux sont très épaisses parce qu'elles renferment les sucs qui doivent nourrir la plante, et qu'elles prennent dans l'air. Elles poussent généralement dans des lieux arides et secs, et ont peu de racines.

SERGE. — Merci, Mademoiselle.

MADAME DESAY. — On en rencontre dans les sables brûlants des déserts d'Afrique; une espèce de ficoïde pousse au pied des pyramides; leurs feuilles sont les réservoirs où s'emmagasine leur nourriture, c'est ce qui explique leur nature charnue. Tout au contraire de ces plantes, il y en a d'autres qui ont des feuilles creuses, comme l'oignon ; celles qui croissent dans les eaux ont des feuilles en forme de vessie. Tenez, voici, dans notre atlas, le fucus géant, qui vient dans les océans du Sud ; sa tige mesure quelquefois 100 mètres, et elle est faible ; comment n'est-elle pas brisée par la force des courants ? Notre fucus élève ses immenses tiges à la surface des eaux, et voici comme il les y soutient. De distance en distance, la nature l'a pourvu d'une feuille assez large, dentelée sur les bords, gaufrée dans toute son étendue et dont le pétiole porte, à l'endroit où il sort de la tige, une grosse vésicule en forme de poire. Toutes ces vésicules, remplies d'air, sont comme autant de petits ballons qui forcent les tiges à s'élever à la surface des mers et maintiennent ainsi les feuilles étalées sur les flots.

ANDRÉE. — N'est-ce pas merveilleux, cette organisation des moindres plantes se modifiant pour les besoins ou les climats, dis, Léna, est-ce que cela ne t'intéresse pas ?

LÉNA. — Beaucoup ; j'aime surtout à entendre parler de choses étranges, comme du fucus géant, par exemple. Y a-t-il encore d'autres feuilles extraordinaires dans le genre de celles-là ?

ANDRÉE. — Oui, regarde cette autre, elle appartient aux népenthès, végétaux qui sont abondants sous certaines parties des tropiques. Chaque feuille est terminée par un long fil auquel est suspendue une sorte d'urne se fermant par un couvercle. Cette urne contient une eau pure et mesure de 3 à 4 centimètres de hauteur.

JEAN. — Maman, lisez-nous ce qui est écrit en dessous de cette figure.

MADAME DESAY. — Volontiers. C'est tiré de la relation d'un voyage à Madagascar.

ANDRÉE. — D'où arrive M. Leberrier !

MADAME DESAY, *lisant*. — « Trois jours après mon arrivée dans l'île, je m'égarai dans une excursion que j'avais entreprise aux alentours, et bientôt, à une fatigue excessive vint se joindre une soif ardente. Après avoir longtemps marché, j'allais m'abandonner au désespoir, lorsque j'aperçus tout près de moi, suspendus à des feuilles, de petits vases, à peu près semblables de forme à ceux dont nous nous servons à bord pour conserver l'eau fraîche. Je crus être le jouet d'une de ces hallucinations qui montrent au malade, altéré par la fièvre, une coupe dont il veut en vain approcher ses lèvres desséchées; pourtant, je m'avance avec hésitation, j'y plonge un regard avide et inquiet. — O prodige! et jugez de mon bonheur en les voyant remplis d'un liquide transparent et pur auquel je trouvai, dans un tel moment, une saveur qui me fit préjuger du nectar que l'on goûte à la table des dieux. »

LÉNA. — Ainsi, ce liquide a suffi pour désaltérer ce pauvre voyageur?

MADAME DESAY. — Vous l'entendez, et à en juger par le lyrisme de son langage, il éprouvait une vive reconnaissance pour les petites urnes du népenthès.

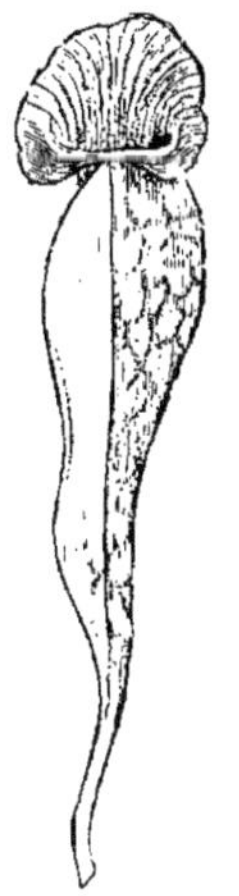

JEAN. — Regardez, Léna, ces feuilles en entonnoir sont encore bien curieuses. Elles appartiennent au sarracenia.

LÉNA. — Elles forment comme un élégant cornet découpé.

MADAME DESAY. — La nature semble avoir pris la devise adoptée par le bon Lafontaine :

Diversité, diversité.

Feuille du Sarracenia.

On ne rencontre pas deux espèces ayant les feuilles parfaitement semblables; quel contraste entre le feuillage de l'acacia, les feuilles gigantesques de la victoria regia, — qui s'étalent sur les eaux du Nouveau Monde et où viennent se reposer des oiseaux aquatiques, — les feuilles épaisses et épineuses du houx, les feuilles veloutées et satinées des bégonias, le feuillage ailé des palmiers et la feuille en forme de flèche de la sagittaire! En vérité, c'est dans les feuilles que cette diversité éclate surtout, car remarquez, mes enfants, que sur le même arbre il n'y a pas deux feuilles exactement pareilles. Plusieurs plantes mêmes, comme Jean nous le montrait pour le sarracenia, en offrent de plusieurs formes; le mûrier, la sagittaire sont dans ce cas

PAUL. — Vivent les feuilles donc! et semons-les devant notre savant professeur; Andrée, hommage à vous!

Et ce petit fou de Paul, prenant, plein ses mains, des feuilles amassées sur la table, les jeta sur la blonde chevelure d'Andrée, qui, tout en riant, s'éplucha pendant un bon moment.

ANDRÉE. — Ce Paul est un vilain espiègle, il ne faut pourtant pas qu'il nous laisse oublier que les feuilles se changent quelquefois en d'autres organes, indispensables à la vie des plantes. Ainsi, dans les pois, les haricots, elles forment les vrilles par lesquelles ces plantes s'accrochent; dans l'épine-vinette, elles forment des épines, aussi dans l'acacia épineux. Je crois, maintenant, qu'il ne nous reste plus qu'à remarquer comment les feuilles sont disposées sur les tiges.

Saxifrage.

LÉNA. — Elles viennent de tous les côtés, un peu au hasard.

MADAME DESAY. — Rien au hasard, Léna; tout est réglé, prévu, disposé par une sagesse et une science qui étonnent l'homme toujours, le déconcertent quelquefois, et lui font sentir combien il est peu de chose auprès de celui qui a tout fait. « Il y a, dans le ciel et sur la terre, plus de choses mystérieuses que notre science n'en peut rêver. » Cette pensée, que vous traduisiez hier dans Shakespeare, Serge et Léna, est une des plus vraies et des plus compréhensibles. Continue, Andrée.

ANDRÉE. — On appelle *nœuds*, les différents endroits où naissent les feuilles. Si elles sont en face l'une de l'autre, elles sont *opposées;* si elles se trouvent à des hauteurs inégales, et qu'il n'en pousse qu'une, elles sont *alternes*, comme dans le cerisier, le pêcher, le tilleul. Quand, à chaque nœud, il pousse plus de deux feuilles, elles sont *verticillées :* dans le laurier, dans les fougères en arbres. Quelquefois, les feuilles sont rapprochées et comme posées les unes sur les autres; elles forment une rosette ; voici un exemple dans cette jolie plante appelée la saxifrage mignonnette.

Léna. — Il est bien malheureux que ces feuilles si jolies tombent quand vient l'hiver. Sous les tropiques, on ne doit pas avoir cette tristesse des arbres dépouillés.

Andrée. — Il y a des arbres, tels que le buis, les pins, les sapins, le houx qui, même ici, restent verts. C'est-à-dire que leurs feuilles ne tombant pas pendant plusieurs années, et les nouvelles poussant quand même, l'arbre n'est jamais sans feuilles. Mais cela est une exception ; une fois que les feuilles ont accompli leur tâche, et que les fruits se montrent aux arbres, elles changent d'aspect et de couleur ; les unes jaunissent comme celles de nos bois ; tantôt elles deviennent rousses, rouges, vert sombre, et donnent ces belles teintes d'automne ; mais ce n'est pas pour longtemps, bientôt elles tombent, et tout est fini.

Madame Desay. — Non, tout n'est pas fini, car ces feuilles décolorées, séchées, roulées par les bourrasques, pourriront sur le sol et donneront naissance à la terre végétale sans laquelle aucune plante ne peut venir. Vous sembliez croire, Léna, que la chute des feuilles ne se produit que dans nos pays, c'est là une erreur ; bien que, sous les tropiques, le nombre des arbres verts soit considérable, il y en a, cependant, dans les pays les mieux partagés au point de vue de l'humidité et de la chaleur, qui les perdent annuellement. Chose étrange, la sécheresse amène le même résultat que nos grands froids, et, pendant des années privées d'eau, on a vu des arbres demeurer sans une feuille.

Andrée. — Ne pourrions-nous pas, à présent, parler un peu des feuilles qui remuent ?

Serge. — Vous allez bientôt nous montrer la plante aussi parfaite qu'un animal.

Andrée. — Ce serait une prétention exagérée. La plante naît, vit, grandit, se nourrit, et meurt ; mais elle ne sent pas et ne se déplace pas.

Madame Desay. — Un savant botaniste, nommé Martins, va jusqu'à leur reconnaître une âme; d'autres prétendent que les végétaux ont un langage à eux et qu'ils se comprennent parfaitement. Il est vrai que les Grecs croyaient que les chênes de la forêt de Dodone rendaient les oracles au nom de Jupiter; nous ne les suivrons pas jusque-là, malgré leur science, mais nous n'en suivrons pas moins, avec un intérêt très vif, la vie de ces êtres si utiles, si variés, si gracieux et si beaux.

Je ne pourrais affirmer qu'ils aient une sensibilité, mais, en tout cas, ils se montrent souvent impressionnables et exécutent de véritables mouvements, quelquefois spontanés.

ANDRÉE. — Le plus ordinaire, c'est celui qu'elles font pour se tourner vers la lumière. Allons regarder le caoutchouc et le palmier du salon, ils ont été placés devant les fenêtres; les feuilles ont toutes dirigé leur face supérieure vers la lumière. On a remarqué que les vrilles, dont nous parlions il y a un instant, exécutent des mouvements dont la cause est inconnue; on les a vues, tantôt dans le pois, tantôt dans le concombre, s'abaisser, ou s'élever, ou se détendre, et reprendre ensuite leur première position.

Sensitive.

MADAME DESAY. — Ajoute que pour faire ces découvertes, il a fallu la patience et l'œil exercé d'un savant, car ces mouvements sont lents. Tout le monde peut, au contraire, remarquer les mouvements spontanés dont certaines plantes sont douées. Les connais-tu, Andrée?

ANDRÉE. — Oui, j'en ai vu plusieurs, dans les serres du Jardin des Plantes. D'abord, la sensitive; si l'on touche une seule de ses folioles, la feuille entière se couche et se replie; toutes les autres suivent son exemple. On m'a montré à la base de chaque foliole et de chaque feuille un petit bourrelet qui s'aplatit dès qu'on touche la plante; c'est, paraît-il, à ce point que réside la faculté d'irritabilité de cette singulière fleur. Il n'est même pas nécessaire de la toucher pour provoquer son émotion : un nuage qui passe, un choc, un changement de température, la nuit, l'impressionnent de même.

LÉNA. — C'est une petite nerveuse.

MADAME DESAY. — Tenez, regardez cette tige dont les feuilles sont triplées; elle appartient à la famille des légumineuses et se nomme la desmodie oscillante (*gyrans*). Elle fut découverte par une Anglaise. Ses petites folioles de côté sont toujours en mouvement : l'une monte, l'autre descend, et la grande foliole s'incline beaucoup plus lentement, tantôt à droite, tantôt à gauche : tant que vit la plante, elle s'agite ainsi.

PAUL. — Que j'aimerais à voir cela!

MADAME DESAY. — Alors, il faut partir pour les Indes, car elle a été découverte au Bengale. On a vu des desmodies faire cinquante mouvements en une minute.

JEAN. — Mais cette plante pourrait remplacer une montre.

LÉNA. — Je voudrais savoir, Jean, où vous mettriez le cadran.

MADAME DESAY. — Vous êtes des enfants. Écoutez plutôt Andrée.

ANDRÉE. — Dans les endroits humides et marécageux, on trouve, en France, une plante qui porte un épi de jolies fleurs blanches. Ses feuilles disposées en rosette ont un pétiole long et sont creusées en forme de cuiller; elles sont bordées de poils rougeâtres d'où sort un suc visqueux qui se répand dans les feuilles et les fait paraître couvertes de rosée en tout temps : c'est ce qui l'a fait nommer rossolis ou rosée du soleil. Dès qu'un insecte, attiré par le suc, vient se poser sur la feuille, ses poils se redressent et s'entre-croisent de façon à retenir l'animal.

LÉNA. — Voilà une plante qui a un mauvais caractère; je lui préfère la sensitive.

ANDRÉE. — Tu n'aimeras pas non plus la dionée qu'on a surnommée *attrape-mouche*. Elle est originaire d'Amérique, et porte, au bout de ses feuilles, deux panneaux mobiles autour d'une charnière commune et hérissée de poils, dont ceux du sommet sont très sensibles. Ces panneaux sont ordinairement ouverts, mais dès qu'un insecte, par malheur, les touche, ils se referment avec force sur l'animal, et ne se rouvrent que lorsqu'il a cessé de vivre. On prétendait que cette cruelle plante se nourrissait de la chair de ces insectes, et on la disait carnassière; mais il ne faut pas croire cela.

JEAN. — Pour des plantes curieuses, voilà des plantes curieuses!

MADAME DESAY. — Ce sont au moins les plus étranges; mais, sans aller au Bengale ni en Amérique, nous pouvons observer, près de nous, les mouvements des plantes, quand ce ne serait que celui qui annonce leur sommeil.

PAUL. — Les plantes dorment?

MADAME DESAY. — Vous avez vu des fleurs se fermer le soir? Les feuilles de quantité de végétaux modifient leur position pendant la nuit. Le mouron plie ses feuilles; plusieurs mauves les roulent en cornet; dans le trèfle pourpre, les feuilles se rapprochent à la base et au sommet de façon à former un petit berceau; celles de l'oxalis, composées de quatre folioles, se courbent sur la tige de façon à ne montrer que leurs faces supérieures. Dans l'acacia, quand la nuit tombe, ses folioles se baissent vers la terre, et se redressent avec le jour. « Un champ de trèfle, dit M. Grimard, ressemble à un vaste dortoir où chaque feuille rapproche ses deux folioles de côté et replie au-dessus d'elles sa foliole terminale qui les recouvre comme une tente. » Enfin, les feuilles de fèves se courbent tellement chaque soir, qu'un fameux philosophe de l'antiquité, Pythagore, les regardait comme des êtres vivants; et, comme il croyait à la métempsycose, il défendait à ses disciples d'en manger. On raconte qu'étant poursuivi par les habitants de Crotone, et pouvant trouver son salut dans la fuite, à travers un champ de fèves, il ne voulut point y passer et fut lapidé.

Je crains que ce long entretien ne vous ait fatigués, feuilletez ensemble cet atlas, vous y retrouverez les figures des plantes que nous avons nommées; cela vous délassera.

La soirée s'acheva très gaiement. Paul et Jean étaient les meilleurs amis du monde, et le microscope fit les frais de leurs jeux. Serge se retira dans sa chambre pour écrire à son père; quant à Andrée et Léna, elles causèrent, tout en feuilletant, des événements de la journée, et souhaitèrent que la visite du fameux voyageur, M. Leberrier, ne se fît pas trop attendre, comptant beaucoup sur lui pour animer les causeries sur la botanique.

CHAPITRE V

QUE DE CHOSES DANS UNE TIGE!

Le lendemain, Andrée avait repris sa place devant la grande table et se préparait à continuer ses causeries, — Léna ayant déclaré qu'il fallait se hâter d'en finir avec les généralités, pour pouvoir aller herboriser au plus vite, — quand Mme Desay entra accompagnée de M. Leberrier. Fidèle à sa parole, il venait rendre visite à « ses jeunes collègues » et apportait avec lui quelques échantillons tirés de son herbier.

En voyant les écoliers et la maîtresse en si bonne disposition d'étude, il se défendit de troubler un si bel ordre, et demanda, au contraire, l'autorisation d'assister à l'entretien comme auditeur. Andrée était toute prête à refuser net, elle n'était point de taille à parler devant un savant. Serge, en voyant son embarras, riait en dessous, et Léna, prenant le parti de son amie, proposa de remettre l'entretien à une autre fois.

M. Leberrier avait de l'esprit; il aurait été désolé de contrarier l'amie de sa sœur; d'un autre côté, il était curieux de voir quelle tournure pouvaient avoir les entretiens que faisait Andrée. Il surprit un regard mécontent que Mme Desay lançait à sa fille, qu'elle avait habituée à plus de simplicité.

— Arrangeons les choses, dit-il; nous serons, l'un et l'autre, tour à tour orateur et auditeur, le voulez-vous?

Tous les enfants le voulaient, on s'entendait donc, et Andrée, un peu intimidée, annonça qu'on allait dire quelques mots sur la tige.

ANDRÉE. — La tige est le nom général qui désigne cette partie du végétal qui monte dans l'air et supporte les branches, les feuilles, les fleurs et les fruits.

JEAN. — Mais toutes les tiges ne s'élèvent pas dans l'air, Andrée, il y en a qui rampent.

ANDRÉE. — Sans doute; elle est haute et élevée, si la plante a besoin d'un air vif et léger; si au contraire il lui faut un air plus épais et plus humide, elle s'élève moins. Leurs tiges varient de forme aussi selon leurs besoins; pour les plantes rampantes, elles sont rameuses et flexibles, mais où on les voit le plus souples, c'est quand elles doivent se suspendre à d'autres arbres pour se soutenir.

Volubilis.

On rencontre des plantes qui semblent dépourvues de tiges tant ces dernières sont courtes, on dit alors qu'elles sont *acaules*.

SERGE. — Est-ce que l'énorme morceau de bois qui forme les arbres est aussi une tige?

MONSIEUR LEBERRIER. — Sans doute; je ne sais si vous êtes comme moi, mais la vue d'un bel arbre s'élevant majestueusement dans l'air me ravit. Les anciens, qui comprenaient si bien la nature, en avaient dû être frappés, et il n'y a pas à douter que, dans leurs colonnes d'une architecture si hardie et si pure, ils aient imité les arbres de leur pays. En Égypte, les colonnes qui supportent les anciens temples feraient assez penser au palmier; les Grecs ont copié aussi la nature, et une de leurs plus jolies créations, le chapiteau corinthien a été décoré de feuilles d'acanthe. Enfin, j'ai souvent entendu répéter à un peintre de mes amis que ces voûtes élevées, mystérieuses et sombres, de nos admirables cathédrales du moyen âge, soutenues par des faisceaux de colonnes, rappelaient, dans l'idée de l'architecte les allées touffues et cachées des forêts, où l'on adorait l'Être suprême. Mademoiselle Andrée, comment divisez-vous les tiges?

Houblon.

ANDRÉE. — Le tronc appartient aux arbres de nos pays : le stipe aux palmiers ; le chaume aux graminées, et la tige herbacée aux plantes qui ne vivent qu'un an.

MADAME DESAY. — Pourquoi ne pas suivre la division générale? *Tronc* et *tige* pour les dicotylédonées, *stipe* et *chaume* pour les monocotylédonées ; pour les acotylédonées, tige croissant en longueur, jamais en épaisseur, ou pas de tige.

MONSIEUR LEBERRIER. — Les tiges dites herbacées sont sans contredit les plus variées ; le liseron, le volubilis, le houblon, le chèvrefeuille vous donnent une faible idée des tiges grimpantes ; il faut avoir vu les lianes d'Amérique, semblables à des rubans, tantôt s'enrouler autour des arbres, tantôt s'élancer de l'un à l'autre et former des festons ornés de fleurs, pour en comprendre toute la grâce. D'autres plantes ont des tiges souterraines, c'est-à-dire que, loin de s'élever dans l'air, elles s'allongent sous terre, et produisent un bourgeon en avant qui donne naissance à une pousse ornée de feuilles et de fleurs. L'iris, que vous connaissez sans doute, le muguet anguleux ou sceau de Salomon qu'on trouve en quantité au Bois, et bien d'autres plantes, ont de ces tiges nommées *rhizomes;* les jacinthes qui s'entr'ouvrent sur votre cheminée ont une tige non moins étrange et cachée.

JEAN. — Comment, cachée? N'est-ce pas cette branche couverte de boutons rosés qui est la tige?

ANDRÉE *riant.* — Voici Jean qui veut se mesurer à plus fort que lui.

Oignon. — *a*, plante (en deux fragments); *b*, coupe d'une feuille; *c*, fleur; *d*, fruit.

MONSIEUR LEBERRIER. — Non, Monsieur Jean, vous ne voyez pas la tige des plantes à oignons, car elle est enfermée au milieu de l'oignon lui-même, et protégée par ces écailles qui sont de véritables feuilles. Les plantes à oignons sont des monocotylédonées.

ANDRÉE. — Jean, va donc nous chercher une petite bûche; en la voyant, on comprendra bien mieux le tronc.

Jean disparaît et revient avec un rondin.

ANDRÉE. — A la bonne heure, on voit tout de suite la moelle, le bois et l'écorce: les trois parties qui composent le tronc.

LÉNA. — Je croyais que la moelle était molle.

ANDRÉE. — Dans le tronc, elle se confond avec le bois. Regardons d'abord l'écorce; la partie la plus extérieure est l'épiderme qui se détruit quand l'arbre grossit, mais il se renouvelle aux dépens du *suber*, qui est l'écorce proprement dite; elle est composée de petites cellules de couleur brune. Dans le platane, le bouleau, l'épiderme se détruit continuellement. Dans la plupart des arbres, l'écorce n'a pas une grande épaisseur, mais il en est un chez lequel elle prend un tel développement qu'elle devient l'objet d'un commerce particulier et important : c'est le chêne liège.

JEAN. — Alors, on lui arrache donc son écorce à ce pauvre arbre?

ANDRÉE. — Oui, pendant l'été ; mais la récolte ne se fait sur un arbre que de dix en dix ans.

MONSIEUR LEBERRIER. — Cette récolte se fait surtout en Algérie, et l'enlèvement de l'écorce ne fait pas souffrir l'arbre parce que les cellules se reproduisant avec une grande rapidité, on a soin de ménager la plus récemment formée. Si on négligeait d'enlever l'écorce, elle se crevasserait et ne serait plus bonne à rien.

Telle que vous nous présentez l'écorce, Mademoiselle Andrée, elle n'est pas complète; il y a encore après le suber un tissu coloré en vert qui donne la couleur à la plante, puis le *liber* formé de longues fibres grêles. C'est le liber qui fournit, dans certaines plantes, des fils propres aux cordages ou au tissage; dans le chanvre, par exemple. Nous aurons tout dit quand nous aurons parlé du *latex*. C'est un liquide particulier, coloré, qui circule dans de petits tubes, à travers l'écorce et la moelle, et qui a des qualités particulières. Dans l'érable, il est blanc et laiteux; dans une espèce de pavot, il produit l'opium; dans l'éclaire, cette fleur jaune qu'on rencontre le long des chemins, il est d'un jaune foncé; on s'en sert pour guérir les verrues. Le caoutchouc est le latex de l'*hévé*. L'ensemble de l'écorce forme les couches corticales.

LÉNA. — Que de choses dans une écorce !

MADAME DESAY. — On disait autrefois : « Que de choses dans un menuet ! »

MONSIEUR LEBERRIER. — La deuxième partie est le bois qui comprend une partie plus intérieure, le cœur de bois ou *duramen*, et une plus extérieure, touchant l'écorce, l'*aubier*. Ces rayons qui partent de l'écorce et qui vont finir à la moelle sont des canaux nommés rayons médullaires; ils font communiquer avec l'intérieur du tronc un liquide, appelé *cambium*, de la nature de la moelle, placé entre le bois et l'écorce et qui fournira les organes divers. Chaque année, on verra se former, où est ce cambium, une couche corticale et une couche ligneuse de bois. Chacune de ces lignes concentriques que vous voyez ici est donc l'œuvre d'un an. C'est comme cela qu'on peut connaître l'âge d'un arbre d'après ses couches concentriques.

Madame Desay. — Et ce n'est pas d'aujourd'hui qu'on sait cela. Je me souviens avoir lu dans le *Voyage d'Italie*, de Montaigne, ces lignes naïves : « Un ouvrier, homme ingénieux et fameux à faire de beaux instruments, m'enseigna que tous les arbres portent autant de cercles qu'ils ont duré d'années, et me le fit voir, dans tous ceux qu'il avait dans sa boutique. Et la partie qui regarde le septentrion est plus étroite et a les cercles plus serrés et plus denses que l'autre. Par ce, il se vante, quelque morceau qu'on lui porte, de juger combien l'arbre avait d'ans et dans quelle situation il poussait. »

Monsieur Leberrier. — L'ouvrier qu'admirait Montaigne avait dû lui dire aussi que, pour son travail, il ne choisissait que le cœur du bois, parce que le tissu est devenu dur et sec. Cette partie a une couleur plus foncée que l'aubier; ce fait est très visible dans l'ébène, l'acajou, le palissandre, et dans tous les bois employés par l'ébénisterie. Le pin, le sapin le peuplier, le saule, qui n'offrent pas cette différence, sont d'assez mauvaise qualité ; on les nomme bois blancs. Puisque vous avez un bon microscope, je puis faire passer quelques échantillons des diverses parties du tronc sous vos yeux.

Madame Desay. — J'ai vu au Jardin des Plantes un tronc de hêtre, qui porte sur son écorce la date 1750, et cette même date se voit dans l'intérieur des couches ligneuses; comment cette dernière empreinte a-t-elle pu se conserver pendant la croissance du bois? Je ne l'ai jamais compris.

Monsieur Leberrier. — Je le connais aussi, et le nombre des couches comprises entre les deux inscriptions est de cinquante-cinq : juste les années écoulées entre 1750 et 1805, époque à laquelle on l'abattit. En gravant sur l'écorce, on entama le bois, et on y produisit une lacune qui désorganisa le cambium. Mais les années suivantes, la production du jeune bois de l'aubier a repris son cours, et il s'est formé une couche par an.

Léna. — Je désire aller voir ce tronc, le plus tôt possible.

Madame Desay. — C'est facile, nous irons dès demain.

Monsieur Leberrier. — Et, si vous désirez visiter les serres, je pourrai vous en faciliter l'entrée, Mesdames ; c'est là que je passe une partie de mes journées.

Jean. — Quel bonheur ! Au moins, nous verrons tous ces arbres dont vous nous parlez. Quand je serai grand, j'en planterai de toutes les espèces, et je leur donnerai un bon terrain et tant de soins, qu'on n'en aura jamais vu de plus beaux.

Monsieur Leberrier. — Halte là, mon camarade, ne vous emportez pas ainsi. Plus le sol est aride, — tout en nourrissant son végétal — plus le bois est dur et solide : plus le sol sera humide et fertile, plus l'aubier croîtra, se développera, et moins le bois sera parfait. Comparez le saule et le chêne. Le sorbier fait exception, car il pousse vite et son bois est dur.

Andrée. — Ne direz-vous rien de la moelle ? Il ne manque plus qu'elle pour compléter notre tronc !

Tous. — Allons, va pour la moelle !

Andrée. — La moelle est formée de petites outres qui renferment le suc nécessaire à la jeune plante. Elle est contenue dans un étui médullaire d'où partent de petits filets creux qui donneront chacun naissance à une feuille. Quant à la moelle, au bout de quelques années, elle se dessèche et disparaît, ou se disloque. Les arbres vivent très bien sans moelle.

Monsieur Leberrier. — On cite bon nombre de vieux arbres qui se sont même creusés et qui n'ont cessé de produire et de grossir : le chêne d'Allouville, en Normandie, qui date de l'an mille, et dans l'intérieur duquel on a établi une petite chapelle ; le châtaignier de l'Etna, où l'on a construit une maison, en sont des exemples.

Il y a encore le chêne de Montravail, dans l'Aunis, qui est célèbre par ses proportions colossales, son grand âge. Ses couches annoncent deux mille ans. On a établi, à l'intérieur, un banc circulaire, sur lequel peuvent tenir douze personnes. Le baobab, qu'on regarde comme le géant des arbres, offre dans une de ses variétés, qui pousse en Sénégambie, une grotte qui a 7 mètres de haut, et 6 mètres de large. Cet arbre magnifique a des branches qui s'étendent horizontalement à plus de 15 mètres; il a été décrit, pour la première fois, par notre botaniste français, Adanson. Marmier prétend « que les nègres de la vallée en ont fait leur salon, et viennent, le soir, y fumer leurs pipes. »

Et maintenant, je vous laisse achever l'étude du stipe; à demain, au Jardin des Plantes.

Pendant que madame Desay accompagnait le jeune marin et le remerciait de son concours, Paul, que les choses un peu sérieuses fatiguaient volontiers, se mit à danser à travers la chambre, puis, saluant la porte par laquelle était sorti Edme Leberrier, il dit très haut : « Au revoir, monsieur Cambium ! » Ce mot, qui était revenu plusieurs fois sur les lèvres du savant, avait surtout frappé l'étourdi, et il venait, sur l'heure, d'en baptiser le complaisant marin. Cette plaisanterie ne fut pas du goût de Serge.

— Je te défends de te moquer de M. Leberrier, dit-il à son frère, il me plaît beaucoup; si tu trouves ce qu'il nous dit trop au-dessus de ton intelligence, tu pourras aller jouer quand il sera là, ou sans cela ?...

— Sans cela, tu me traiteras comme les bourgeons du Bois, l'autre jour. Je t'avertis seulement qu'en bon Moscovite je rends les coups doubles, et que tu ne m'empêcheras pas de rire de M. Cambium.

Serge haussa les épaules et, se rapprochant d'Andrée, il la pria de vouloir bien continuer la causerie sur la tige, afin que, le lendemain, il ne fût pas trop ignorant, dans les serres du Jardin des Plantes. Le fait est que Serge avait raison de défendre M. Leberrier. Il était impossible d'être moins pédant et plus cordial. Par moments, sa parole, habituée au commandement, devenait brève et dure, mais cela était loin de déplaire au jeune Russe, et il préférait de beaucoup les leçons plus abstraites du marin aux causeries enjouées et naïves d'Andrée. Cependant les éloges que M. Leberrier avait très sincèrement donnés à la jeune fille avaient fait une heureuse impression sur lui, et il devait à l'avenir se montrer plus courtois avec elle.

Andrée. — Alors, vous voulez savoir quelque chose sur la tige des monocotylédonées? Elle est de forme cylindrique, tandis que le tronc est en cône; quelquefois il présente un renflement, vers le milieu, comme on le voit dans les palmiers.

La tige est nue et se termine par un bouquet de feuilles ou par des branches. Intérieurement, elle se compose de petits filaments très minces et très fermes qui ne se touchent point et s'élèvent de la racine au sommet du stipe. L'intervalle compris entre ces filaments est rempli par une matière semblable à la moelle de sureau; c'est un amas de petites outres qu'on nomme, nous le savons, tissu cellulaire.

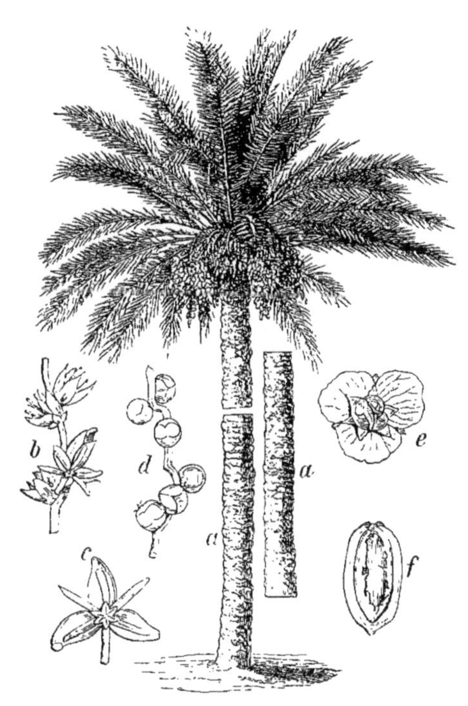

Palmier dattier. — *a*, dattier; *b*, *c*, fleurs mâles; *d*, *e*, fleurs femelles; *f*, fruit ouvert.

Le stipe n'a point d'écorce, son enveloppe extérieure est une couche mince de ce même tissu. Les filaments sont plus rapprochés vers la circonférence du stipe que vers le centre et donnent à cette partie du bois, dans les arbres monocotylédones, une grande dureté. Chaque filament est un tissu au centre duquel sont situés plusieurs tuyaux distincts d'une finesse très grande, et qu'on ne peut voir qu'au microscope.

Madame Desay, *qui est revenue depuis quelques instants.* — Tenez, voici parmi les verres de Jean une lame très mince provenant de la coupe horizontale d'un palmier; regardez à votre aise, vous comprendrez mieux.

Andrée. — L'oignon dont nous parlions au commencement offre, lui aussi, la structure du stipe : un bourgeon en haut, une tige cachée mais existante, et une racine.

Dans les graminées, la tige se nomme chaume; elle se compose d'une série de tuyaux ordinairement creux, et formant des nœuds à l'endroit où ils se réunissent. On le voit bien dans le blé. Plusieurs ont leur tige remplie d'une espèce de moelle très légère, le chiendent, l'ivraie, la canne à sucre, le roseau. A chaque nœud, il y a une feuille qui forme une gaine dans laquelle s'emboîte le tuyau supérieur. A chaque nœud, il y a une petite cloison qui empêche les tuyaux de communiquer entre eux.

Ivraie. — *a*, plante en deux fragments; *b*, épi; *c*, fleur; *d*, caryopse entier et en section.

JEAN. — Sais-tu pourquoi on dit d'une mauvaise herbe « cela pousse comme du chiendent? »

ANDRÉE. — Les feuilles de graminées ont une très grande facilité à se changer en racines; le chiendent, en rampant, s'enracine à chaque nœud, et une seule tige couvre ainsi un grand espace de terrain. Les laboureurs ne l'aiment guère et font tout pour le détruire.

MADAME DESAY. — Et souvent le multiplient, car, en le déchirant en lambeaux, on disperse ses débris qui s'enracinent partout. Mais ce qui fait le mal des uns fait le bien des autres. Le moyen qui réussit si peu pour le chiendent est employé heureusement pour les cannes à sucre. Pour les multiplier, il suffit de les coucher sur les champs préparés, et elles forment ainsi de nombreuses racines.

JEAN, *transporté*. — Certainement j'aurai un champ de cannes à sucre. Quelle belle chose que la culture, et que j'aime cela!

MADAME DESAY. — Nous ferons de toi un agriculteur, cher enfant, si tes goûts persistent; je ne connais pas de plus bel état.

SERGE. — Il y a celui de soldat, Madame Desay.

PAUL. — Et celui de voyageur, donc ?

MADAME DESAY. — Oui, tous les états sont beaux, quand on les remplit avec conscience et courage.

LÉNA. — Et les acotylédonées, est-ce qu'elles n'ont pas de tiges ?

ANDRÉE. — Tu as donc oublié ce que nous avons dit des fougères ? Ce sont celles dont la tige est la plus complète ; elle renferme des vaisseaux et des cellules, et les filaments, quand on coupe le tronc horizontalement, forment des dessins bizarres de couleur brune, qui ressemblent à des hiéroglyphes. Mais elles poussent tout en hauteur, et ne grossissent pas. Quant aux mousses, aux hépatiques, aux lichens, aux champignons, ce qui leur sert de tige est composé de tissu cellulaire, sans vaisseaux. Ils sont donc bien moins parfaits.

CHAPITRE VI

OÙ EST JEAN ?

Personne n'avait oublié le rendez-vous du lendemain, et Léna, toujours soigneuse de ne rien perdre des entretiens, avait résumé, en notes rapides, tout ce qu'elle avait retenu sur les tiges.

— Je regrette, dit-elle à Andrée, que nous n'ayons pas vu encore la racine ; elle doit avoir une histoire aussi ; nous aurions ainsi une idée bien plus complète de messieurs les végétaux.

JEAN. — Cela est bien facile ; Andrée ou maman va nous en dire un mot. Elles sont si complaisantes !

PAUL. — Bah! M. Cambium nous résumera cela au Jardin des Plantes, en deux mots.

SERGE. — Paul, tu me le payeras.

ANDRÉE. — Soit; en attendant le déjeuner, nous pouvons feuilleter l'atlas de botanique et regarder les figures des différentes racines.

Vous l'avez vue, dans le haricot de Jean, séparée de la tige par le *collet*, descendre dans la terre brune pour y chercher les sucs nécessaires à la nourriture de la plante et à son accroissement. Cependant, il y a des végétaux pour lesquels la racine n'est qu'un moyen de se tenir en terre. Nous l'avons dit pour les plantes grasses; aussi dans des pays où il ne pleut pas, comme au Pérou, dans quelques régions du Mexique, on voit des *cierges*, espèces de grands cactus, avoir des fleurs brillantes, grossir et étendre leurs tiges, pendant que leurs maigres racines courent sur des rochers arides. Les plantes parasites, c'est-à-dire qui vivent aux dépens des autres, ne s'enfoncent pas en terre; les lichens viennent sur les pierres, certaines mousses aussi; ceux-là se nourrissent des gaz répandus dans l'air. Le gui, le lierre, les mousses en général, s'attachent sur les arbres aux dépens desquels elles se nourrissent.

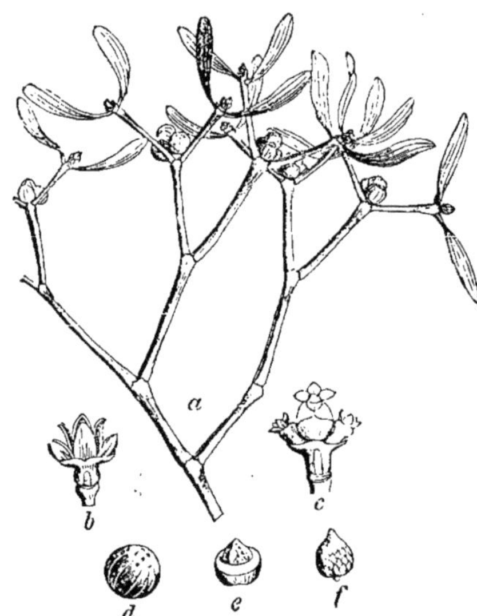

Gui de chêne. — *a*, rameau florifère et foliifère; *b*, fleur mâle; *c*, fleur femelle; *d*, baie; *e*, fruit ouvert; *f*, graine.

LÉNA. — Et cela ne fait pas mourir les arbres?

ANDRÉE. — Mais non... .

Les plantes qui poussent dans l'eau, comme le nénuphar, le trèfle d'eau, ont deux espèces de racines : les unes, enfoncées dans la vase, les attachent au sol; les autres sont flottantes au milieu de l'eau.

Dans les serres, nous verrons certainement les racines aériennes de la vanille.

Parfois, les racines se ramifient, c'est-à-dire qu'elles en forment d'autres en forme de fils ; c'est ce qu'on nomme le *chevelu*. Le rôle de la racine est d'absorber les sucs et quelquefois de les encaisser et de les garder accumulés ; alors, la racine offre un renflement, comme dans la carotte, le navet, le radis ; on l'appelle *pivotante* ; tous nos arbres ont une racine pivotante ; dans le dahlia, l'orchis, le filipendule, où il se forme plusieurs tubercules, on l'appelle *tubéreuse*. Quelquefois la racine est formée de plusieurs axes ou corps de grosseur égale, on la dit *fasciculée*; les palmiers, le lin, le melon ont des racines de cette espèce.

PAUL. — A quoi cela peut-il nous servir d'apprendre tous ces noms?

ANDRÉE. — A pouvoir analyser les plantes, car toutes les botaniques emploient ce langage ; ensuite à savoir comment les cultiver. Si une plante a une racine pivotante, il faut l'arroser au pied ; si elle est fasciculée, il faut répandre l'eau à une certaine distance. Quand on plante un végétal à racine pivotante, il faut que la terre végétale soit plus profonde que pour une racine fasciculée.

MADAME DESAY. — Et les agriculteurs, Paul, font souvent succéder à la culture de racines fasciculées qui ont pris tous les sucs de la surface d'un champ, la culture de racines pivotantes qui vont chercher ceux qui séjournent plus au fond et étaient restés sans emploi.

SERGE. — Je comprends bien que la racine, par de petites bouches, prenne les sucs, mais comment montent-ils dans les rameaux et les feuilles?

MADAME DESAY. — Vous savez un peu de physique, Serge : n'avez-vous jamais entendu parler de la capillarité? C'est la force qui fait monter ou qui déprime les liquides dans des tubes très fins. Les parois du tube attirent le liquide qui monte. D'autre part, les feuilles évaporant dans l'air l'eau qu'elles contiennent, il se forme en elles un vide qui attire les sucs pompés par la racine.

JEAN. — Et toute cette nourriture que prend la plante, est-ce qu'elle la garde? Alors je m'étonne qu'elles ne grossissent pas davantage.

Andrée. — C'est tout ce que la plante a absorbé par la racine qui prend le nom de *sève*. C'est le sang du végétal.

Serge. — Je croyais que vous aviez dit la même chose du latex.

Andrée, *souriant*. — Ah! ah! vous avez de la mémoire, Serge! Eh bien, la sève monte comme maman vous l'a expliqué, et une partie du liquide qui lui est inutile est rejeté par les feuilles; c'est la transpiration.

Jean. — On a peut-être confondu avec la rosée.

Andrée. — Du tout; un botaniste a posé sur une plaque de plomb un vase dans lequel était planté un pavot, et l'a recouvert d'une cloche, de façon qu'il ne pouvait communiquer ni avec le sol ni avec l'atmosphère. Le lendemain matin, il vit des gouttelettes à l'extrémité des feuilles. On a ainsi calculé qu'une plante transpire dix-sept fois plus qu'un homme.

Jean. — Est-ce que l'eau contenue dans le népenthès serait due à la transpiration?

Madame Desay. — Oui, mon enfant; c'est pendant la nuit, où la transpiration est plus abondante, que l'urne fermée se remplit; pendant le jour, le couvercle se soulève, et par l'évaporation l'eau diminue de moitié.

Andrée. — Ainsi donc la sève monte par les vaisseaux ligneux : c'est la sève ascendante, elle va jusque dans les feuilles, avec plus de force au printemps qu'à aucune autre époque. Dans certains végétaux, de ceux qui ont une végétation précoce, il y a un nouveau mouvement à la fin de l'été qui se nomme *sève d'août*. Une fois parvenue aux feuilles, elle prend une constitution nouvelle, et redescend en laissant à chaque partie du végétal ce qui lui est nécessaire pour son accroissement : c'est le *latex* ou sève descendante.

Léna. — Comment a-t-on pu reconnaître tout cela?

Madame Desay. — Il y a, dans ces connaissances, la vie de plusieurs savants, ma chère Léna, et nous ne faisons qu'effleurer des faits sans lesquels l'étude même élémentaire des fleurs ne serait pour nous que lettre morte. On pense que la sève descendante circule dans l'écorce et dans la moelle.

M. Leberrier les attendait, il vint au-devant d'eux.

ANDRÉE. — Mais les plantes ne se contentent pas de transpirer, elles laissent échapper à leur surface des matières qui ne leur servent pas.

MADAME DESAY. — C'est ce qu'on nomme les *excrétions*; et je les ai entendu diviser en trois groupes : celles qui ne serviraient à rien en dedans, et qui à la surface peuvent protéger la plante; c'est quelquefois une poussière blanchâtre qui recouvre les feuilles, comme dans le chou, ou certains fruits comme la prune, le raisin, et qu'on nomme la *fleur;* cette couche collante qui entoure certaines algues sert à les empêcher de se pourrir dans l'eau. La deuxième sorte d'excrétions est celle qui est rejetée parce que la plante en a trop : c'est la résine des pins et des sapins; les gommes qu'on trouve sur les pruniers, les pommiers. La troisième est formée de matières nuisibles à la plante; les liquides qui s'évaporent par les poils semblent être de cette espèce. Maintenant, mes amis, allez vous reposer de votre attention, en déjeunant; ensuite nous irons au rendez-vous que nous a si obligeamment donné M. Leberrier.

Deux heures après, nos jeunes étudiants descendaient devant la grande grille du jardin qui s'ouvre devant le pont d'Austerlitz. Ils avaient pris le plus long chemin, et, en suivant la belle avenue de marronniers où s'ébattent bruyamment tant d'enfants, Paul sentit des velléités de courir; mais Jean, à qui il proposa de faire une partie, lui répondit avec assez de raison que, puisqu'on était venu pour visiter les serres, il fallait remettre le jeu à une autre fois. Les fosses aux ours d'où partaient des rugissements prolongés attirèrent aussi la curiosité du petit Russe, qui était décidément le plus froid pour la botanique. Heureusement que les toits de verre des serres s'élevant devant eux vinrent mettre fin aux tentations qu'éprouvait le pauvre Paul, en changeant le cours de ses idées. M. Leberrier les attendait; il vint au-devant d'eux.

MONSIEUR LEBERRIER. — Le temps frais n'a pas permis de sortir les plantes et vous allez les voir au grand complet. Traversons cette serre du rez-de-chaussée; elle renferme une riche collection de palmiers; nous pourrons nous croire sous les tropiques.

LÉNA. — Je ne vois partout que *Chamærops*, et non *Palmiers*.

MONSIEUR LEBERRIER. — C'est, avec le dattier, le seul genre de cette classe qui vienne en pleine terre dans l'Europe méridionale. A la porte de l'amphithéâtre, vous avez pu en voir deux, qui sont maintenus par des tiges de fer.

SERGE. — Dans notre jardin d'hiver, nous avions de ces palmiers.

MONSIEUR LEBERRIER. — On en élève dans toutes les serres d'Europe. Les feuilles de celui-ci sont palmées, et ses fleurs sont jaunes. A

Palmier nain (*Chamærops humilis*).

Nice, à Cannes, à Hyères, on en voit dans la campagne. Le *chamærops humilis* que voici se cultive très bien dans les appartements.

Vous pouvez voir aussi plusieurs espèces de fougères arborescentes, dont le feuillage découpé forme des bouquets magnifiques. Nous allons admirer le palmier de Guinée. Il n'a pas, ici, un grand développement, mais il y fleurit et porte des fruits. Ces fruits, gros comme une olive, servent à faire l'huile de palme qui s'emploie dans la fabrication du savon.

ANDRÉE. — Y a-t-il aussi des dattiers?

MONSIEUR LEBERRIER. — Non, et y en eût-il, je ne crois pas qu'ils pourraient porter des fruits. Vous ignorez peut-être que les dattiers ont des pieds mâles et des pieds femelles. Ces derniers ont des fleurs munies de pistils et enveloppées dans une peau mince nommée spathe. Ils donnent seuls des fruits et ne produiraient pas si le pollen des fleurs mâles ne se répandait pas sur elles. Alors, les Arabes, lorsque les arbres sont en fleurs, en avril, montent sur les dattiers femelles et glissent dans le spathe quelques fleurs mâles. Cela suffit, et bientôt les fruits naissent formant des grappes nommées régimes.

LÉNA. — Voici encore des mots nouveaux. Andrée, tu nous les expliqueras.

ANDRÉE. — Demain, si tu le désires, car nous sommes arrivés à la fleur.

JEAN. — Tiens, il n'y a pas que des raretés ici : voici un laurier.

MADAME DESAY. — Étourdi!

Caféier. — *a*, rameau florifère; *b*, rameau fructifère; *c*, *d*, *e*, *f*, détails du fruit.

JEAN. — Mais oui, maman, je reconnais ses feuilles opposées, lancéolées, comme dit Andrée, et munies de stipules.

MONSIEUR LEBERRIER. — Mon jeune savant, cet arbrisseau est le caféier; quand il fleurira, on verra ses fleurs blanches et odorantes, puis son fruit, une baie rouge qui contiendra deux des précieux grains qu'on apprécie tant. Ah! il a toute une histoire!

PAUL ET LÉNA. — Une histoire! oh! dites-la.

MONSIEUR LEBERRIER. — Le café, originaire d'Abyssinie, puis cultivé en Arabie, fut transporté par les Hollandais à Batavia, d'où ils rapportèrent trois pieds à Amsterdam. Un de ces pieds fut envoyé à Paris, et donné au Jardin du Roi, pour le faire reproduire.

Il y fleurit et donna plusieurs rejetons ; on résolut d'en transporter dans nos colonies, et trois petits plants furent confiés à un officier de marine, nommé Declieux. La traversée fut pénible et longue ; deux plants périrent. Il a raconté lui-même l'aventure à peu près en ces termes : « Je partageais avec ma chère plante ma petite ration d'eau, car la provision en était devenue insuffisante, et il avait fallu en régler strictement l'emploi. Je sauvai le caféier, et, arrivé à la Martinique, je plantai l'arbuste qui m'était devenu plus précieux par les soins qu'il m'avait coûtés. Au bout de vingt mois, j'eus une récolte abondante. Je fis distribuer les graines aux communautés religieuses et à divers habitants. Ils s'enrichirent bientôt, et je continuai à répandre de jeunes plants, à la Martinique, à la Guadeloupe. Il prospéra partout. » Cette grande production n'étonne pas quand on sait que le caféier atteint jusqu'à 12 mètres et fleurit toute l'année.

Madame Desay. — Je crois me rappeler que le café, malgré l'excellence de son arome et ses qualités toniques, a été méconnu longtemps. Madame de Sévigné avait prédit qu'il passerait ; cependant il s'établit peu à peu des cafés, dans Paris, mais c'étaient d'affreuses tabagies. On en vendait dans les rues, comme on vend du coco. Enfin, un Italien, nommé Procope, ouvrit la première boutique convenable, à la foire Saint-Germain. Il réussit, et vint s'installer à Paris, rue des Fossés Saint-Germain, aujourd'hui de l'Ancienne-Comédie. Il a subsisté jusqu'à ces dernières années, et était devenu le rendez-vous des littérateurs.

Monsieur Leberrier. — J'ignorais ces détails ; je sais seulement qu'en Orient ce breuvage est une des premières nécessités de la vie, et qu'un Turc, en se mariant, jure de ne jamais laisser sa femme manquer de café. Ici, il a inspiré les poètes, et Delille l'a bien défendu.

Madame Desay. — Ne te rappelles-tu pas quelques-uns de ces vers, Andrée ?

Andrée. — Le bon Delille qui ne parle que par périphrases ! oui, je m'en rappelle quelques-uns :

C'est toi, divin café, dont l'aimable liqueur,
Sans altérer la tête, épanouit le cœur.

. . . .

Que j'aime à préparer ton nectar précieux!
Nul n'usurpe chez moi ce soin délicieux.
Sur le réchaud brûlant, moi seul tournant ta graine,
A l'or de ta couleur fais succéder l'ébène;
Moi seul contre la noix qu'arment ses dents de fer,
Je fais, en le broyant, crier ton fruit amer.
Ma coupe, ton nectar, le miel américain
Que du suc des roseaux exprima l'Africain,
Tout est prêt. Du Japon, l'émail reçoit tes ondes,
Et seul tu réunis les tributs des deux mondes.
Viens donc, divin nectar, viens donc, inspire-moi.

LÉNA. — C'est un véritable hymne en l'honneur de ce pauvre petit arbuste. Je souhaite que toutes les plantes aient une histoire aussi jolie.

SERGE. — Monsieur, vous avez parlé du Jardin du Roi? Ne pourrions-nous pas le visiter après celui-ci?

Quinquina.

MONSIEUR LEBERRIER, *souriant*. — Le Jardin du Roi, fondé sous Louis XIII, devait être détruit sous la Convention à cause de son origine. Des savants, entre autres Daubenton et Lakanal, proposèrent de le conserver et de le nommer Muséum d'histoire naturelle. On le désigne plus souvent sous le nom de Jardin des Plantes.

ANDRÉE. — Après le caféier, il serait agréable de voir l'arbre à thé : y en a-t-il ici.

MONSIEUR LEBERRIER. — Sans doute, mais pour le moment, j'aperçois une plante qui a aussi son histoire. Quand elle sera fleurie, elle présentera des fleurs rappelant un peu celles du jasmin, mais plus épaisses et réunies en tête. Dans les forêts d'Amérique, ce léger arbuste est un arbre nommé le *Cinchona* et que les Européens ont nommé le *Quinquina*.

LÉNA. — Oh! le quinquina, fi! une médecine

MADAME DESAY. — Un remède des plus précieux, petite ingrate! les estomacs faibles et les fiévreux ont de nombreuses actions de grâces à lui rendre.

MONSIEUR LEBERRIER. — Un missionnaire parcourant le Pérou, fut obligé, dit-on, de s'arrêter au village de Malacatas, parce qu'il était tourmenté par les fièvres, très communes dans ces régions à cause de la chaleur humide et malsaine qui y règne. Le chef de la tribu dit au prêtre : « Laisse-moi faire et je te guérirai. » Et il courut dans la forêt voisine, arracha un morceau d'écorce à un arbre qu'il nommait *Cava-choucchou*, ce qui signifiait, dans son idiome, écorce et frisson; il en fit un breuvage qui soulagea immédiatement le Père, et comme celui-ci s'étonnait d'un résultat si merveilleux : « Depuis longtemps, dit le chef, les Indiens d'ici ont trouvé ce remède aux fièvres qui les font souffrir trop souvent. » Le jésuite fit une bonne provision de la précieuse écorce, et, revenu en Europe, il l'expérimenta de nouveau; elle n'avait rien perdu de ses qualités. On connut d'abord le quinquina sous le nom de *poudre au jésuite*, et l'usage s'en répandit partout.

JEAN. — Ceux qui cultivent le quinquina doivent gagner beaucoup d'argent.

SERGE. — Et je te vois déjà tout prêt à en planter dans ton jardin.

MONSIEUR LEBERRIER. — Voilà ce qui vous trompe, mes camarades : on le recherche, mais on ne le cultive pas, et la chasse qu'on a à lui faire n'est pas chose facile. Ceux qui se livrent à ce métier se nomment *cascarilleros*. Ils sont le plus souvent engagés par une Société ou par un négociant. Ils partent avec des vivres et munis de couvertures, pour s'envelopper la nuit. Il s'agit, au milieu du fouillis inextricable de la forêt vierge, de trouver le précieux arbre. Et d'abord, comment se frayer un chemin? A coups de hache; le cascarillero est intrépide, il va s'orientant, comme l'Indien seul sait le faire, jouant sa vie à chaque instant, heureux s'il n'est pas entraîné dans un torrent ou englouti par un abîme. A travers les lianes qui l'enlacent, il reconnaîtra le quinquina à sa cime ornée de fleurs, à son écorce, à quelques feuilles sèches tombées sur le sol. Quelquefois les arbres sont réunis en groupe, d'autres fois dispersés. Quand le cascarillero en a reconnu un nombre suffisant, il revient avertir les coupeurs, et on se met à l'œuvre.

Il faut ouvrir un sentier et établir un chantier pour la durée des travaux, qui sont longs et durs. On a fait provision de vivres, on élève un hangar léger pour s'abriter, et on procède à l'abatage des arbres; puis on enlève leur écorce; cette opération exige beaucoup de patience et de soin. Il faut ensuite rapporter le butin, et ce n'est point le plus aisé de la besogne. Un botaniste, nommé Weddel, qui a assisté à ces opérations, prétend qu'elles durent plus de quinze jours. Et maintenant, quand vous absorberez un verre de vin de quinquina, vous pourrez songer combien de travaux il a fallu pour vous procurer ce remède que vous prenez si tranquillement.

Thé.

ANDRÉE. — En vous écoutant, Monsieur Edme, voilà que j'avais oublié les serres et je me voyais, tout là-bas, dans ces forêts dont vous parliez. Que cela doit être beau et combien j'aimerais à les parcourir !

LÉNA. — Nous irons ensemble, Andrée, et Monsieur Leberrier nous montrera la route. En attendant, cherchons l'arbre à thé.

MADAME DESAY. — Si je ne me trompe, c'est un arbuste rameux, aux feuilles dures et dentées en scie sur un pétiole très court, et que nous pouvons apercevoir là-bas, à la sortie.

MONSIEUR LEBERRIER. — Oui, c'est lui en effet. Il a été connu assez tard, au dix-septième siècle seulement, et cela ne nous étonne pas, car l'extrême Orient était fermé à tout commerce. Les Hollandais seuls y avaient leurs entrées; ce furent eux qui apportèrent le thé en

Europe, et l'usage s'en répandit très vite, surtout dans les pays du Nord. Linné, l'illustre botaniste, dont nous parlerons plus tard, voulut tout d'abord l'acclimater, et en sema sans succès.

LÉNA. — Pourquoi n'a-t-on pas fait comme le chevalier Declieux, qui en apporta aux Antilles, non une graine, mais un petit pied ?

MONSIEUR LEBERRIER. — On le fit ; mais, vers le cap de Bonne-Espérance, un coup de vent emporta le malheureux plant dans la mer. Un autre voyageur arriva cependant à Upsal, avec deux pieds nouveaux. On les entoura de soins ; quand ils fleurirent seulement au bout de deux ans, on s'aperçut que c'étaient des camélias.

ANDRÉE. — Décidément, le thé ne voulait pas venir en Europe.

MONSIEUR LEBERRIER. — C'était à le croire. Une quatrième tentative ne fut pas plus heureuse ; au moment d'aborder à Gotheborg, les marins oublièrent le précieux arbuste dans la cabine du capitaine, et, le lendemain, on retrouva le jeune étranger rongé par les rats. On ne se découragea pas : Linné fit apporter des graines fraîches dans un pot rempli de terre ; elles germèrent en route et on put enfin voir un arbre à thé en Europe.

SERGE. — Nous ne buvons en Russie que du thé de Chine qui vient par caravane.

MONSIEUR LEBERRIER. — Mais croyez-vous que les Suédois fassent autrement? Tous les thés viennent de Chine et du Japon.

MADAME DESAY. — Ce qu'on appelle thé d'Europe est la véronique, et le thé suisse est un composé de plantes de montagnes.

LÉNA. — Comment récolte-t-on le thé?

MONSIEUR LEBERRIER. — On le cultive d'abord sur les terrains en pente, le long des ruisseaux ou des rivières. On cueille les feuilles avec un grand soin, une par une, et, pour les conserver, on les étale sur des plaques de fer chauffées, en les agitant sans cesse pour qu'elles se sèchent mieux ; puis on les prend et on les roule toutes dans la même direction. On recommence cette opération trois fois, en chauffant toujours moins ; après quoi, on les dispose en paquets pour l'exportation.

MADAME DESAY. — Qu'est-ce donc que le thé impérial?

MONSIEUR LEBERRIER. — Oh! c'est celui qu'on réserve pour la famille de l'empereur de Chine. On le cueille, au commencement de la saison, quand les feuilles sont toutes jeunes. On en a surveillé la culture avec un soin méticuleux, les préservant de la poussière, de l'air trop cru, et quand le thé est cueilli, une garde d'honneur l'escorte jusqu'au palais. Ce n'est pas le thé des petites gens. Celui qui est connu sous le nom de thé chinois est récolté au printemps; toutes les feuilles sont assorties et triées selon leur beauté. La dernière cueillette se fait quand les arbres sont touffus; ce thé, le plus grossier, est réservé pour le peuple.

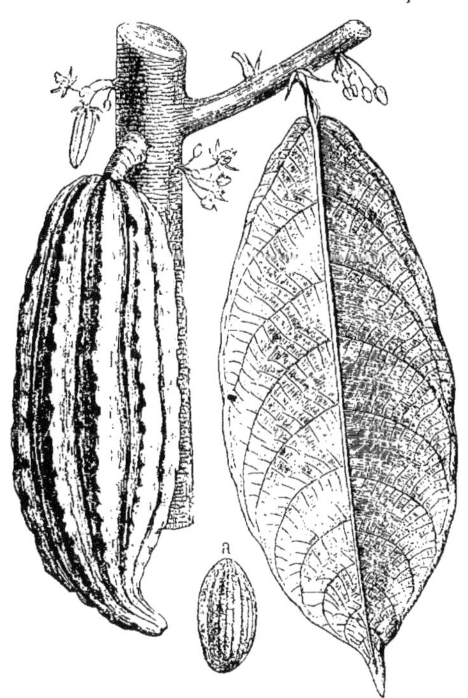

Cacaoyer. — Cabosse et (a) amande.

PAUL. — Le café, le thé, nous passons en revue les boissons. Il ne nous reste plus que le chocolat.

SERGE. — Tu veux dire le cacao, sans doute.

MADAME DESAY. — Mes enfants, vous abusez de la complaisance de notre guide; à la façon dont vous procédez, ce n'est pas une promenade qui vous suffira, dans les serres; il vous en faudra au moins quatre ou cinq.

ANDRÉE. — Eh bien! tant mieux, maman.

MONSIEUR LEBERRIER. — C'est aussi mon avis; oui, tant mieux, Mademoiselle, et soyez sûre que je me mets tout à votre disposition. Je suis ici comme chez moi, grâce à la bienveillance du directeur qui m'a ouvert toutes les portes; je suis heureux de les ouvrir à mon tour à d'aussi aimables étudiants.

SERGE, *railleur*. — Étudiantes, vous voulez dire, Monsieur Leberrier; les dames sont plus aimables que nous.

MONSIEUR LEBERRIER, *qui a feint de ne pas entendre.* — Eh bien, si vous voulez m'en croire, nous allons visiter le cacaoyer et quelques arbustes; après quoi nous réserverons les autres plantes curieuses pour une prochaine visite, afin de ne fatiguer l'attention de personne. Au Mexique et aux Antilles, où on le cultive en grand, il atteint une hauteur égale à celle de nos cerisiers. Son écorce est rousse; ses feuilles lancéolées et d'un vert brillant; vous voyez ses fleurs d'un rose pâle qui naissent le long des branches; il y en a toute l'année. Quant au fruit, il a une forme qui rappelle les concombres, avec des côtes comme nos melons; on les nomme *cabosses*, et, sous les tropiques, quand elles sont mûres, elles deviennent d'un rouge brun; on y voit alors apparaître de petits points jaunes. Chaque cabosse contient de trente à quarante amandes, elles sont enveloppées d'une pulpe blanchâtre d'un goût acide, qui calme la soif et rafraîchit. On les gaule comme les noix, ou on les cueille à la main. On brise les cabosses, et on enferme les amandes dans des vases en bois, où on les laisse quelques jours; après quoi, on les sèche, et elles sont bonnes à emballer.

PAUL. — J'aimerais à goûter cette pulpe dont vous parlez.

MADAME DESAY. — Voyez-vous, le petit gourmand! Il serait bien attrapé si, en même temps, il croquait l'amande, qui est d'une amertume excessive.

JEAN. — Et le chocolat, où est-il dans tout cela?

ANDRÉE. — Tu ne sais pas qu'on le fabrique avec du cacao, du sucre et de la vanille?

MADAME DESAY. — Celui-là est en effet le vrai. Mais, hélas! les falsificateurs ne nous le vendent pas toujours aussi pur.

MONSIEUR LEBERRIER. — Achevons notre promenade sous les tropiques, en regardant les arbres aux épices. Voici d'abord le giroflier, de la famille des myrtes.

ANDRÉE. — Je l'aurais pris pour un caféier.

MONSIEUR LEBERRIER. — Il en a l'aspect; mais il atteint une plus grande hauteur; dans sa patrie, les îles Moluques, il atteint une dizaine de mètres. Son tronc est pyramidal; ses rameaux effilés; sa corolle rose a quatre pétales et de nombreuses étamines ; elle forme des grappes nombreuses et parfumées. On les cueille avant leur épanouissement, et elles ont la forme d'un bouton globuleux en forme de clou ; de là le nom de *clou de girofle*. On les cueille à la main ou on les fait tomber, en les frappant avec des roseaux. On les expose pendant quelques jours à la fumée, ce qui leur donne la couleur noirâtre que vous connaissez.

Myrte commun. — *a*, rameau florifère ; *b*, fleur vue par dessus ; *c*, fleur vue par en bas ; *d*, fruit ; *e*, fruit ouvert pour montrer les graines ; *f*, coupe horizontale du fruit.

LÉNA. — A quoi sert le clou de girofle?

PAUL, *étourdiment*. — Sans doute à faire le pain d'épices.

MADAME DESAY. — Mais non, il se fait avec de la farine de seigle et du miel, Paul.

MONSIEUR LEBERRIER. — La pharmacie, la parfumerie, la cuisine, emploient, tour à tour, le girofle à cause de l'huile aromatique qu'il contient, et de ses qualités chaudes et toniques. Son poids est si léger qu'on a compté jusqu'à dix mille fleurs, dans un kilogramme. Les tiges et les fruits sont aussi employés, bien qu'ils aient mûri de force. Cet arbre a été connu et apprécié des anciens ; les Romains, les Grecs en faisaient usage, et les peuples qui parcoururent les premiers la mer des Indes, Portugais, Espagnols, Hollandais, le répandirent par toute l'Europe. Mais ces derniers, égoïstes et avides, s'étant établis dans la Malaisie, par l'astuce et la cruauté, résolurent de cultiver seuls le giroflier. Ils arrachèrent tous les arbres de l'archipel de la Sonde, et les cultivèrent seulement dans les îles d'Amboine et de Ternate, desquelles ils interdisaient l'entrée aux autres nations.

SERGE. — Il fallait aller contre eux avec un vaisseau de guerre et leur enlever ces îles, à coups d'obus, donc!

Monsieur Leberrier. — La violence, dans ces questions commerciales, n'est pas toujours de mise, mon jeune guerrier. Il y avait à cette époque, 1770, je crois, l'intendant des îles de Bourbon et de France, nommé Poivre; il éprouva la même révolte que vous tout à l'heure, prince Serge, et il chargea un officier de marine, nommé Etcheverry, de contrarier les prétentions des Hollandais. A force de patience et de zèle, Etcheverry, servi par un transfuge hollandais, obtint du roi de l'île Guerby des muscades et des girofliers. Il y en avait trois cents. On en planta à l'île de France, et, plus tard, en Guyane. Dès lors, toutes les colonies françaises en furent pourvues, et les Hollandais perdirent le monopole qu'ils avaient usurpé.

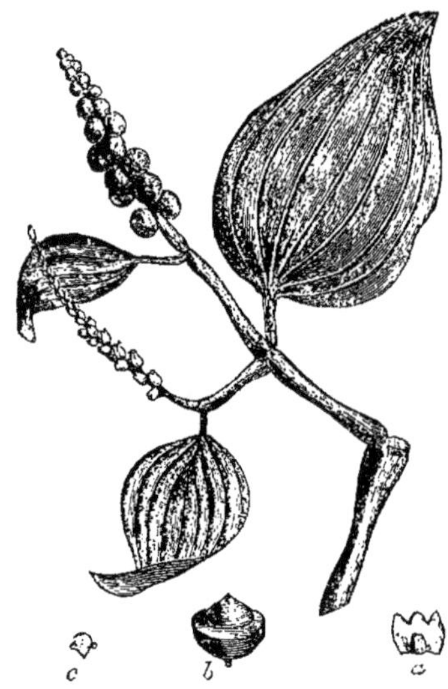

Poivre. — *a*, fleur ouverte; *b*, coupe transversale du fruit; *c*, embryon.

Jean. — Maman, vous ne me gronderez pas si je dis une.... énormité? Mais je voudrais savoir si le poivre a été inventé par cet intendant qui joua si bien les Hollandais.

Serge. — Inventé, une plante! Le mot n'est pas heureux, Jean; tu voulais dire trouvé, découvert?

Monsieur Leberrier. — C'est, en effet, le même, non qui le découvrit, mais qui l'introduisit à Maurice et à Cayenne. Les Portugais seuls en faisaient l'exportation, avant lui. L'antiquité connaissait le poivre et l'employait.

Jean. — Sa graine ressemble à des petits pois secs et noirs.

Monsieur Leberrier. — Mais elle ne vient pas dans une gousse comme eux; le fruit du poivrier est une grappe, et l'arbrisseau lui-même a des tiges simples et sarmenteuses qui lui permettent de grimper sur les arbres voisins.

Léna. — Il y en a du blanc et du noir.

Madame Desay. — C'est le même. Seulement, le blanc a été dépouillé de l'épiderme et est plus doux.

Monsieur Leberrier. — Si le meilleur poivre vient de l'archipel de la Sonde, la meilleure cannelle est celle de Ceylan. Admirez ce bel arbre, haut de 6 mètres, à feuilles luisantes et ovales. Ce ne sont ni ses fleurs jaunâtres disposées en épi lâche, ni ses fruits bleuâtres qu'on recherche; c'est son écorce, et seulement l'écorce intérieure de ses jeunes rameaux. Quand on l'a détachée délicatement, on l'expose au soleil où elle se roule; de là, le nom de *cannelle*, que lui ont donné les Italiens et qui signifie tuyau. Il ne nous reste plus qu'à jeter un coup d'œil sur la *muscade*.

Andrée. — On fait venir ce nom de musc, et pourtant l'odeur qu'elle exhale n'a rien de commun avec ce parfum, si parfum il y a; ici, nous l'exécrons.

Monsieur Leberrier. — On la nomme ainsi parce qu'en Orient on l'estime autant que le musc. Vous savez que c'est une noix, amande dure, de chair huileuse, très odorante et enfermée dans deux enveloppes.

Paul. — Oh! oh! cette description me donne envie d'en manger.

Monsieur Leberrier, *en riant*. — Cela vous serait impossible à cause de son goût âcre; mais confit, en marmelade ou en compote, vous pourriez vous en régaler, si vous aimez ce parfum pénétrant, subtil et fort, commun aux épices.

Léna. — Les range-t-on, comme le cannellier, dans la famille des lauriers?

Monsieur Leberrier. — Non: on a détaché de cette famille les muscadiers ou myristacées, pour en faire un genre à part. Ce sont de beaux arbres, hauts de dix mètres, ne vivant que sous les tropiques. On estime surtout ceux de Banda, dans les Moluques. Leurs feuilles sont d'un beau vert, et les rameaux forment une tête arrondie et élégante.

Serge. — Est-ce encore M. Poivre qui...?

Monsieur Leberrier. — Justement, qui le transplanta dans les colonies françaises; mais, depuis la découverte du cap de Bonne-Espérance, les Européens le connaissaient et en faisaient grand cas. Avant eux, les Orientaux l'avaient fort appréciée, et on dit en avoir trouvé dans les momies égyptiennes.

JEAN. — Et quelle est l'utilité de la muscade, outre ces confitures dont vous nous parliez?

MONSIEUR LEBERRIER. — D'abord, dans les préparations culinaires, on l'emploie volontiers. Au XVIIe siècle, on en abusait sans doute, et Boileau a pu écrire :

Aimez-vous la muscade? On en a mis partout.

Elle a la qualité d'éveiller l'appétit; en médecine, elle a des propriétés excitantes; ainsi, avec son huile, on fait des onctions sur les membres paralysés. Il y a une espèce de muscadier, dans l'Amérique du Sud, en Guyane, avec les graines duquel on fait un suif qui sert à fabriquer des chandelles. Enfin, le bois léger et blanc des muscadiers est employé à faire de petits meubles.

Camphrier.

ANDRÉE. — Est-ce tout?

MONSIEUR LEBERRIER. — Il me semble que oui.

ANDRÉE. — Alors, puisque nous en sommes à ces parfums pénétrants et aromatiques, ne pourrions-nous chercher, à présent, un camphrier?

MONSIEUR LEBERRIER. — Mon avis serait de ne pas séparer les produits résineux, qui n'ont rien de commun avec les épices que nous avons nommés.

SERGE. — M. le professeur Andrée s'égare, il me semble.

MADAME DESAY. — Andrée n'est point un professeur, mon ami, mais une bonne écolière qui cause avec ses jeunes camarades. Elle ne prétend point se passer de guide.

MONSIEUR LEBERRIER. — Mademoiselle Andrée dit très simplement d'excellentes choses; je l'ai écoutée avec un vrai plaisir.

ANDRÉE. — Ah! Monsieur, ne me raillez pas; vous qui êtes si savant, vous devez être indulgent.

MONSIEUR LEBERRIER. — Je ne raille point, et, au risque d'être brutal, je dirai ma façon de penser. Je déteste autant les femmes ignorantes que les pédantes. Madame votre mère, et vous, Mademoiselle, dites, sans prétention, et d'une façon naturelle, ce qu'il est essentiel de connaître dans l'étude que vous poursuivez, appuyant très finement sur le côté pratique et saisissant des faits. N'est-ce pas ainsi que la science doit être présentée aux jeunes filles? c'est du moins mon avis.

Tout en causant, on avait gagné la sortie de la serre, et madame Desay, pour distraire les enfants, proposait une visite à la Vallée Suisse, quand les cris : « On ferme! on ferme! » se firent entendre au loin.

— Comment! déjà? dit Léna.

Le temps avait passé vite dans le voyage au pays des épices, et il sonnait sept heures.

— Revenons demain, dit Léna; il y a tant de choses encore!

— Je n'y mets pas d'obstacle, répondit madame Desay, si notre excellent guide peut encore être des nôtres.

M. Leberrier assura qu'il serait enchanté de continuer la promenade sous les tropiques, et rendez-vous fut pris pour le lendemain, deux heures.

Les enfants avaient supplié madame Desay de leur laisser prendre l'omnibus; elle y avait consenti. C'était un jeudi, et à la clôture du jardin il y a toujours une certaine foule. On marcha à la hâte, un peu pêle-mêle; les garçons restèrent sur la plate-forme, malgré les appels réitérés et les signaux de leur institutrice. Elle dut se résigner à cette fantaisie, et le parcours s'accomplit sans incident; ils ne devaient descendre qu'à la place Moncey et, de là, regagner leur appartement du parc Monceau. Madame Desay donna le signal de la descente et tous la suivirent. Ce fut seulement après avoir fait quelques pas, qu'Andrée s'écria :

— Où est donc Jean?

— Il flâne encore à une lieue de nous, dit madame Desay; je suis d'abord très mécontente qu'il soit demeuré, malgré mes appels, sur la plate-forme.

— Mais Jean n'était pas sur la plate-forme, madame Desay, dit Paul.

— Mais, non, du tout, ajouta Serge; je le croyais avec vous dans la voiture.

Madame Desay devint toute pâle.

— Il n'était pas avec vous? dit-elle d'une voix altérée.

— C'est donc cela que le conducteur ne voulait recevoir que cinq places, dit Léna qui observait tout.

— Mon fils, mon enfant! s'écria madame Desay.

— Ne vous tourmentez pas, chère mère, dit Andrée; il aura été séparé de nous par la foule; l'omnibus est parti si vite qu'il n'aura pu nous rejoindre, et il sera monté dans l'autre. Vous savez que Jean est très calme, et ne se trouble guère, malgré son air timide. Nous allons le voir arriver.

On attendit un omnibus, puis deux, puis trois : pas de Jean! Que faire? madame Desay se devait à ses élèves; elle les conduisit à la maison, pria Andrée, aussi inquiète qu'elle, de présider au dîner, et repartit. Serge avait déclaré qu'il l'accompagnerait, et qu'il irait chercher son camarade jusque chez les lions et les ours. Il connaissait ces derniers et savait comment on les chassait. Ces réflexions eurent le don de faire passer un frémissement dans tous les membres de la pauvre femme; elle se contint, cependant, remercia Serge de ses généreuses intentions, et repartit dans une voiture de place qu'elle avait fait chercher. Pendant cette course, bien rapide cependant, vu le pourboire promis au cocher, les idées les plus sombres lui traversèrent l'esprit. Jean, ce cher et doux garçon, si aimant, si bon, était-elle condamnée à le perdre? Dans Paris, il y a des voleurs d'enfants! S'il avait été entraîné, trompé? Peut-être n'avait-il pas d'argent et était-il revenu à pied. S'il était déjà de retour, pendant qu'elle se torturait ainsi l'esprit. Mais, dans ces moments-là, ce ne sont pas les pensées rassurantes auxquelles on s'arrête; on passe de l'incertitude à la crainte la plus vive; on redoute tous les malheurs, on est en proie à une anxiété terrible, et quand on est mère et qu'il s'agit de votre enfant, les tortures sont encore plus grandes.

Un instant elle avait pensé que Jean, curieux de quelques nouveaux détails, avait peut-être voulu rejoindre M. Leberrier; mais cette supposition ne tenait pas debout, le jeune marin aurait reconduit l'enfant à l'hôtel, et elle l'y aurait retrouvé en rentrant. Elle arriva ainsi à la station des omnibus, devant l'entrée du Jardin donnant sur la rue Linnée, en face de la Pitié. Elle s'enquit aux contrôleurs du petit égaré; on n'avait vu personne et, depuis une demi-heure, toutes les voitures partaient à vide.

— Mon Dieu! dit douloureusement madame Desay, en regardant autour d'elle, comme pour chercher un conseil ou un appui.

L'un des employés, ému par l'expression désespérée et pleine d'angoisse de la pauvre femme, lui dit :

— Êtes-vous sûre, Madame, que votre enfant soit sorti du Jardin en même temps que vous?

— Sans doute, il avait dû sortir; elle était entre Léna et Andrée; les garçons suivaient; on était monté si vite!

— Les enfants font quelquefois des étourderies bien grandes; si j'étais de vous, Madame, je m'adresserais au concierge; pour cela, il faut aller à la porte principale qui donne en face le pont d'Austerlitz.

Madame Desay saisit au vol cette bonne pensée, remercia l'obligeant employé et se fit conduire devant la grande grille. Tout était clos et bien clos. On ne voyait personne du dehors. Force fut à madame Desay d'appeler et de frapper. On ne lui répondit pas, tout d'abord; à la fin, une porte s'ouvrit du pavillon situé à droite, et un homme parut; il portait l'uniforme des gardiens du Jardin.

— Que voulez-vous? demanda-t-il brusquement, sans distinguer à qui il s'adressait. Il est contraire aux règlements de se présenter à la porte des jardins publics quand ils sont fermés. Ma parole d'honneur, on ne pourra plus souper tranquille.

— Excusez-moi, Monsieur, dit madame Desay avec beaucoup de courtoisie, mon fils a disparu au moment de la sortie, et j'ai lieu de craindre qu'il ne soit resté en arrière des autres, et n'ait été enfermé ici.

— Croyez-vous que nous ne savons pas faire nos rondes? et si votre enfant avait pu se laisser enfermer, il n'aurait pas été assez niais pour rester à la belle étoile; il y a beau temps qu'il serait venu frapper à ma porte, et je l'aurais conduit au poste.

— Mon pauvre Jean est craintif et timide; il n'a peut-être pas osé... ou... il lui est peut-être arrivé quelque chose.

— Dame! s'il a voulu descendre dans la fosse aux ours, il aura pu être endommagé; cela n'est point notre affaire.

Madame Desay ne put réprimer un cri d'angoisse; elle avait déjà eu cette pensée; elle tenta cependant d'obtenir quelque chose du gardien.

— Ne pouvons-nous faire une battue, demanda-t-elle; je payerai ce que vous exigerez; on ne peut pourtant laisser un enfant exposé au froid de la nuit.

— Ce que vous demandez est contraire aux règlements, dit l'homme. Voyez à l'Administration, rue Cuvier.

Et il rentra dans sa maison, en fermant brusquement la porte.

— Rue Cuvier, dit madame Desay à son cocher.

Ce fut en tâtonnant, le long de la rue, mal éclairée et déserte, qu'on trouva la grande porte donnant entrée dans le bâtiment habité par les employés. Là encore, madame Desay se heurta à d'insurmontables difficultés. Le directeur étant absent, les tournées avaient été faites; les employés étaient tous retirés chez eux, rien n'autorisait une promenade nocturne; il fallait attendre le lendemain à l'ouverture du jardin. Madame Desay se retira désespérée et retourna chez elle, le cœur plein d'inquiétudes. Au moment de sonner, elle eut un vague espoir que Jean était peut-être enfin revenu, mais ce ne fut qu'un instant : devant la mine inquiète et morne des autres enfants, elle comprit que le pauvre garçon n'avait pas reparu. Sans se soucier d'être indiscrète, elle envoya un domestique chez M. Leberrier; ce dernier n'avait point vu Jean depuis la sortie de la serre; il se rappelait que le petit garçon, quand on avait remis la suite de la promenade aux jours suivants, avait paru très désappointé, et qu'il avait insisté « pour qu'on allât, au moins, regarder les plantes curieuses qui remuaient et dormaient ». En prenant congé des jeunes étu-

Eh bien, j'ai vu dormir les fleurs et j'ai passé la nuit sous les tropiques.

diants, il ne se rappelait point avoir vu Jean. Du reste, à la première heure, le lendemain, il se mettrait à la disposition de madame Desay. Le plus rassuré était Serge, qui disait : « Vous verrez que ce sournois de Jean aura fait quelque bon tour. » La mère ne dormit point de la nuit; dès sept heures, elle était au Jardin, avec Andrée et Serge. M. Leberrier les avait devancés. Cette fois, rien ne s'opposait aux recherches; tous, employés, jardiniers, gardiens, se mirent de la partie, et on se répandit dans tous les sens.

« Un enfant perdu! » on n'entendait que cela partout. Cependant M. Leberrier était resté en arrière : pendant qu'on parcourait les différents parcs, les logettes des daims, des cerfs, des rennes, où l'enfant aurait pu se blottir, le jeune marin se fit ouvrir les serres. Il tremblait que le petit imprudent, poussé par la curiosité, n'y eût été laissé enfermé, et il se demandait dans quel état on le retrouverait, après une nuit passée dans une atmosphère tropicale, chargée d'émanations dangereuses. Tout à son idée, il avait commencé par les serres qui n'avaient point été visitées, ne doutant pas que si Jean avait voulu voir, c'était dans celles-là qu'il s'était dirigé. Il ne découvrit rien d'insolite, et sortait le cœur allégé, délivré d'une terrible inquiétude, quand un jardinier, qui s'apprêtait à commencer son travail dans une serre du rez-de-chaussée où se trouvent quelques palmiers et fougères, lui fit signe et lui montra, étendu sur une des planches où l'on place les boutures faites en pot, Jean qui dormait comme un loir :

— N'est-ce point là l'enfant que vous cherchez? lui demanda-t-il.

— Jean! oui, c'est Jean! s'écria M. Leberrier; et ne sachant encore s'il devait se réjouir, il se mit à secouer le jeune garçon de la belle manière pour s'assurer qu'il n'était en proie à aucune asphyxie.

Jean, qui dormait là comme dans son lit, sursauta, ouvrit de grands yeux étonnés, puis dit :

— Ah! bonjour, monsieur Leberrier, et, se rappelant tout à coup : Eh bien, j'ai vu dormir les fleurs, et j'ai passé la nuit sous les tropiques!

— Mauvais garçon, dit M. Leberrier en lui pinçant l'oreille, votre mère se meurt d'inquiétude, depuis hier. Qu'avez-vous fait?

Jean rougit. Tout à l'idée de satisfaire sa fantaisie, c'était le premier moment où il pensait que sa mère avait pu ressentir du chagrin à cause de lui, quand, suivie d'Andrée et de Serge, elle fit irruption dans la serre. Tout au plaisir de le retrouver, elle le comblait de caresses, se réservant de le gronder plus tard.

— Savez-vous que vous commettiez là une grande imprudence? Jean, dit M. Leberrier. Je suis même très étonné que vous n'éprouviez aucun malaise.

— Tu ne seras pas malade, au moins? dit Mme Desay.

Jean secoua gaiement la tête.

— Je ne suis point resté longtemps dans la serre d'en haut qui est surchauffée, dit-il; je suis redescendu ici, croyant avoir le temps de vous rejoindre. Quand je me suis vu enfermé, j'ai dit : « Tant pis! je regarderai dormir les fleurs. » J'ai très bien vu la mimosa replier ses feuilles; il y en a beaucoup ici; puis, quand il a fait noir, j'ai songé à faire comme elles; mais je ne souhaitais point être asphyxié, maman. Bien qu'il y ait peu de fleurs ici, j'ai ouvert ce vasistas; je ne voulais point que le froid de la nuit nuisît aux plantes non plus; alors, j'ai pendu mon paletot devant la fenêtre. Je me suis installé sur cette planche, et j'ai dormi, très content de passer une nuit avec ces belles plantes vertes. Pardonnez-moi, maman, de vous avoir inquiétée, j'en ai bien regret.

Tout le monde souriait; le petit homme avait bien parlé, ma foi, et les jardiniers disaient en secouant la tête, d'un air très entendu : « Voilà un gaillard qui aime joliment les fleurs; il connaît déjà son affaire, et il n'a rien gâté ici. » Mme Desay, délivrée d'un poids énorme, ne songeait qu'à emmener Jean et ne lui quittait point la main. Serge avait fait le grand seigneur et distribué tant de pourboires aux employés, que sa bourse était vide. Cette aventure de Jean relevait le petit garçon à ses yeux; jusque-là, il l'avait regardé comme un enfant. Andrée avait remercié M. Leberrier avec effusion, et comme avant tout il fallait refaire l'estomac du jeune explorateur des tropiques avec un bon déjeuner, on remit la promenade à un des jours suivants.

CHAPITRE VII

LA FLEUR

Il me semble, dit Andrée quand tous furent de nouveau réunis, l'après-midi, dans la salle d'étude, qu'aujourd'hui, puisqu'il n'y a ni cours, ni sortie, nous pourrions nous préparer à de nouvelles excursions, en étudiant la fleur; qu'en pensez-vous?

On pensa, à l'unanimité, qu'elle avait raison; seul, Jean, un peu penaud — Mme Desay, rassurée et calmée, l'avait chapitré de la belle manière, — se tenait assis à l'écart, et s'abstint de manifester son opinion.

LÉNA. — Enfin, voici la fleur; je te dirai que, depuis le commencement de nos causeries, je l'attends; c'est elle que je veux connaître et qui me charme.

SERGE. — Voilà bien les jeunes filles! elles aiment avant tout ce qui est joli.

PAUL, *très sérieux*. — Tandis que les hommes préfèrent toujours l'utile.

ANDRÉE. — La fleur qui est destinée à produire le fruit a, je crois, une certaine utilité, Messieurs.

Tant mieux, si en plus, elle est jolie! Tout ce que nous avons vu jusqu'ici a été formé en destination de la fleur, et c'est d'elle que naîtra la semence qui doit reproduire d'autres plantes.

MADAME DESAY. — C'est ce qui a fait définir la fleur ainsi : « Un appareil passager, plus ou moins simple, destiné à la fécondation. » Le botaniste ne s'arrête donc pas à ces brillantes couleurs, à ce parfum délicat ou pénétrant, à ces formes, si variées et si coquettes, qui vous charment, Léna, autant que nous, il recherche et étudie l'organe, et le rencontre souvent, où vous le laisseriez passer sans le voir.

Il n'en est pas moins vrai que c'est dans les fleurs que Dieu a semé à plaisir la variété, la grâce et l'éclat; elles charment nos yeux, elles plaisent à tous les âges, à tous les peuples. Tour à tour utiles, bienfaisantes, parfumées ou simplement jolies, elles égayent les champs, les bois, le bord des eaux, et donnent comme une âme à la nature. La violette embaume l'herbe où elle se cache, la rose aux brillantes

Pensée.

Narcisse.

couleurs étale dans les jardins ses pétales parfumés: rien est-il plus majestueux et plus pur qu'un lis? rien est-il plus gracieux que le liseron ou le chèvrefeuille? La jolie pâquerette étoile gaiement nos prés; le narcisse s'incline avec grâce le long des ruisseaux; le myosotis a des fleurs bleu d'azur; la giroflée couronne les vieux murs de ses panaches d'or; quelle jeunesse et quelle fraîcheur dans les lilas! c'est bien la fleur du renouveau, du doux printemps; quel abandon dans l'acacia! La pensée, sous ses pétales veloutés, aux tons doux, semble un visage ami; l'anémone se balance au gré du vent; la lavande, la menthe, les mauves, nous soulagent dans nos souffrances. Partout et toujours, dès qu'il se rencontre un peu de terre et de soleil, les fleurs poussent pour le plaisir ou l'utilité de l'homme. En vérité, mes amis, dans les plus humbles comme dans les plus fières, éclatent la puissance et la bonté de Celui qui, dans un jour de clémence, leur a dit : Croissez et multipliez.

ANDRÉE. — Que c'est vrai, cela, maman! C'est parce que les

hommes l'ont compris que les plantes sont devenues pour eux des symboles, et à plus d'une se rattache un souvenir. Dis donc, Jean, est-ce que tu ne te souviens plus des jolis vers qu'on t'avait dictés et qui avaient été composés pour une fête entre botanistes (1)?

SERGE. — Jean a l'air engourdi; il est encore sous les tropiques.

MADAME DESAY. — Non, il est honteux de sa conduite, et il a raison; mais, après nous avoir causé une peine, s'il peut nous procurer un plaisir, je pense qu'il en saisira l'occasion.

JEAN. — Je me rappelle quelques-uns de ces vers, et je suis prêt à les dire :

Parmi les dons que la nature
Étale à nos yeux, chaque jour,
Ses fleurs, sa plus belle parure,
Méritent nos soins, notre amour.
Et l'humble et fraîche violette,
De la rose doux précurseur,
Et l'œillet si cher au poète,
Ont un charme sûr et vainqueur.

Le bon Dieu qui les fit éclore,
Pour l'innocent et le pervers,
Par leur éclat révèle encore
La main qui créa l'univers.
Et, seul, le parfum qui s'élance
De leurs calices purs et frais
Atteste le pouvoir immense
De l'auteur de tant de bienfaits.

Elles émaillent la prairie
Et sont reines de nos jardins;
L'une peint la coquetterie,
L'autre promet d'heureux destins.
La Vierge, avec amour, contemple
Ce lis, symbole de candeur;
Ainsi qu'elle, ornement du temple,
Ainsi qu'elle, aimé du Seigneur.

Sous l'orme, appui de son enfance,
Le chèvrefeuille aime à s'ouvrir,
Et nous peint la reconnaissance
Dans un cœur qui sait la chérir.
Pour la jeunesse aveugle et vive,
L'amandier balance sa fleur;
Et la modeste sensitive
Garde la feuille à la pudeur.

Sur les bords d'une eau transparente,
A l'ombre épaisse de nos bois,
Une fleur simple, mais charmante,
Me captiva plus d'une fois.

(1) Le fait est vrai.

Mes chers amis, lorsque l'absence
Vous retient sous sa dure loi,
Venez; ici, pour la constance
Est le « Souvenez-vous de moi. »

Au sommet de ces tours gothiques,
Que le temps mine sourdement,
Et qui furent des jours antiques
L'honneur, la gloire et l'ornement,
Grâce à la brise bocagère,
Peut-être au fougueux aquilon,
Le violier croît sur la pierre
Et rajeunit le vieux donjon.

Aimables amis de Linnée,
Accourez, venez les cueillir;
C'est pour vous, qu'en cette journée,
Elles s'entr'ouvrent au zéphir.
Venez, la fleur est fugitive,
Craignez les surprises du temps.
Tout passe; et la douleur plaintive
Et les heureux jours du printemps.

Léna. — Bravo! c'est fort bien dit, mon petit Jean. Mon Dieu, que j'adore les fleurs!

Paul. — Bravo! bravo! bravissimo.

Madame Desay. — Maintenant que nous avons rendu un juste hommage aux fleurs, tu peux, ma chère Andrée, nous donner quelques détails sur leur organisation.

Andrée. — Toutes les fleurs ne sont pas disposées de même sur le végétal, et c'est cette disposition particulière qu'on nomme inflorescence. D'abord elles terminent toujours l'axe sur lequel elles ont pris naissance. Quand la fleur se développe seule à l'extrémité de la tige, on dit qu'elle est solitaire et terminale, comme dans la renoncule connue sous le nom de bouton d'or; quand elle naît à l'aisselle des feuilles, elle est axillaire, solitaire s'il n'en naît qu'une, géminée, s'il en naît deux, comme dans le sceau de Salomon; ternées ou quaternées, s'il y en a trois ou quatre. Quand les fleurs sont réunies sur un axe commun et à peu près de la même longueur, on a une grappe comme dans le groseillier, l'épine-vinette. Quand les fleurs nées sur l'axe commun sont sessiles, c'est-à-dire privées de pédoncule, elles sont en épi, comme le blé, la verveine; si chaque axe secondaire se ramifie à son tour, l'épi prend le nom de panicule; ainsi, dans l'avoine, la canne à sucre.

Le chaton est une sorte d'épi qui appartient aux amentacées, c'est-à-dire aux arbres en général, charmes, chênes, bouleaux, peupliers; alors, le chaton n'est formé que d'étamines, ou de pistils; par sa souplesse, il imite assez la queue d'un animal, de là son nom. Les fleurs à étamines du noyer, du noisetier, celles des

Renoncule.

Verveine.

saules sont en chaton. Les fleurs en corymbe sont celles dont les pédoncules redressés s'insèrent sur différents points de la tige, et arrivant à la même hauteur, forment une espèce de parasol comme l'alisier des bois, ou le cerisier de Sainte-Lucie; quand les pédoncules partant du même point, comme d'un centre commun, s'élèvent tous à la même hauteur, on a une *ombelle*. Cette forme a donné son nom à toute une famille: les ombellifères; on y rencontre le persil, la carotte, le cerfeuil, la ciguë. Souvent chaque pédoncule se subdivise en une petite ombelle qu'on nomme ombellule.

Noyer. — *a*, branche florifère; *b*, fleur; *c*, ovaire; *d*, coupe horizontale du fruit.

Dans les palmiers, cocotiers et dattiers, la fleur forme un *spadice;* c'est un épi dans lequel les fleurs sont comme incrustées, le tout est enveloppé à sa base d'une grande bractée nommée spathe. L'arum ou pied de veau est en *spadice*. La

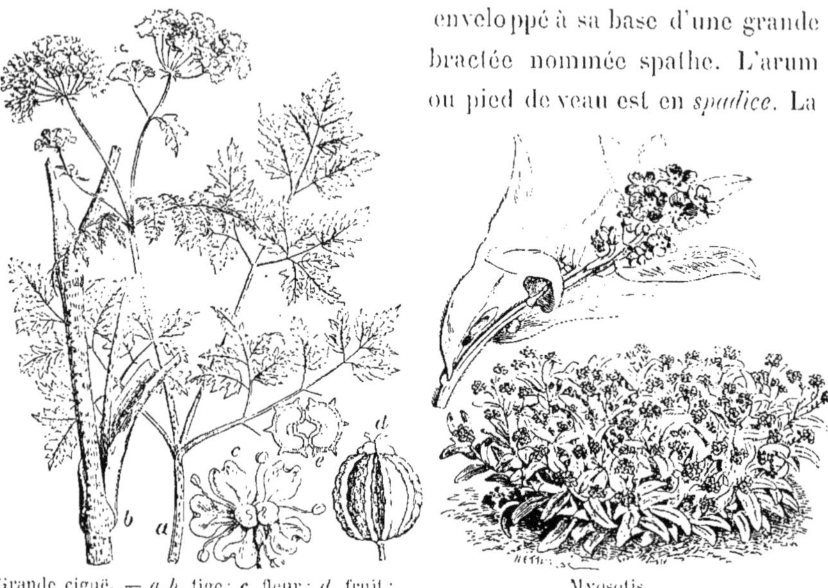

Grande ciguë. — *a*, *b*, tige ; *c*, fleur ; *d*, fruit ; *e*, fruit coupé horizontalement.

Myosotis.

petite centaurée a les fleurs en *cime;* cette disposition se produit dans les plantes à feuilles opposées ; la tige se termine par une fleur, un peu plus bas on y trouve deux feuilles ; à l'aisselle de chacune part un axe secondaire qui se termine aussi par une fleur, avec les deux feuilles de chaque côté. Le myosotis forme une grappe enroulée à son extrémité comme la queue d'un scorpion, on la nomme grappe scorpioïde.

Dahlia.

Dans les fleurs composées, on donne à la disposition des fleurs le nom de *capitule*. La tige en s'étalant à son extrémité a formé un plateau arrondi et charnu tout chargé de fleurettes, ce plateau se nomme *réceptacle*. La pâquerette, le dahlia, le soleil, le chardon forment un capitule.

MADAME DESAY. — Les botanistes ont remplacé le nom de capitule par celui plus poétique et plus vrai de *clinanthe*, qui signifie lit des fleurs. Quelquefois ce capitule s'enfonce, se creuse, ses bords se rejoignent et il forme une cavité complètement close. La figue cache ainsi ses fleurs à l'intérieur, tandis que l'extérieur conformé en poire ne les laisse pas apercevoir. C'est pour cela que maintes personnes, étrangères à la botanique, ne connaissent point ses fleurs.

ANDRÉE. — N'oublions pas de nommer la hampe, ou tige nue s'élevant d'une rosette de feuilles, et portant les fleurs et les bractées. Les jacinthes, le muguet, les pâquerettes, les orchis sont disposés sur des hampes.

MADAME DESAY. — Tous les noms sont indispensables au langage de la botanique et, faute de les connaître, nous serions privés du plaisir de comprendre les moindres descriptions des plantes que nous désirons connaître.

ANDRÉE. — Passons maintenant aux différentes parties qui composent la fleur. Jean, arrache-toi à tes rêveries et donne-nous une de ces giroflées dans le vase qui est sur la cheminée cela nous rendra plus facile la connaissance des éléments qui la forment. Justement elle est complète ; l'enveloppe extérieure est verte et composée de quatre folioles, c'est le calice, et les divisions sont les sépales. Plus intérieurement, voici la corolle jaune et brune, elle a aussi quâtre folioles, ce sont les pétales ; tout à fait au milieu, voici une petite baguette composée de trois parties distinctes, on la nomme pistil ; la pièce inférieure qui est la plus large est l'ovaire, il renferme les graines ; la mince tige est le style, et ces deux petites cornes qui le terminent, c'est le stigmate. Autour du pistil, nous trouvons six petits corps jaunâtres, ce sont les étamines ; elles se composent également de trois pièces : le filet qui leur sert de tige, l'anthère qui est une sorte de sac contenant une poussière colorée, le pollen.

LÉNA. — Et toutes les fleurs renfermant tant de choses?

ANDREE. — Toutes? oh ! non. D'abord les monocotylédonées n'ont jamais qu'une enveloppe florale ; alors on la nomme polygone ou périanthe ; il y en a qui n'ont ni calice ni corolle, comme celle du frêne ; d'autres n'ont que des étamines, ce sont les fleurs mâles ; d'autres, que des pistils, ce sont les fleurs femelles. Le *bégonia* que vous voyez dans cette jardinière est dans ce cas ; on appelle ses fleurs unisexuelles. Quand il leur manque calice ou corolle, elles sont incomplètes ; quand elles sont privées des deux à la fois, elles sont nues, comme la fleur du saule.

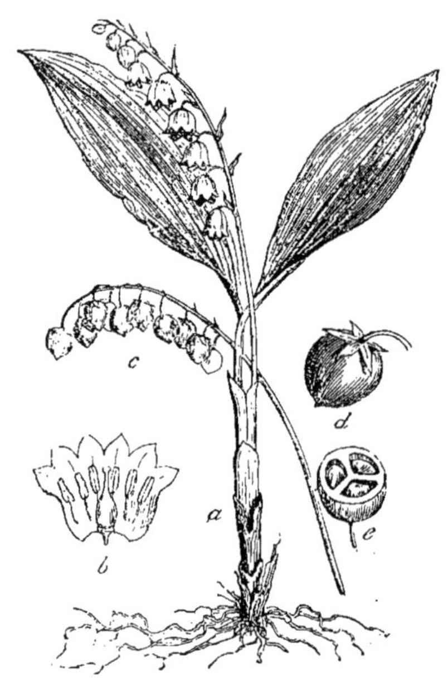

Muguet de mai. — *a*, la plante entière (réduite) ; *b*, fleur ouverte (grossie) ; *d*, fruit entier ; *c*, coupe horizontale du fruit.

Léna. — Ce qui me plaît, c'est la corolle, le reste n'est pas joli.

Andrée. — Ce qui te plaît est le moins utile ; la vraie fleur du botaniste, c'est la fleur intérieure composée d'étamines et de pistils. On les appelle hermaphrodites, quand elles les ont dans la même fleur, comme le muguet de mai ; celles qui n'ont que des fleurs mâles ou des fleurs femelles sur un même pied, sont des plantes monoïques comme le châtaignier ; lorsque, sur le même pied, viennent des fleurs différentes, pistils et étamines, on dit que la plante est dioïque, tels sont le chanvre, les dattiers.

Serge. — La botanique demande non seulement de la mémoire, mais un esprit très observateur, car, pour avoir fait toutes ces distinctions, il a fallu bien des études et des yeux qui savaient voir.

Madame Desay. — Cette réflexion est très juste, Serge, et la moindre connaissance a été recueillie par des jours, des mois, des années d'études. Mais aussi, quelle joie pour le savant comme pour le simple amateur, quand on entre en possession d'un fait nouveau !

JEAN. — J'ai vu des fleurs bien petites; je voudrais savoir quelle est la plus grande, et où on la voit?

ANDRÉE. — J'espère bien que ce n'est pas dans les serres du Muséum, sans quoi nous verrions Jean disparaître encore un de ces soirs.

MADAME DESAY. — Justement elle y est, mais en ce moment elle n'est pas en fleur.

LÉNA. — Dites-nous son nom, au moins?

MADAME DESAY. — Volontiers, c'est la *Victoria regia*. Mais ce n'est point dans une serre qu'il faut la voir, c'est dans les lacs peu profonds de l'Amérique méridionale, entourée de forêts vierges, éclairée par le soleil brûlant des pays chauds. Étant en Angleterre, je me souviens avoir vu, pour la première fois, cette magnifique plante. Bridges en avait apporté des graines dans son pays, en revenant d'un voyage sur les bord du Mamoré, un affluent de la rivière des Amazones; dans un lac situé au milieu d'une forêt, il en avait trouvé en quantité, s'étalant à la surface des eaux.

JEAN. — Je me serais jeté à la nage pour en faire une moisson complète.

MADAME DESAY. — Il eut la même pensée que toi, les Indiens qui l'accompagnaient arrêtèrent son élan en lui disant que sous les feuilles vivent des crocodiles nombreux et féroces. Alors, il se procura un canot et, s'avançant vers les merveilleuses plantes, il coupa des feuilles; deux seulement purent tenir dans son bateau; jugez de leur dimension; elles mesurent cinq ou six mètres de tour, élèvent à un décimètre au-dessus de l'eau leur face supérieure d'un vert foncé brillant, entourée d'un rebord de deux pouces comme un plateau; en dessous, elles sont d'un rouge cramoisi, avec de grosses nervures, et munies de cellules creuses remplies d'air qui les maintiennent au-dessus de l'eau; les insectes y vivent à l'aise, et les flamants et autres échassiers y courent à grands pas, en s'appelant de leur voix aiguë.

LÉNA. — Comment, ils peuvent se maintenir sur ces feuilles?

MADAME DESAY. — Parfaitement; celles que je vis en Angleterre pouvaient supporter un enfant. La fleur est une des plus belles qui existent; elle a beaucoup de pétales, blancs d'abord, puis rougissant à mesure qu'elle approche de la maturité et dégage un parfum délicieux. Elle ressemble, en plus grand, à notre nénuphar, cette magnifique fleur qui s'ouvre comme une coupe d'opale à la surface des eaux douces et tranquilles : seulement la *Victoria regia* mesure un mètre de tour.

Léna. — Ce n'est pas une fleurette à porter au côté.

Madame Desay. — Sans doute, mais elle n'en est pas moins merveilleuse et un botaniste, voyageant en compagnie du Père Lacueva, missionnaire espagnol, éprouva un tel enthousiasme quand il la vit pour la première fois, qu'il tomba à genoux et se mit à louer Dieu qui créait de si belles choses.

Andrée. — Ne l'a-t-on pas surnommée le maïs des eaux?

Madame Desay. — Oui, car son fruit, gros comme la tête d'un enfant, fournit des graines farineuses que les Indiens mangent avec un grand plaisir, après les avoir fait rôtir.

Serge. — Ne verrons-nous pas cette merveille?

Madame Desay. — Le Muséum en possède quelques-unes, mais elles sont de moyenne dimension et ne fleurissent qu'en août.

Andrée. — Je crois me souvenir qu'il y a encore une fleur plus grande que la victoria.

Madame Desay. — Tu veux parler du *Rafflesia*, découvert à Sumatra par le botaniste Arnold. C'est en effet un végétal étrange qui vit en parasite sur les souches des *Cissus*, végétaux assez semblables à la vigne. Un jour, voyageant avec un esclave malais, le docteur Arnold, qui s'était un peu éloigné, entendit son guide lui crier : « Monsieur, venez voir une fleur très grande, magnifique, extraordinaire », et le botaniste, suivant l'esclave, se trouva en présence d'une fleur monstrueuse, sans feuilles ni branches, mesurant trois mètres de tour; elle était formée de cinq pétalés d'un jaune orange et présentait au centre une couronne à fond violet d'où s'élançait un large pistil jaune « donnant, selon l'expression d'Arnold, l'apparence d'une flamme sur un globe de punch. » Le godet central peut contenir six à sept litres de liquide.

JEAN. — Ne serait-ce pas un énorme champignon ?

MADAME DESAY. — Avec un pistil et des étamines? car elle en a de nombreuses, et produit un fruit en baie. Avant de s'ouvrir, cette fleur ressemble à un immense chou pommé. quand elle a étalé ses cinq pétales, elle dure peu, répand une odeur cadavérique, et, en se décomposant, sert de nourriture à des milliers d'insectes. Le docteur Arnold en ayant coupé une la fit ainsi décrire et dessiner. Elle pesait sept kilos.

LÉNA. — Quelle merveille ! quelle merveille !

ANDRÉE. — Comme taille, oui; mais la moindre fleur de myosotis, de mouron, de saxifrage, est plus parfaite et plus intéressante que ce géant sans feuilles, dont l'utilité nous échappe.

JEAN. — Ma sœur parle comme un sage. Mais au milieu de tous les récits charmants que nous a faits maman, on a perdu de vue le calice et M. Leberrier nous a recommandé d'étudier toute la fleur.

SERGE. — Oh ! oh ! Jean aime qu'on procède avec méthode; vous verrez qu'il fera plus tard un professeur.

JEAN. — Un voyageur, un botaniste, voilà ce qu'il sera, Jean, si on le lui permet, et cela vaut autant que d'aller exterminer les hommes avec un grand sabre.

SERGE, *offensé*. — Jean !

JEAN, *résolu*. — Serge !

ANDRÉE, *les séparant*. — Donc, le calice est l'enveloppe la plus extérieure de la fleur ; ordinairement verte et de la même consistance que les feuilles ; dans certaines plantes, il est cependant coloré comme la fleur et d'un tissu plus délicat et plus mou. Dans le fuchsia et dans le grenadier il est rouge ; dans la capucine, orangé ; dans le laurier de saint Antoine, rose. Enfin, dans certaines monocotylédonées, sous le nom de périanthe, il forme toute l'enveloppe florale : le lis, la tulipe, la jacinthe, le glaïeul, la jonquille, les orchidées. Quelquefois, il est réduit à une enveloppe sèche et dure, écailleuse comme dans les joncs et dans les graminées, on le dit alors glumacé. Il y a des plantes dans lesquelles on a peine à le reconnaître, parce que chaque sépale forme comme une aigrette plumeuse, une touffe de soie autour de la corolle ;

nous verrons cela dans les composées, la scabieuse, le pissenlit, le séneçon. Quand il est d'une seule pièce, on le dit monosépale, et quand il offre des divisions profondes, polysépale.

Léna. — Présente-t-il toujours le même nombre de divisions?

Andrée. — Non; ainsi que la corolle, il peut en avoir deux, trois, quatre, cinq, six, quelquefois plus. Comme elle aussi, il sera régulier quand toutes ses sépales seront symétriques; dans les labiées, par exemple, il est irrégulier. Le coloris ne dure pas toujours aussi long-

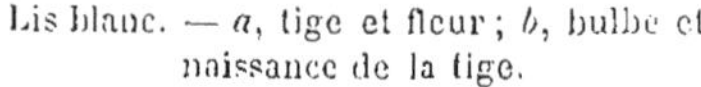

Lis blanc. — *a*, tige et fleur; *b*, bulbe et naissance de la tige.

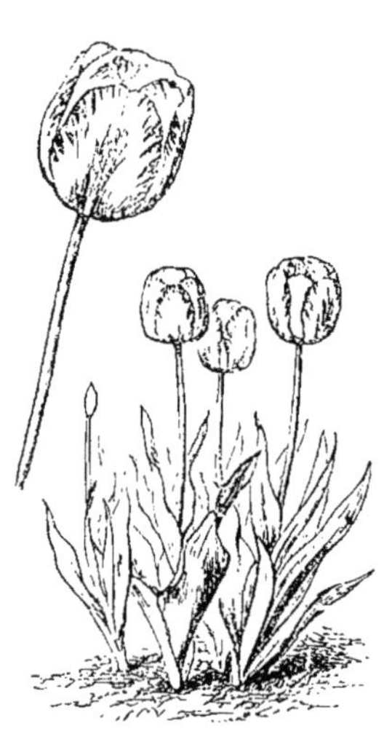

Tulipe.

temps que la fleur, il arrive qu'il tombe avant elle, on dit qu'il est *caduc;* au contraire, quand il lui survit, comme dans les Labiées déjà nommées, ou les borraginées, on le qualifie de *persistant*. Nous pouvons maintenant examiner la corolle.

Paul. — J'écouterai plus volontiers ce que j'aime dans la plante.

Léna. — C'est le fruit, on sait cela, gourmand.

Paul. — Du tout; c'est sa couleur, sa forme; tout ce qui est vert ne me dit rien. Je suis comme toi.

Léna. — Quand j'ai dit cela, j'ignorais tout ce que la plante renfermait de curieux; maintenant j'aime tout en elle.

Andrée. — La corolle est donc la seconde enveloppe des fleurs complètes : elle charme, en effet, par l'éclat de ses couleurs et les variétés de sa forme plus que toute autre partie de la plante, mais sa durée est courte. Quand elle a suffisamment abrité les étamines et les pistils, elle se flétrit et tombe. De même que dans le calice, les pétales sont de vraies feuilles transformées ; elles présentent des nervures, qui, par leur direction particulière, donnent les différentes formes que nous voyons aux fleurs. Les unes sont allongées, les autres élargies ; il y en a, comme dans le céraiste — une jolie fleur blanche en étoile que nous trouvons dans les gazons — où les pétales sont partagées en cœur. Quand le pétale garde, en se rétrécissant, une certaine longueur, on nomme ce rétrécissement *onglet* ; ainsi dans les pétales de l'œillet. La couleur verte, que n'aime pas Paul, est très rare dans les corolles ; or, toutes les parties de la plante non colorées en vert prennent l'oxygène de l'air et rejettent de l'acide carbonique. Jean sait bien cela, lui qui a choisi la serre verte pour y dormir.

Fleur d'œillet.

Madame Desay. — Ajoute que ce qui rend le séjour des fleurs dangereux dans un lieu clos, est non seulement cette production d'acide carbonique, mais la production des huiles particulières et très odorantes de certaines d'entre elles.

Jean. — Les corolles sont toujours plus légères, plus molles et plus délicates que les calices, n'est-ce pas ?

Andrée. — En général ; on en trouve cependant de charnues, comme dans le nénuphar, l'oranger ; ou de sèches, comme dans les bruyères. Mais le plus intéressant dans les corolles, ce sont leurs formes. Les naturalistes s'en sont servis pour dénommer et classer les plantes. Ouvrons donc notre mémoire pour retenir les noms principaux qui leur sont attribués. Celles qui sont opposées deux à deux, en croix, sont *cruciformes;* voyez, sur l'atlas, cette fleur de giroflée. Celles qui ont cinq pétales arrondis et écartés, comme cette églantine, sont *rosacées*. Celles qui ont cinq pétales munis d'onglets sont *caryophyllées*, comme cet œillet. L'une des plus curieuses est la corolle irrégulière des papilionacées; voyez ce pois de senteur, ne rappelle-t-il pas la forme du papillon? Chaque pétale a un nom particulier; le plus grand, qui se relève, est l'étendard; les deux de côté sont les *ailes*, qui recouvrent les deux inférieurs, formant la carène, une sorte de bateau cachant les étamines. Mais, où les noms se multiplient, c'est dans les corolles monopétales: parmi les régulières, nous voyons: les *tubuleuses* formant un long tube, comme cette fleur de *consoude;* les *infundibuliformes*, ou en entonnoir, comme le tabac; les... oh! quel nom! oserai-je le dire? *hypocratériformes*, ou en soucoupe évasée, comme les primevères; *rotacées*, en roue, avec un tube très court, comme le myosotis; *étoilées*, ou en étoile; *urcéolées*, ou en grelot, avec le tube au milieu comme dans la bruyère cendrée; *campanulées*, ou en cloche, qui forment un tube évasé, comme la raiponce, les campanules; *digitaliformes*, en forme de dé à coudre comme la digitale. Parmi les irrégulières monopétales, il y a les *ligulées*, celles dont le tube se fend à une certaine hauteur, et forme une lan-

Campanule.

Digitale pourprée. — *a*, *b*, plant; *c*, fleur ouverte; *d*, pistil et calice persistant; *e*, *f*, coupes longitudinale et horizontale du fruit.

guette plate, comme dans les fleurons du pissenlit, ou encore dans le chèvrefeuille; les *labiées* dont les deux divisions forment deux espèces de lèvres, l'une supérieure souvent fendue en deux, l'autre inférieure, fendue en trois. Le calice est aussi labié dans les sauges, le thym. Les *personnées*, en masque ou en mufle, ont deux lèvres fermées, comme dans le muflier, que vous nommez gueule de loup.

Paul. — Est-ce tout? ma mémoire se ferme, je le sens.

Andrée. — Encore un instant; citons certaines corolles bizarres, comme celle de l'aconit qui forme un casque: celle de l'ancolie, un cornet creux, semblable à un cor de chasse. Quelquefois aussi le limbe de la corolle se prolonge en éperon, comme dans la violette.

Ancolie

Il nous reste à voir la fleur véritable maintenant, les étamines et le pistil. Tout ce qui constitue le premier est nommé l'*androcée*, c'est-à-dire le mâle; et ce qui constitue le pistil, le *gynécée*, c'est-à-dire la femelle. La partie la moins essentielle des étamines est le filet; aussi plusieurs en sont privées; elles sont alors sessiles, comme les sépales et les pétales; les étamines sont des feuilles métamorphosées pour les besoins de la reproduction. La partie la plus importante est l'Anthère. Ici encore, le microscope de Jean va nous venir en aide; il possède une quantité d'échantillons ayant rapport à ce qui nous reste à dire.

Jean. — Volontiers; ne t'interromps point, je sais à présent disposer tout cela.

Andrée. — Nous avons dit que l'anthère est un sac contenant le pollen; les anthères sont très diverses de forme, comme vous allez le voir; montre, Jean; voici celle de la mercuriale, ronde comme un globule. Ces différentes formes se nomment connectif, — puis celle de l'iris, où le connectif se continue par le filet, elle est linéaire. Les unes sont libres, les autres réunies en faisceaux ; si elles forment un seul tout, elles sont monadelphes; deux, diadelphes et ainsi de suite. Voyez, Jean a très bien placé, dans le microscope, les étamines d'un pois ; elles forment un groupe de neuf, et un second groupe d'une seule étamine.

Léna. — Oh! que celle-ci est jolie, elle a deux petites portes très élégantes, en vérité, ouvertes de chaque côté.

Andrée. — C'est une étamine d'épine-vinette; quand elle est arrivée à maturité, le pollen qui la gonfle veut sortir, et il se forme ces ouvertures, par lesquelles il s'échappe. Il y a des étamines à une loge, à deux, à quatre, mais le plus curieux, c'est le pollen.

Paul. — Je distingue très bien des balles, grosses comme mon petit doigt, d'un beau jaune; tiens, il y en a qui sont hérissées de pointes; bon, celle-ci a trois cornes, et cette autre ressemble à un petit pain fendu. Mais vous nous avez pourtant dit que le pollen était une poussière.

Andrée. — Ce sont les grains de cette poussière que vous avez sous les yeux ; les balles appartiennent au blé; celles qui sont hérissées à la rose trémière ; le petit pain est le pollen de l'ail, et celui qui a trois cornes arrondies à la bruyère. Tous ces grains sont remplis d'une poussière très fine nommée *forilla*. Quand ils seront sortis de l'anthère ils allongèrent un tube formé de granules qui entreront dans le stigmate du pistil ; ce stigmate est creux, formé de petits tubes dans lesquels passera le pollen : il ira ainsi jusqu'à l'ovaire, et la graine sera rendue féconde.

Serge. — Sur les fleurs hermaphrodites, je crois très bien que les choses se passent comme vous le dites, mademoiselle Andrée; mais ne nous avez-vous pas parlé de fleurs mâles et femelles séparées; alors ?...

Andrée. — Alors, le vent se charge de soulever le pollen et il va tomber sur les fleurs ; les abeilles sont aussi les messagers entre les étamines et les pistils; en se roulant dans les fleurs chargées d'étamines, elles couvrent leurs ailes et leurs pattes de pollen qu'elles reportent sur les pistils en visitant d'autres fleurs. Les papillons et d'autres insectes remplissent la même mission.

Madame Desay. — Vous savez déjà que les Arabes fertilisent les dattiers en jetant des fleurs mâles dans le spadice des fleurs femelles. Les savants et les jardiniers font à ce sujet des expériences fréquentes et qui réussissent très bien, sur les plantes dioïques, à l'abri du vent et des insectes.

J'ai lu dans la *Vie des plantes*, par M. Boquillon, le fait suivant : « Jusqu'en 1841, l'île de Bourbon ou la Réunion produisait peu de vanille; parmi les fleurs qui se montraient, quelques-unes seulement étaient suivies d'un fruit, ce qui tenait au voyage rarement heureux du contenu de l'étamine. A cette époque, un jeune nègre de douze ans chargé de soigner les vanilliers s'avisa de porter sur la sommité glanduleuse du prolongement de l'ovaire la masse de poussière contenue dans l'anthère, et il s'aperçut qu'un fruit succédait à chacune des fleurs sur lesquelles il avait opéré. Le procédé qui multipliait les fruits, multipliant en même temps la richesse du propriétaire, ne put être tenu secret bien longtemps. Tous les colons pratiquèrent bientôt la fécondation artificielle. Aujourd'hui les vanilliers sont si nombreux à la Réunion que le prix de la vanille a considérablement diminué. »

Vanille. — *a*, rameau florifère et foliifère; *b*, gousse.

Parmi les messagers porteurs de pollen, Andrée, tu as oublié, pour l'Amérique, les oiseaux-mouches et les colibris. Enfin le grand marieur des fleurs est sans contredit le vent ; et il a quelquefois soulevé des masses de pollen si considérables, qu'au moyen âge, il a fait croire à des pluies de soufre ou de sang. Le pollen des conifères, pin ou sapin, est rougeâtre.

JEAN. — Dire que tout ce bel ouvrage est l'œuvre du soleil et de l'eau.

MADAME DESAY. — Et un peu du bon Dieu, mon fils. Mais ne t'enthousiasme pas tant pour l'eau; il n'en faut pas trop, entendons-nous. Si l'on met un grain de pollen dans un liquide, il laisse échapper, par une longue traînée, sa fovilla. Le même fait se produit sous des pluies excessives; le pollen trop mouillé s'échappe des étamines, ou bien il laisse tomber ses granules; alors, il ne féconde pas, et on dit que la graine coule.

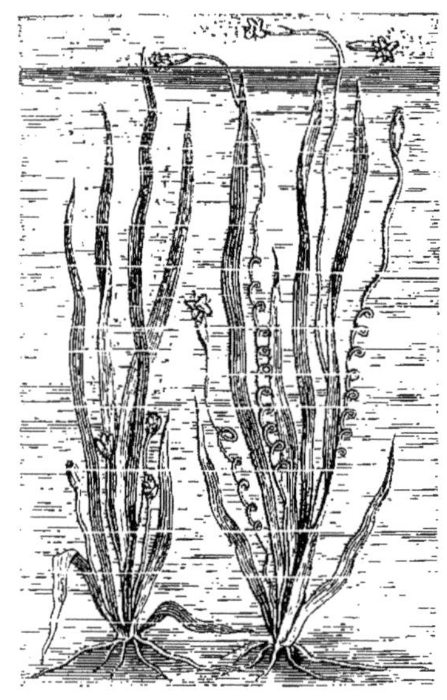

Vallisnérie spirale.

JEAN. — Je me demande comment les plantes d'eau produisent quelque chose.

MADAME DESAY. — C'est qu'elles surtout ont été constituées pour sauvegarder l'acte important de la fécondation. Chez certaines, elle se fait au fond de l'eau, mais la fleur reste fermée, et le pollen est à l'abri. Un grand nombre, au moment de leur épanouissement, sortent de l'eau; les nénuphars s'allongent jusqu'à ce qu'ils aient dépassé le niveau de sa surface. La châtaigne d'eau vit au fond de l'eau; quand arrive l'époque de sa floraison, elle enfle son pétiole qui, rendu semblable à une vessie, lui permet de monter à la surface; quand la fécondation est accomplie, l'air s'échappe, la vessie se dégonfle, la châtaigne d'eau retombe au fond, et va y mûrir ses fruits.

LÉNA. — Mais ces plantes ont de l'esprit comme de vrais animaux.

MADAME DESAY. — Elles accomplissent, inconscientes, l'œuvre merveilleuse pour laquelle elles ont été créées. Mais un des faits les plus remarquables nous est fourni par la *Vallisnérie spirale.*

Cette plante aquatique se rencontre surtout dans les contrées méridionales de l'Europe, mais on en trouve aussi dans le Rhône et même, depuis quelques années, dans les petites rivières du bois de Boulogne.

Elle est dioïque, c'est-à-dire que les fleurs mâles et les fleurs femelles vivent sur des pieds séparés. Les fleurs mâles, très petites, sont enfermées dans une spathe transparente terminant une hampe très courte. Les fleurs femelles sont beaucoup plus grosses, solitaires et terminent une hampe très longue, tortillée en spirale.

Au moment de la fécondation, la hampe de la fleur femelle se déroule jusqu'à ce que celle-ci vienne flotter à la surface de l'eau. En même temps, la spathe des fleurs mâles s'ouvre ; celles-ci se détachent et montent toutes fermées jusqu'à ce qu'elles rencontrent les fleurs femelles. Elles s'ouvrent alors et leur pollen se répand sur le pistil des fleurs femelles qui, la fécondation achevée, se replongent au fond de l'eau.

ANDRÉE. — Et les pistachiers de M. de Jussieu, maman, vous les rappelez-vous?

JEAN. — Voyons, voyons les pistachiers?

ANDRÉE. — Il y avait deux pistachiers femelles au Jardin des Plantes; tous les ans, ils se chargeaient de fleurs, mais ne produisaient point de fruits. Un jour, Bernard de Jussieu fut bien étonné en voyant les fruits se former et mûrir; il devina qu'il devait y avoir, dans le voisinage, un pistachier à étamines. Il chercha, questionna, et apprit qu'en effet, à la Pépinière des Chartreux, près du Luxembourg, un pistachier à étamines avait fleuri pour la première fois. Le vent ou les insectes étaient venus par-dessus les édifices de Paris jusqu'aux deux pistachiers du Jardin des Plantes.

LÉNA. — A la bonne heure, c'est amusant; voilà comme je voudrais voir des choses extraordinaires.

MADAME DESAY. — Tout est merveille et surprise pour l'observateur, Léna; seulement, il faut savoir regarder et voir. Dans les champs, dans les jardins, autour de nous, il se passe journellement des faits aussi curieux. André vous parlait du rôle des insectes dans le transport du pollen, chez les plantes de différents sexes, mais le rôle qu'ils jouent auprès de toutes n'est pas moins intéressant. Vous n'ignorez pas qu'au fond du chèvrefeuille, du trèfle et de mille autres plantes, il y a une liqueur agréable, quelquefois sucrée : les insectes en sont friands au possible. Aux couleurs de la fleur, peut-être à son parfum, l'insecte reconnaît la plante qui cache le nectar ; il s'y introduit bravement, ouvre la porte, comme dans la gueule de loup, si elle est close, s'enfonce et, tout en s'agitant pour puiser la liqueur,

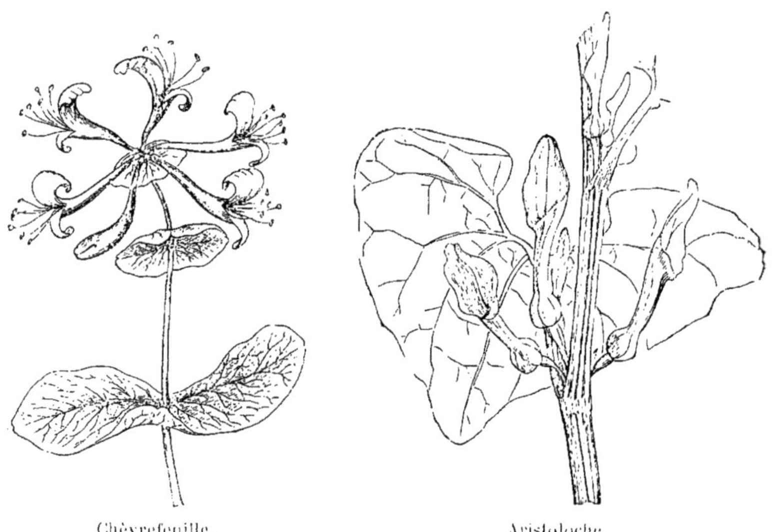

Chèvrefeuille. Aristoloche.

se couvre de pollen, dont il frotte ensuite inconsciemment les stigmates. Car souvent les étamines étant plus courtes que le stigmate, le mariage des fleurs ne se ferait pas facilement.

Léna. — Les fleurs qui se marient ! c'est décidément fort amusant.

Madame Desay. — C'est Linné, le premier, qui nomma ainsi cette union mystérieuse des fleurs.

Andrée. — Et les insectes sont les notaires qui font le mariage ; seulement, il y a des fleurs d'humeur taquine et cruelle, qui prétendent, une fois entrés, ne plus les laisser sortir : ainsi l'aristoloche, cette plante dont la corolle ressemble à une pipe, présente un tube très étroit hérissé de poils ; les étamines sont si courtes qu'elles n'atteindraient jamais la partie supérieure du pistil ; arrive une mouche, elle entre au fond de la fleur, s'y délecte, puis veut sortir; impossible! les poils lui ferment le passage; elle s'agite, se démène et couvre ainsi le stigmate de pollen; mais elle meurt quelquefois, prisonnière; quand la fleur se fane, la mouche est quelquefois encore vivante et peut s'échapper.

LÉNA. — Tu me feras connaître cette cruelle fleur, et j'irai ouvrir toutes ses corolles pour rendre la liberté aux petits notaires.

MADAME DESAY. — L'ortie, le mûrier à papier, ont le filet des étamines courbé de manière que l'anthère reste placée au fond de la fleur: mais au moment de la fécondation, le filet se détend comme un élastique, l'anthère s'ouvre et lance du pollen qui vient tomber sur le stigmate. Dans la rue, au contraire, les étamines sont en cercle autour du pistil, mais éloignées; à l'heure dite, elles viennent l'une après l'autre frapper le pistil et le couvrir de pollen. Et après ces faits merveilleux, il y a des esprits forts qui parlent du hasard et nient la Providence. Aimez la nature, mes amis, regardez-la, étudiez-la, et dans les infiniment petits autant que dans les infiniment grands, vous sentirez, vous verrez la main de Dieu.

LÉNA. — Mais comment a-t-on pu recueillir tant d'observations curieuses? Qui a pu faire cela?

MADAME DESAY. — Linné, Conrad Sprengel, Jussieu et bien d'autres ont passé des heures, des jours à épier les fleurs, et ont ainsi surpris ces secrets qui font de la botanique une des études les plus intéressantes et les plus utiles. Mais notre causerie a été bien longue, aujourd'hui.

JEAN. — Et la forme des pistils, on n'en a point dit un mot.

SERGE. — Quel garçon! il veut tout savoir.

ANDRÉE. — Toutes les parties du pistil sont les carpelles; quelquefois, il est composé de plusieurs loges enfermant les ovules, quelquefois la graine est nue au fond du calice; mais nous parlerons plus tard de la forme et de la nature du fruit.

Jean déclara qu'il n'était point satisfait; il se dérida, cependant, quand on annonça que M. Leberrier viendrait le soir même montrer un herbier à Mlle Andrée et à ses élèves.

CHAPITRE VIII

UN PEU DE LUMIÈRE, OU BOTANISTES ET SYSTÈMES.

Serge, pendant l'après-midi, avait paru triste et préoccupé; sa sœur, qui s'en était bien aperçue, lui demanda s'il était malade. Le jeune Russe, fantasque comme nous le connaissons, était tantôt très communicatif, tantôt très enfermé. Il répondit d'abord assez sèchement à sa sœur, mais en voyant les larmes monter aux yeux de celle-ci, il l'attira brusquement loin des autres, vers une des fenêtres, et lui montra un journal russe, qu'il tenait caché dans sa poche.

— Qui t'a donné cela, Serge?

— C'est la nourrice; il y a des choses qui nous intéressent; une armée russe a des avantages en Asie; mais ces Turcs prétendent se défendre en Europe. Il y a eu des escarmouches, et la guerre sera chaude. Tiens, Léna, je donnerais la moitié de ma vie pour être à côté du prince Souvarine; et si je m'écoutais...

— Chut! Serge, cache ceci. Vanda serait réprimandée par Mme Desay, qui doit connaître toutes les lettres ou journaux qui nous sont envoyés. Mais crois que, comme toi, je pense à notre cher papa; et... et... Nous reprendrons cet entretien.

M. Leberrier entrait en cet instant; il salua les jeunes filles, et secoua la main des garçons qu'il traitait tout à fait en camarades.

— J'ai pensé, dit-il, que maintenant que vous voilà familiarisés avec les éléments de la botanique, vous alliez songer à faire de longues

Il l'attira brusquement vers une des fenêtres et lui montra un journal.

promenades. Je venais vous montrer un herbier, car je ne doute pas que vous vous disposiez à faire chacun le vôtre; sans cela, on ne retire aucun fruit des herborisations faites; on oublie; on ne voit que superficiellement. Avec un herbier, on garde le souvenir vivant des plantes examinées, ce qui a un grand charme.

ANDRÉE. — Je crois que cela demande de grands soins et des connaissances que nous n'avons pas.

JEAN. — Par exemple! On peut toujours collectionner les plantes; en les voyant de près, on les connaîtra mieux; oh! moi, je suis pour l'herbier.

— Et moi donc! dit Léna: je voudrais aller vite, très vite, afin de connaître les propriétés des plantes; celles qui guérissent surtout! Et je veux en récolter beaucoup pour les bien reconnaître; plus tard, je guérirai ainsi tous nos paysans.

ANDRÉE. — Elle a bon cœur, cette Léna. Mais, Serge, vous aussi vous aimerez nos promenades; ce sera une véritable chasse, croyez-le.

Serge fit un geste indifférent.

MONSIEUR LEBERRIER. — Certes, c'est une chasse; celui qui a le feu sacré ne se contente pas de suivre le chemin battu, il escaladera les rochers, entrera dans les marécages, battra les bois et les buissons, fouillera les ruisseaux et les étangs. Et quand il aura trouvé un individu nouveau pour lui, il sera aussi fier que le chasseur après un fructueux coup de fusil.

LÉNA. — Comment? est-ce que nous irons par tout, par là?

MONSIEUR LEBERRIER, *riant*. — Non; je parle du chasseur de plantes, du botaniste par vocation. Vous, qui n'êtes encore que de charmantes écolières, vous ferez bien de parcourir la forêt, la prairie, le bord de l'eau, la montagne, si cela se peut, et, à la fin de votre saison, vous aurez déjà bon nombre de plantes à classer.

MADAME DESAY. — Monsieur Leberrier, soyez assez bon pour nous conseiller sur les travaux que va nécessiter cet herbier?

MONSIEUR LEBERRIER. — Si vous faisiez des excursions lointaines, je vous donnerais les conseils hygiéniques de vous munir de chaussures solides et commodes, de vêtements chauds et légers, de grands chapeaux vous protégeant, à la fois, contre la pluie et le soleil, mais vous ne vous éloignerez jamais beaucoup et...

MADAME DESAY. — Je recueille quand même le conseil, il est excellent pour les promenades au grand air, où il importe de ne pas laisser prise à la coquetterie; on a besoin de toute la liberté de ses mouvements et il ne faut pas les embarrasser par des ajustements élégants et souvent inutiles.

PAUL. — Ceci ne nous regarde pas, c'est pour les dames.

MONSIEUR LEBERRIER, *plaisamment*. — Ceci regarde bien aussi certain jeune gentilhomme à la chemise de soie, au surtout de fin drap, et aux escarpins de bal.

PAUL, *vexé*. — Je porte le costume de mon pays, et, quand je sors, j'ai des bottes.

JEAN. — Allons, allons, tu es très coquet. Moi, si maman le permet, voilà comment je m'équiperai : une blouse et un pantalon de coutil, un chapeau de paille, des souliers de chasseur, une grande canne et une boussole dans ma poche; oh! beaucoup de poches, surtout.

ANDRÉE. — Quand je vous dis que Jean a l'instinct du voyageur.

MONSIEUR LEBERRIER. — En effet, voilà un équipement parfait; je conseillerai d'y ajouter de grandes guêtres de toile, et une boîte, avec les instruments nécessaires.

SERGE. — Voyons, Monsieur, dites-nous tout ce qu'il faut, et, dès aujourd'hui, nous irons l'acheter.

MONSIEUR LEBERRIER. — La boîte à herboriser est de fer-blanc, peinte en vert et se porte en bandoulière; elle sert à emporter les plantes dont on composera l'herbier. Quand on en a recueilli une, la plus complète possible, c'est-à-dire avec fleurs, fruits, feuilles, racines, écorce si c'est un arbre, on couche les échantillons dans la boîte, tous dans le même sens : on peut en garder ainsi plusieurs jours. Avant de parler de l'herbier, n'oublions pas les instruments nécessaires à tous les touristes : un couteau-poignard assez grand, pour couper les plantes à racines légères ou les branches, une canne assez haute à laquelle on pourra adapter tour à tour une houlette et une petite pioche, pour enlever les plantes bien entières. Un sécateur n'est pas de trop pour les doigts qui craignent les épines et les piqûres.

LÉNA. — C'est charmant tout ce petit équipement; je pense que nous nous amuserons.

MADAME DESAY. — Je joindrai à ces objets un flacon d'alcali : on peut être piqué par une mouche, ou mordu par un reptile; on peut glisser, tomber, surtout quand on est étourdi.

MONSIEUR LEBERRIER. — J'allais vous engager à emporter une de ces boîtes nommées pharmacies de poche, qui contiennent de l'arnica, du phénol, de l'ammoniaque. C'est extrêmement commode.

SERGE, *qui a noté tout ce qu'a dit M. Leberrier.* — Et maintenant, allons acheter tout cela!

MADAME DESAY. — Vous êtes bien pressé, Serge; écoutez donc les conseils que M. Leberrier veut bien vous donner pour l'herbier.

MONSIEUR LEBERRIER. — Faire un herbier est le meilleur moyen d'apprendre à connaître les plantes. Je vous ai dit comment on les recueillait, voici comme on les conserve. Il faut d'abord se munir de bon nombre de feuilles de papier sans colle, de papier buvard si vous aimez mieux. Aussitôt de retour de votre promenade, vous vous mettrez à l'œuvre; après avoir eu soin de débarrasser les racines du sable et de la terre qu'elles ont conservés, vous placez votre plante entre plusieurs feuilles de papier; ayez soin de lui faire prendre la position la plus naturelle, étalant ses feuilles, les unes présentant leur face supérieure, les autres l'inférieure.

JEAN. — Mais si la plante est plus grande que le papier?

MONSIEUR LEBERRIER. — Alors, on place d'abord la tête de la plante et on recourbe la tige de façon que la racine vienne faire face à la tête. Quant aux fleurs, si elles sont polypétales, vous les étalerez de façon à ce qu'elles montrent bien leur intérieur; quand elles sont irrégulières, comme les légumineuses, on peut séparer tous les pétales et les montrer un à un; cela n'empêche pas de présenter, à côté, l'inflorescence dans son ensemble.

ANDRÉE. — Je n'ai jamais pu arriver à dessécher des plantes à grosse tige, comme les tulipes, les jacinthes; la bampe était toujours humide et se pourrissait.

MONSIEUR LEBERRIER. — Ces plantes charnues et grasses demandent une autre préparation ; on peut tremper toutes les parties vertes, non la fleur, dans l'eau bouillante, pendant cinq minutes ; après quoi, on les dispose sur les matelas de papier. Moi, je préfère de beaucoup un bain d'eau alcoolisée ou vinaigrée. J'y laisse mes plantes plongées pendant un bon quart d'heure, en ayant bien soin de laisser la fleur dehors, car les couleurs des fleurs charnues ne se conservent jamais d'une façon complète. On enveloppe alors ces plantes de plusieurs feuilles et on les met légèrement en presse, pour ne pas les écraser. Environ vingt-quatre heures après cette première opération, il faut changer le papier qui renferme les plantes et qui est tout chargé d'humidité ; on les dépose dans un nouveau matelas, en redressant les plis qui ont pu se produire, et on les presse plus que la veille. On recommence cette opération jusqu'à ce que les plantes soient tout à fait sèches.

JEAN. — Il en faut une provision de papier !

MONSIEUR LEBERRIER. — Pas tant que vous le pensez, ami Jean, si vous avez le soin de faire sécher vos feuilles humides en les étendant sur un poêle ou au soleil.

LÉNA. — Jean me paraît très économe : mais, une fois toutes ces plantes séchées, qu'en faire ?

MONSIEUR LEBERRIER. — C'est alors que commence notre herbier : on place les plantes dans du papier blanc collé et on les retient dans la position qu'on leur a donnée par de minces bandes de papier qu'on fixe par un peu de gomme, en ayant soin de ne pas gommer la plante : on colle ensuite une étiquette assez large, sur laquelle on écrit le nom de la plante, le lieu où on l'a trouvée, la date et enfin la classe, la famille, le genre et l'espèce à laquelle elle appartient.

ANDRÉE. — J'ai toujours désiré me former un herbier, mais pour recueillir tant de plantes, il faut voyager et cela est bien difficile.

MONSIEUR LEBERRIER. — Bien difficile ! mais vous avez autour de Paris une flore extrêmement variée et riche d'une bonne partie des plantes de France : il faut tout d'abord commencer par là.

JEAN. — M. Leberrier nous parle de genres, d'espèces, de familles ; nous ne connaissons pas un traître mot de tout cela.

MONSIEUR LEBERRIER. — Patience, mon jeune ami.

SERGE. — Patience ! patience ! et le beau temps passera ainsi.

MONSIEUR LEBERRIER. — Non, et dans deux jours au plus, vous pourrez commencer vos promenades ; je vais vous préparer un tableau simplifié de la classification de Jussieu. Si Mme Desay ne s'y oppose pas, je propose de vous accompagner dans votre première excursion et de vous montrer une méthode facile et claire pour analyser les plantes.

MADAME DESAY. — Ce sera une bonne fortune pour nous, Monsieur Leberrier.

ANDRÉE. — Par où commencerons-nous, maman?

MADAME DESAY. — Une promenade dans les champs ouvrira bien, je crois, la série de vos recherches. La saison est des plus favorables.

MONSIEUR LEBERRIER. — Ensuite, une battue dans une forêt continuera bien vos études. Et puis, il y aura encore les montagnes, le bord de l'eau, le bord de la mer.

PAUL. — Bravo ! si la botanique est pour nous la clef des voyages, je déclare qu'il n'y a pas de leçon plus amusante au monde.

Quand M. Leberrier prit congé de Mme Desay et de la famille, Serge, les joues colorées, les yeux brillants, dit à Léna, en se penchant à son oreille :

— As-tu entendu ? des voyages ! Oh ! j'ai une idée, Léna, une bonne et grande idée ; quand le moment sera venu, je te la dirai, mais jusque-là ne me questionne pas.

— M. Leberrier nous a parlé de classification, dit Andrée, quand on se trouva de nouveau réuni, ne pensez-vous pas, maman, que nous ferions bien de causer un peu sur les grands botanistes qui, par leurs systèmes ingénieux, ont rendu l'étude de la botanique possible?

LÉNA. — Nous raconteras-tu de petites histoires? y aura-t-il des anecdotes? il n'y a que cela qui me fait retenir, moi.

ANDRÉE. — J'avoue que je n'en sais guère ; le premier savant qui a su mettre de l'ordre dans la quantité de plantes qui nous entourent, ce fut un professeur de botanique au Jardin des Plantes de Paris, sous Louis XIV, nommé Joseph de Tournefort.

MADAME DESAY. — Dans les originaux qui l'avaient devancé, n'oublie pas de nommer Porta, qui vivait à Florence, vers 1589, et qui, après avoir enrichi la science de précieuses découvertes, imagina un système dans lequel il voulait voir des rapports entre les végétaux, les astres et les hommes ; entre autres bizarreries, il prétendait que les plantes possédant quelques parties semblables à celles des humains devaient guérir ces mêmes parties, si elles étaient malades. La science a rejeté ces idées, mais vous trouverez encore, dans les campagnes, des gens qui prétendront que la pulmonaire guérit les poumons, parce que ses feuilles sont tachées de cercles blanchâtres, rappelant — de loin — les taches d'un poumon malade ; d'autres prétendent que les plantes ayant la feuille en forme de cœur guérissent les maladies de cœur. Ajoutons que Porta est complètement oublié.

ANDRÉE. — Tournefort, lui, a fait œuvre durable, n'est-ce pas vrai, maman ? J'ai lu qu'après des voyages en Savoie, en Dauphiné, à Constantinople, en Angleterre, en Portugal, où il fit d'abondantes récoltes, il revint en France, et, nommé professeur au Jardin du Roi, il établit le premier système de classification botanique. Sa méthode plut beaucoup, lorsqu'elle parut en 1694, parce qu'il s'appuie sur les différentes formes de la corolle. Or, la corolle est la partie la plus charmante de la fleur, et il plaisait en instruisant. On prit du goût pour la botanique et le nombre de ceux qui l'étudiaient augmenta beaucoup. Il reconnaît d'abord deux divisions dans les végétaux, les arbres et les herbes.

MADAME DESAY. — Et c'est là son erreur ; il détruisait ainsi les analogies naturelles ; l'organisation de la plante ne dépend pas de sa taille. Il voulait ensuite qu'on classât d'après la forme de la corolle, mais cette forme n'est pas toujours appréciable, ni assez nettement déterminée. Ceux qui l'ont suivi ont profité de ses observations, de ses découvertes, mais ont donné une méthode plus précise et plus exacte. Voici le tableau primitif de Tournefort, vous pourrez y admirer son esprit ingénieux et observateur.

Et Mme Desay fit passer, sous les yeux des enfants, le tableau suivant.

— Aucun des termes enfermés ici ne vous embarrassera, dit-elle ; M. Leberrier, Andrée ou moi, avons eu, maintes fois, l'occasion de les employer et de vous en donner l'explication.

Méthode de Tournefort.

Fleurs	d'herbes	pétalées	simples	monopétales	régulières	campaniformes	raiponce.
						infundibuliformes	volubilis.
					irrégulières.		
				polypétales	régulières	cruciformes	giroflée.
						rosacées	pavot.
						ombellifères	persil.
						caryophyllées	œillet.
						liliacées	lis.
					irrégulières	papilionacées	gesse.
						anomales	violette.
			composées			flosculeuses	scabieuse.
						semi-flosculeuses	chicorée.
						radiées	soleil.
		apétalées				à étamines	oseille.
							blé.
						sans fleurs	fougères.
							lichens.
						sans fleurs ni fruits	champignon.
	d'arbres	apétalées				apétales	frêne.
							buis.
						amentacées	noyer.
							sapin.
		pétalées	monopétales			monopétales	orme.
							gui.
							chèvrefeuille.
			polypétales	régulières		rosacées	tilleul.
							ronce.
				non régulières		papilionacées	acacia.
							robinia.

PAUL. — Hum ! voilà qui me semble bien compliqué ! Je m'offre pour cueillir, moissonner, arracher, grimper ; ce sera Jean qui classera.

LÉNA. — Tu n'as donc pas entendu que cette méthode n'était plus suivie?

ANDRÉE. — Mais la plupart des noms ont été conservés. Après Tournefort, nous voyons Linné donner un système plus exact, et qui excita une grande admiration. Ce Charles Linné, né à Frœshult, en Suède, montra de bonne heure une vocation surprenante pour l'étude des fleurs. Son père, un sage et méthodique pasteur protestant, ne comprenait rien à cette passion pour les plantes, et châtiait sévèrement le petit Charles, quand, après une excursion à travers champs, il rentrait exténué, distrait, fort peu disposé à l'étude et chargé de bottes de fleurs dont il envahissait la maison. Un jour, après une escapade nouvelle, le pasteur déclara que son fils quitterait la maison paternelle pour le collège de Vexiœ. Cette vie de discipline et de travail régulier ne pouvait convenir au petit coureur de champs; une première fois, puis une seconde, il s'échappa ; le proviseur pardonna, mais à la troisième, il prononça l'exclusion et Charles Linné rentra à Frœshult honteux et penaud. Le pasteur entra dans une grande colère, et, après avoir accablé son fils de reproches, il lui fit revêtir des habits grossiers, et, malgré les prières de Mme Linné, le conduisit chez un cordonnier, où il le plaça en apprentissage. Hans n'était pas tendre, et le jeune ami des fleurs passa là de dures journées. Il s'était soumis sans murmurer à la volonté de son père et se dédommageait des travaux répugnants de la semaine, par de belles promenades, le dimanche, dans la campagne. Étendu sur l'herbe, après une longue marche, il épiait les fleurs, les examinait, et, selon son expression d'enfant, les regardait pousser.

MADAME DESAY. — Ajoute qu'en Suède l'hiver est fort long, mais l'été très chaud ; et, pendant le court temps de son développement, la végétation pousse avec une rapidité qui explique l'expression du jeune Linné.

LÉNA. — Que lui est-il arrivé ensuite? Je suppose qu'il n'a pas passé sa vie à regarder grandir les fleurs.

ANDRÉE. — Un jour, qu'il s'était arrêté pour considérer une fleur, il fit la rencontre d'un savant nommé le Dr Rothman, qui herborisait. Il lia conversation avec Linné et, intéressé par ses réflexions, son esprit d'observation, son amour de la nature et ses malheurs, il se prit d'une vive sympathie pour lui. Il alla trouver le pasteur, lui demanda de lui confier Charles qu'il se chargeait d'instruire. Émerveillé des progrès de l'enfant, il lui facilita l'entrée de l'Université d'Upsal où il étudia sous Olaüs Rudbeck, célèbre professeur de botanique du temps. Linné travailla ferme et conçut, dès lors, l'idée de son système. Il avait appris beaucoup par lui seul, en observant et en réfléchissant. Comme il était pauvre, la vie fut quelquefois bien dure pour le jeune étudiant, et les leçons qu'il avait autrefois reçues du cordonnier Hans lui servirent plus d'une fois à raccommoder ses souliers, dont il n'aurait pu payer les réparations. Son talent lui ayant fait des envieux, il alla trois ans en Hollande et étudia la médecine, sous un grand savant, nommé Boerhaave. De retour en Suède, il fut chargé de visiter plusieurs pays, pour en décrire les plantes. Il accomplit si bien les missions qu'on lui confia, qu'il fut nommé, à son tour, professeur à l'Université d'Upsal et il y enseigna pendant trente-sept ans ; en même temps, il était médecin du roi de Suède.

SERGE. — Il a dû être bien fier de revenir le premier à cette université où il avait été si pauvre.

MADAME DESAY. — Il est permis de le penser, mais en général les hommes de talent, de génie même, sont modestes.

ANDRÉE. — Quand il mourut en 1778, le roi fit lui-même son oraison funèbre. Il avait appliqué son système à la zoologie et à la minéralogie, mais avec moins de succès.

JEAN. — Son système ! quel est-il enfin ?

LÉNA. — Vous êtes bien pressé, Jean ; il est pourtant bien intéressant de connaître la vie des grands hommes ; et même cela m'amuse plus quelquefois que ce qu'ils ont inventé ou créé.

SERGE. — Tu parles là en petite fille, Léna.

JEAN. — Le système ! le système !

MADAME DESAY. — Quel garçon ! Linné a basé sa méthode sur le nombre, la présence et l'absence des étamines et des pistils; il a réuni toutes les plantes en vingt-quatre classes qu'il subdivise en ordres. Ses deux grandes divisions sont celles-ci : pas de fleurs visibles ou cryptogames; fleurs visibles ou phanérogames. Je vais, comme pour celui de Tournefort, vous mettre sous les yeux le tableau de Linné. En Allemagne, on suit encore sa méthode.

Phanérogames ou fleurs visibles.

			Classe	
Étamines libres, égales.		1 étamine dans chaque fleur.	1re classe.	Monandrie (canna).
		2 — —	2e —	Diandrie (jasmin).
		3 — —	3e —	Triandrie (blé, iris).
		4 — —	4e —	Tétrandrie (scabieuse).
		5 — —	5e	Pentandrie (bourrache, sureau).
		6 — —	6e —	Hexandrie (narcisse, riz).
		7	7e —	Heptandrie (marronnier d'Inde).
		8 —	8e —	Octandrie (capucine, bruyère).
		9 — —	9e —	Ennéandrie (laurier, jonc).
		10 — —	10e —	Décandrie (saponaire).
		11 à 19 —	11e —	Dodécandrie (réséda).
Sur le calice.........		20 — ou plus —	12e —	Icosandrie (rosier).
Sur le réceptacle....		20 — ou plus —	13e —	Polyandrie (pavot, ancolie).
Étamines inégales.........		2 filets plus longs.	14e —	Didynamie (digitale).
		4 —	15e —	Tétradynamie (cresson).
Étamines réunies	par les filets...	en un corps.	16e —	Monadelphie (mauve).
		en deux.	17e —	Diadelphie (fumeterre).
		en plusieurs.	18e —	Polyadelphie (oranger).
	par les anthères	en forme de cylindre.	19e —	Syngénésie (soleil).
		attachées au pistil.	20e —	Gynandrie (orchis).
Fleurs mâles et femelles...		Sur le même pied.	21e —	Monœcie (ortie, chêne).
		Sur des pieds différents.	22e —	Diœcie (saule, houblon).
		Sur un ou plusieurs.	23e —	Polygamie (frêne).

Cryptogames ou fleurs non visibles.

24e classe. Cryptogamie (champignons, fougères).

SERGE. — Tous ces mots-là viennent du grec ; je les comprends très bien, et toi, Jean?

JEAN. — Moi aussi, mais comme je ne veux rien oublier, et que tout ceci peut nous servir, je vais, après dîner, copier ces deux tableaux, et je les garderai pour les consulter.

LÉNA. — Voilà une excellente idée, j'en ferai autant; tu m'aideras, Andrée.

ANDRÉE. — Avec le plus grand plaisir. Seulement, je n'ai pas bien compris, maman, pourquoi le système de Linné avait été abandonné en France.

MADAME DESAY. — Il n'a jamais été complètement abandonné ; on l'applique très souvent, et les précieuses observations du grand savant suédois servent à nos professeurs et aux étudiants. Songez qu'il a décrit plus de mille plantes. Mais sa méthode, tout ingénieuse qu'elle est, n'en est pas moins artificielle, convenue; ainsi, il met dans une même classe, celle qui contient cinq étamines, le groseillier et la carotte; de même la vigne et la pervenche. Bernard et surtout Laurent de Jussieu, eux, ont donné une *méthode naturelle*, c'est-à-dire réunissant les genres qui ont des rapports, des traits de ressemblance, et en forment des *familles*, terme heureux trouvé par un autre botaniste français, Magnol. Ce sont ces *familles* dont M. Leberrier nous apportera le résumé demain.

ANDRÉE. — Il me semble, maman, que vous diminuez fort Linné; n'a-t-il pas beaucoup simplifié le langage de la botanique?

PAUL. — Simplifié, bon Dieu! qu'était-il auparavant?

ANDRÉE. — Pour désigner une plante, il fallait une phrase entière; Linné n'emploie qu'un substantif pour le genre, et un adjectif pour l'espèce.

SERGE. — Il a bien fait, j'aime la concision.

MADAME DESAY. — Allons, demain vous ferez connaissance avec la méthode naturelle de Laurent de Jussieu.

La journée fut employée à transcrire gravement les deux tableaux précédents, et, la matinée suivante, madame Desay dut se rendre aux instances de ses élèves pour l'achat des différents objets qu'ils désiraient.

L'équipement fut vite complet. A Paris, avec de l'argent, on trouve tout : boîtes, piochons, couteaux, planches pour la presse, papiers, guêtres, chapeaux, tout fut choisi et arrivé à la maison assez à temps pour qu'on pût le montrer à M. Leberrier Il trouva tout parfait et

8

remit à Andrée les quelques pages qui renfermaient la méthode simplifiée de Laurent de Jussieu. Nous les mettons sous les yeux de nos jeunes lectrices.

Tableau synoptique de la méthode de Jussieu.

				Classes.
Acotylédonées				1
Monocotylédonées		Hypogynes, c'est-à-dire les étamines insérées *sous* le pistil		2
		Périgynes, étamines insérées *autour* du pistil, sur le calice ou les pétales		3
		Épigynes, étamines insérées *sur* le pistil		4
Dicotylédonées	Apétales à étamines	Épigynes		5
		Périgynes		6
		Hypogynes		7
	Monopétales à corolle	Hypogynes		8
		Périgynes		9
		Épigynes	Anthères soudées	10
			Anthères libres	11
	Polypétales à étamines	Épigynes		12
		Hypogynes		13
		Périgynes		14
	Diclines			15

Le système, après plusieurs modifications, fut divisé en 168 familles, dont M. Leberrier avait ainsi résumé les espèces principales, ne voulant pas effrayer les jeunes étudiants par la grande multiplicité de toutes celles qui sont connues aujourd'hui.

VÉGÉTAUX ACOTYLÉDONÉS

1

1re FAMILLE. — *Champignons.* — Plantes terrestres; éphémères ou n'ayant ni feuilles ni fronde, jamais vertes.

2e FAMILLE. — *Lichens.* — Plantes terrestres, croissant sur les vieux murs, les bois morts, les pierres, ayant l'aspect de croûtes ou d'expansions membraneuses.

3e FAMILLE. — *Algues.* — Plantes aquatiques dans les eaux douces ou salées — filaments ou expansions violacées — couleurs variées.

4e FAMILLE. — *Hépatiques.* — Ayant une fronde et deux sortes d'organes reproducteurs : plantes terrestres et herbacées; autrefois employées contre les engorgements du foie, d'où son nom.

5e FAMILLE. — *Mousses.* — Petits végétaux terrestres, verts comme les précédents, semblables à de petits arbres; deux organes reproducteurs renfermés dans une *urne.*

6e FAMILLE. — *Characées.* — Plantes submergées à l'odeur fétide ; articulées, souvent incrustées de phosphate calcaire.

7e FAMILLE. — *Equisétacées* ou *Prêles.* — Aquatiques ou terrestres, rampantes, portant de petits tubercules; tige ronde et cylindrique sans feuille.

8e FAMILLE. — *Lycopodiacées.* — Plantes vivaces, terrestres, rampantes ; feuilles petites et tubulées, ressemblant à de grandes mousses.

9e FAMILLE. — *Fougères.* — Plantes terrestres, vivaces, à tige souterraine souvent de grande taille, portant des frondes élégamment découpées. Spores sous les feuilles.

10e FAMILLE. — *Rhizocarpées.* — Ayant les fruits près de la racine ; feuilles quelquefois en fronde.

PLANTES PHANÉROGAMES MONOCOTYLÉDONES
(PLANTES AQUATIQUES)

Naïadées. — Plantes d'eau douce, flottantes; fleur mâle se composant d'une étamine; fleur femelle d'un pistil, fruit sec.

Potamées. — Plantes d'eau douce naissant au fond des étangs ou des rivières : fleurs en épis, vert pâle.

Zostéracées. — Plantes marines; tiges riches en fécule, fleurs cachées dans la gaine des feuilles.

Juncaginées. — Plantes d'eau douce, un seul ovaire.

Alimacées. — Fleurs à trois pétales ; ovaires libres et distincts.

Butomées. — Plantes d'eau douce (bord de l'eau), les étangs ; fleurs en ombelles rougeâtres.

Hydrocharidées. — Plantes d'eau douce; les fleuves et rivières ; ovaires soudés en un seul. (Vallisnérie.)

MONOCOTYLÉDONES A GRAINE ENFERMÉE, ET A FLEUR SANS PÉRIANTHE

Lemnacées. — Eaux stagnantes; fleurs monoïques enfermées dans une spathe; calices et corolles nuls; feuilles avec ou sans racines sur l'eau. (Lenticules d'eau.)

Aroïdées. — Plantes vivaces; fleurs monoïques ou polygames réduites à des étamines et des ovaires, attachés sur un spadice ou axe et enveloppés dans une spathe. Racine épaisse et charnue. (Gouet.)

Massettes. — Fleurs monoïques en 2 chatons placés l'un au-dessus de l'autre; fleurs mâles, 3 anthères noirâtres; fleurs femelles formant une houppe de poils; étangs, bords des fleuves, des lacs. (Masse d'eau.)

Gouet (*Arum*). — *a*, plante entière (réduite); *b*, spadice en massue (réduit); *c*, anthères sessiles en anneau autour du spadice; *e*, coupe du fruit.

Les deux familles suivantes sont *glumacées*.

Cypéracées ou *Souchets.* — Fleurs hermaphrodites ou dioïques, en épis, de même; fleur garnie d'une écaille et 3 étamines. Ovaire simple. (Carex ou laiche.)

Les *Graminées.* — Racine fibreuse, tige en chaume; feuilles longues, engainées, fleurs hermaphrodites ou monoïques glumacées; en panicule ou en épi, un pistil à 2 styles plumeux, étamines en nombre indéterminé de 6 à une. (Froment.)

PLANTES PHANÉROGAMES MONOCOTYLÉDONES A FLEURS PÉRIANTHÉES

Palmiers. — Grands arbres, tige en stipe, feuilles pennées ou palmées; fleurs hermaphrodites ou dioïques, à 6 divisions; une grande grappe enveloppée dans une spathe coriace (palmier-dattier).

Joncacées. — Plantes herbacées, vivaces, tige en chaume, feuilles engaînantes ; fleurs hermaphrodites terminales ; panicules ou cimes, 6 étamines, 6 divisions écailleuses au calice. Ovaire triangulaire à 3 stigmates. (Jonc.)

Liliacées. — Plantes herbacées ou grands arbres. Racine bulbeuse, feuilles opposées, longues, verticillées ; fleurs hermaphro-

Asperge. — *a*, rameau, feuilles et fleurs ; *b*, racine avec les jeunes turions ; *c*, fleurs ; *d*, *e*, fleur ouverte ; *f*, fruit ; *g*, *h*, coupes horizontale et verticale du fruit.

Colchique d'automne. — Bulbe foliifère et florifère : fleur ; fruit capsulaire entier et coupé transversalement.

dites ou unisexuées en épi, en grappe, en panicule ; périanthe coloré ; 6 divisions ; 6 étamines attachées aux pétales, ovaire libre. (Lis, asperge, tulipe, muguet.)

Mélanthacées ou *colchicacées.* — Périanthe à 6 divisions, 6 étamines au tube du périanthe ; fleurs isolées ou en panicule ; ovaire à 3 carpelles, 3 styles, famille contenant de violents poisons. (Colchique.)

Iridées. — Plantes herbacées à rhizomes tubéreux ; feuilles engainantes en forme de sabre, 3 étamines : ovaire infère adhérant au périanthe, à 6 divisions, 10 stygmates élargis, une spathe. (Iris, safran, glaïeul.)

Dioscorées. — Petite famille à fleurs en grappes, à 6 divisions, 6 étamines; ovaire infère, fruits succulents, rhizomes charnus et alimentaires. (Igname-patate.)

Narcissées. — Périanthe coloré, souvent tubuleux; 6 pétales, 6 étamines sur le réceptacle; ovaire et style simple; fleurs solitaires; racine bulbifère, spathe. (Narcisse, amaryllis, perce-neige.)

Musacées. — Plantes herbacées ou vivaces, feuilles entières; grandes fleurs en longues grappes, dans une spathe; 6 pétales, 6 étamines, ovaire adhérent, à 3 loges; fruit charnu. (Bananier.)

Igname patate.

Broméliacées. — Plantes vivaces, souvent parasites, feuilles en faisceaux à la base de la tige, souvent épineuses; fleurs en grappes ou en épis écailleux; 6 étamines libres devant les pétales du périanthe. (Ananas, agaves.)

Hémérocallidées. — Périgone tubuleux, 6 étamines sur le tube, anthères vacillantes, stigmate triangulaire; un ovaire. (Hémérocalle, tubéreuse.)

Asphodélées ou *Aloïnées.* — Périanthe, 6 divisions, 6 étamines à filaments larges à leur base recourbées en voûte sur l'ovaire, 1 ovaire, 1 style, un stigmate simple. (Asphodèle, aloès.)

Jacinthées. — Périgone campanulé ou ouvert en ombelles chez l'ail; 6 divisions; étamines au milieu, de la longueur du périgone; racine bulbeuse. (Jacinthe, ail, oignon.)

Nota : les asparaginées, les hyacinthées, les asphodélées, les hémérocallidées, sont souvent rangées comme simples tribus des *Liliacées*. Cette famille est herbacée dans nos climats; dans les pays chauds, les individus sont quelquefois arborescents, comme certains aloès et le dragonnier.

Orchidées. — Plantes vivaces ou fausses parasites ; feuilles simples et engaînantes, racines charnues ; fleurs en épi, en grappe, en panicule, munies de bractées et de forme presque labiée ; périanthe à 6 divisions, 3 externes, 3 internes; ovaire inférieur, stigmate dilaté, 2 anthères sur le stigmate. (Orchis, vanille, sabot de Vénus.)

VÉGÉTAUX DICOTYLÉDONÉS
(DICLINES OU UNISEXUÉS)

Conifères. — Arbres ou arbrisseaux à feuilles raides, solitaires ou en faisceaux; fleurs mâles en chatons, fleurs femelles solitaires ou en chatons, souvent sur le même arbre : fruits en cônes écailleux ou en boule. (Sapin, mélèze, cyprès.)

Amentacées. — Famille de L. de Jussieu renfermant les arbres de nos forêts, qui ont les fleurs en chaton, comprenant aujourd'hui les familles suivantes :

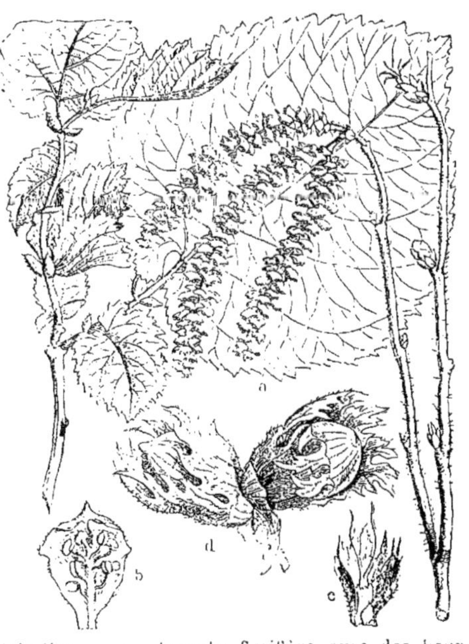

Noisetier. — *a*, branche florifère avec des bourgeons; branche foliifère ; *b*, étamines de la fleur mâle; *c*, styles surmontant le pistil de la fleur femelle; *d*. fruit avec l'involucre.

Bétulinées, dont le type est le bouleau.

Platanées, dont le type est le platane.

Salicinées, dont le type est le saule.

Ulmacées, dont le type est l'orme.

Cupulifères, dont le type est le chêne. (Marronnier, coudrier ou noisetier.)

Juglandées, dont le type est le noyer.

Myricées, dont le type est le tamarix.

Urticées. — Arbres, arbrisseaux, plantes herbacées; feuilles alternes ou opposées; périgone monophylle divisé; ovaire à 2 stigmates, une seule graine. Cette famille comprend quatre tribus :

1° *Urticées* : plantes herbacées, tige hérissée de poils brûlants, suc aqueux. (Ortie, pariétaire.)

2° *Morées* : arbres à suc laiteux; fruit noir, blanchâtre ou rose. (Mûrier.)

Figuier. — *a*, rameau ; *b*, coupe d'une figue ; *c*, fleur femelle ; *d*, fleur mâle ; *e*, coupe de la graine ; *f*, graine (amplifiée).

Concombre. — *a*, plant avec feuilles et fleurs ; *b*, fruit entier ; *c*, coupe horizontale du fruit.

3° *Artocarpées* : arbres à suc laiteux. (Figuier, jaquier, arbre à la vache.)

4° *Cannabinées* : suc aqueux, plantes herbacées, feuilles digitées, graine dure, tige filamenteuse ou grimpante. (Chanvre, houblon.)

Euphorbiacées. — Arbrisseaux, arbres ou plantes herbacées ; calice à 8 ou 10 lobes; corolle souvent nulle, étamines en nombre défini ; fleurs femelles, un seul ovaire ; fruit composé de 2 ou 3 coques, suc laiteux et âcre. (Ricin, buis, mancenillier, mercuriale.)

Bégoniacées. — Fleurs irrégulières en grappe, rappelant l'oseille ; feuilles brillantes et colorées. (Bégonia.)

Les *Népenthées.* — Plantes à feuilles formant urne. (Népenthès.)

Cucurbitacées. — Feuilles palmées et lobées, fleurs grandes à 5 divisions, attachées dans le calice ; 5 étamines à anthères contournées ; ovaire soudé au calice, tige rampante. (Melon, citrouille, concombre.)

VÉGÉTAUX DICOTYLÉDONÉS APÉTALES ET HERMAPHRODITES

Aristolochiées. — Plantes grimpantes, étamines 6 à 12, sessiles, sur le pistil ; calice renflé sur l'ovaire : fruit charnu, fleur solitaire, tubuleuse, à 3 lobes ; odeur nauséabonde. (Aristoloche, asaret ou cabaret.)

Thymélées. — Arbrisseaux élégants, 8 à 10 étamines sur le pistil ; fleurs roses ou blanches en corymbe ou en panicule, périgone ayant des écailles à l'ouverture du tube. (Daphné.)

Laurier commun. — *a*, rameau florifère ; *b*, fleur mâle ; *c*, fleur femelle ; *d*, baie.

Eléaginées. — Étamines 3 à 10 sur le pistil ; arbustes épineux ou plantes herbacées, périgone à limbe découpé, fleurs jaunes et odorantes. (Argousier.)

Laurinées. — Arbres, arbrisseaux, feuilles alternes entières, linéaires, persistantes ; périgone à 6 divisions, 3 à 12 étamines ; 1 ovaire, 1 style, 1 stygmate ; fruit en drupe, arbres aromatiques. (Laurier, camphrier, cannellier.)

Polygonées. — Plantes herbacées à feuilles alternes ; calice à 5 ou

3 divisions ; ovaire à 2, 3, 4 styles au fond du calice, quelquefois terminés par des stygmates plumeux; étamines définies; fruit, un akène ou un caryopse farineux. (Rhubarbe, oseille, sarrazin.)

Amaranthe crête de coq.

Plombaginées. — Périgone double, persistant, écailleux, l'extérieur monophylle ; l'intérieur pétaloïde, 5 étamines sur le réceptacle ou les pétales ; ovaire libre quatre ou cinq styles. (Statice).

Atriplicées. — Périgone à 5 divisions, 5 étamines opposées aux divisions du périgone, fruit sec ou charnu, graine contournée; feuilles alternes et charnues. (Épinard, bette, betterave.)

Amaranthacées. — Étamines attachées aux pistils; fleurs en épi, ou amassées en capitule, petites; calice à 5 divisions, à bractées scarieuses ; hermaphrodites ou dioïques. (Amaranthe.)

Violette. — *a*, fleur ; *b*, section de la fleur ; pistil et étamines ; *c*, calice ; *d*. fruit ; *e*, une graine.

Nyctaginées. — Belle-de-nuit.

POLYPÉTALES HYPOGYNES

(ÉTAMINES SOUS LE PISTIL)

Droséracées. — Petites herbes élégantes et humides, croissant dans les marais ; fleurs petites et roses, en épis ; feuilles en rosette ou garnies de poils souvent irritables. (Rossolis.)

Violariées. — Plantes herbacées ; feuilles alternes, simples ; calice à 5 folioles soudées à leur base ; 5 pétales dissemblables ; 5 étamines courtes, soudées ensemble ; style simple creux en haut. (Violette.)

Cistinées. — Plantes herbacées ou arbustes ; calice persistant, 5 folioles ; corolle à 5 pétales chiffonnés étalés en rose et égaux. Étamines en nombre indéfini ; ovaire globuleux à 5 ou 6 loges. (Ciste, hélianthème.)

Résédacées. — Plantes herbacées ; feuilles alternes ; fleurs en long épi d'un vert jaunâtre ; 5 pétales alternant avec les 5 divisions du calice ; 11 à 15 étamines ; capsule s'ouvrant au sommet. (Réséda parfumé, gaude.)

Pavot. — *a*, sommet de la plante ; *b*, capsule ; *c*, racine ; *d*, graine (grossie) ; *e*. capsule coupée.

Capparidées. — Arbrisseaux ; feuilles arrondies ; calice coriace à 4 divisions ; 4 pétales d'un blanc rosé ; étamines nombreuses ; fruit ovale, sec ou charnu. (Câprier.)

Crucifères. — Plantes herbacées ; feuilles alternes ; fleurs en grappe ou en corymbe ; calice à 4 sépales bossués à la base ; corolle à 4 pétales en croix ; 6 étamines, 2 plus courtes ; ovaire libre ; fruit en silique. (Giroflée, cresson, pastel, chou.)

Fumariacées. — Plantes herbacées; feuilles alternes très découpées; calice à 2 sépales; corolle irrégulière à 4 pétales, tubuleuse; 6 étamines dans les 2 pétales intérieurs; graines globuleuses. (Fumeterre.)

Papavéracées. — Plantes herbacées; fleurs en épi, ombelle ou solitaires; calice à 2 sépales; corolle à 4 pétales, 5 ou 8 étamines nombreuses; ovaire simple, supérieur; fruit à une seule loge, graines nombreuses; un suc particulier dans les feuilles. (Pavot, chélidoine.)

Renoncule âcre. — *a*, plante; *b*, fruit composé.

Vigne. — *a*, rameau à fruits, vrilles et fleurs; *b*, bouton de fleur; *c*, fleur; *d*, grappe; *e*, coupe verticale d'une graine de raisin.

Renonculacées. — Plantes herbacées; calice à 5 folioles; de 5 pétales alternes à 15 étamines nombreuses sur plusieurs rangs; anthères sur ces filaments; ovaires supérieurs sur un réceptacle commun. (Renoncule, anémone, clématite, hellébore.)

Magnoliacées. — Arbres et arbrisseaux élégants, exotiques; calice à 3 sépales; pétales de 3 à 27 en verticilles; étamines et pistils nombreux; fleurs parfumées. (Magnolia, tulipier.)

Berbéridées. — Plantes herbacées, à feuilles alternes, simples ou composées; fleurs jaunes en grappe; calice à 5 sépales; 5 étamines; style épais; fruit sec ou charnu. (Épine-vinette.)

Ampélidées. — Arbrisseaux sarmenteux, munis de vrilles ; feuilles alternes, digitées ; calice d'une pièce, à 4 ou 5 divisions ; corolle à 5 pétales alternant ; 5 étamines ; anthères oscillants ; ovaires à 2 loges ; fruit en baie. (Vigne.)

Nymphéacées. — Plantes aquatiques ; rhizome farineux ; feuilles à longs pétioles, flottants ; calice à 4 sépales ; fleurs grandes et belles, pétales nombreux ; étamines insérées sur le bas de l'ovaire ; anthères tournées vers le centre de la fleur ; ovaire globuleux. (Nymphéa ou nénuphar.)

Rutacées. — Arbres, arbustes, plantes herbacées ; feuilles alternes ; calice et corolle à 4 divisions ; 8 ou 12 étamines hypogynes ; ovaire à 3 carpelles. (Rue, fraxinelle.)

Linacées. — Plantes herbacées ; fleurs régulières, pétales alternant avec le calice ; 5 étamines ; ovaire à 5 loges. (Lin.)

Oxalydées. — Plantes herbacées ; racine bulbeuse ; calice et corolle à 5 divisions alternes ; 10 étamines, pistil sessile à 5 carpelles ; feuilles trilobées d'une saveur acide. (Oxalide.)

Polygalées. — Plantes herbacées ; fleurs bleues en épis ; calice à 5 divisions ; corolle irrégulière, labiée ; 8 étamines. (Polygala.)

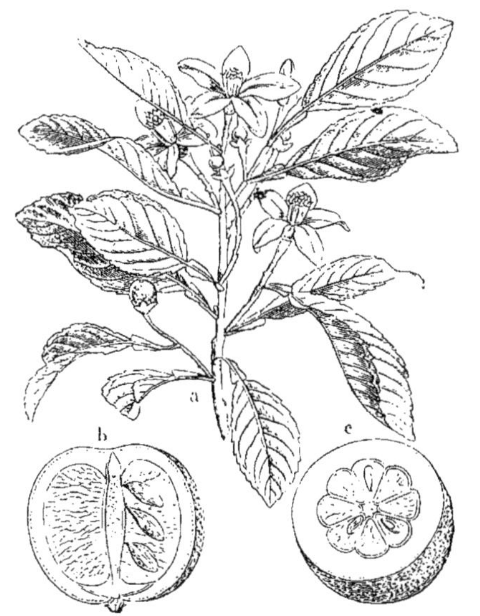

Oranger. — *a*, rameau avec feuilles, fleurs et boutons ; *b*, coupe verticale du fruit ; *c*, coupe horizontale.

Tiliacées. — Arbres à feuilles cordiformes ; calice et corolle à 5 divisions, alternes ; étamines nombreuses ; pédoncule de la fleur traversant une bractée ; fruit globuleux. (Tilleul.)

Malvacées. — Arbres, arbustes, plantes ; feuilles simples découpées, alternes ; calice monosépale à 5 divisions ; corolle à 5 pétales alternant; étamines monadelphes; pistil composé de carpelles groupés autour d'un axe. (Mauve, guimauve.)

Camélinées. — Comprend le camélia et l'arbre à thé.

Aurantiacées. — Arbres ou arbrisseaux, à feuilles entières, luisantes et dures; fleurs à 5 pétales; étamines nombreuses; calice tubuleux à 5 dents; ovaires globuleux; fruits acides et rafraîchissants. (Oranger, limonnier ou citronnier.)

Balsaminées. — Plantes herbacées, tige charnue; calice à 5 folioles alternant avec les pétales de la corolle irrégulière; 5 étamines soudées par les anthères, coiffant le pistil; fruit en une capsule allongée s'ouvrant brusquement et chassant les graines à la maturité. (Balsamine.)

Géraniacées. — Plantes herbacées; feuilles simples ou composées, fleurs axillaires ou terminales, blanches, roses ou rouges, quelquefois ailées; 5 pétales, 10 étamines, monadelphes; filets dilatés; ovaire supérieur; style à cinq stigmates. (Géranium, érodium.)

Tropéolées. — Calice à 5 divisions, 2 formant un éperon; fleur irrégulière à 5 pétales; 8 étamines à filets libres; anthères mobiles; ovaire libre, sessile; fruit sec composé de 3 carpelles; plantes grimpantes. (Capucine.)

Méliacées. — Arbres ou arbrisseaux; fleurs en épi, ou en grappes; calice monosépale, à 4 divisions; 5 pétales; 10 étamines soudées; ovaire sur un disque à 5 loges; fruit capsulaire. (Azédarac, arbuste vénéneux).

Hippocastanées. — Arbres et arbrisseaux; feuilles digitées à 5 ou 9 folioles; fleurs en panicule dressé, en thyrse, 5 pétales inégaux; calice irrégulier, divisé; étamines indéfinies; ovaire libre; fruit: une capsule hérissée, renfermant une graine énorme, chargée de fécule. (Marronnier d'Inde.)

POLYPÉTALES PÉRIGYNES

(GRAINE SANS PÉRISPERME)

Térébinthacées. — Arbres ou arbrisseaux à feuilles alternes composées; fleurs petites en panicules; calice à 3 ou 5 sépales; corolle de même; étamines de même nombre, alternes, libres; pistil de 5 carpelles à une loge; fruit sec renfermant une huile et une résine. (Sumac, pistachier, arbre à mastic.)

Bursèracées. — Autrefois comprises dans les précédents; renferment les arbres produisant les baumes et les encens; ils sont exotiques.

Légumineuses. — Plantes herbacées, arbrisseaux et grands arbres, à feuilles composées munies de stipules; fleurs hermaphrodites en épi, en grappes, munies de bractées; calice tubuleux, corolle à 5 divisions (étendard, ailes et carène); 10 étamines monadelphes, une libre; fruit en gousse ou légume bivalve. (Genêt, pois, acacia, trèfle, luzerne, fève, haricot; sensitive, tribu des mimosées.)

Rosacées. — Plantes herbacées, arbustes ou grands arbres; fleurs solitaires ou diversement groupées; calice libre ou adhérent; 5 pétales sur le calice, étalés en *rose;* étamines nombreuses; fruit très varié; des anciennes tribus on a fait des familles.

1° Les *Pomacées*, au fruit charnu : pommier, poirier, sorbier, coignassier, néflier, aubépine.

2° Les *Rosées :* les roses.

3° Les *Spirées :* la reine des prés.

4° Les *Dryadées :* ronces, fraisier, framboisier.

5° Les *Amygdalées :* l'amandier, le pêcher, le cerisier, le prunier, l'abricotier.

Framboisier. — *a*, rameau florifère; *b*, feuille; *c*, coupe de la fleur; *d*, rameau fructifère; *e*, coupe du fruit.

Les Granatées. — Au calice coloré et coriace; 5 à 7 divisions comme la corolle; étamines en nombre indéfini, fruit très gros. (Grenadier.)

Onagriées. — Plantes herbacées; calice adhérant à l'ovaire; 4 pétales; 4 étamines ou 8; ovaire à 4 ou 8 loges; style à autant de divisions que de pétales. (Onagre, épilobe, fuchsia.)

Myrtacées. — Arbustes élégants et feuilles opposées, entières, piquées de points; fleurs parfaites à 5 pétales, terminales ou axillaires; calice adhérant à l'ovaire, monophylle; étamines en nombre indéfini; ovaire infère adhérent. (Eucalyptus, myrte, syringa.)

Crassulacées. — Plantes grasses à feuilles charnues; calice divisé en autant de parties que la corolle et alternant; étamines en nombre égal ou doubles; anthères arrondies; autant d'ovaires réunis à la base, chacun un style et un stigmate. (Sedum, vermiculaire.)

Ficoïdées. — Calice monophylle coloré quand la corolle manque; 5 pétales dans le haut du calice; plus de 12 étamines attachées au calice; anthères inclinées; ovaire à plusieurs styles; capsule ou baie; tiges charnues. (Ficoïde.)

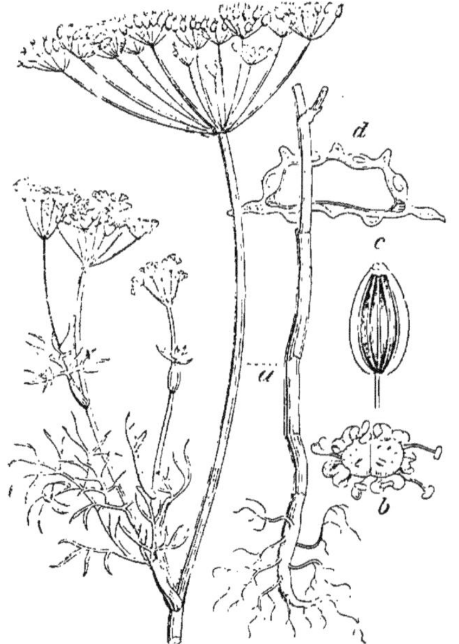

Fenouil. — *a*, plante en deux fragments; *b*, fleur; *c*, fruit; *d*, coupe du fruit.

Saxifragées. — Plantes herbacées à feuilles alternes ou opposées; fleurs solitaires, blanches, roses, rouges, en épis ou en grappes; calice 3 à 5 divisions soudées ou non; corolle (quelquefois nulle) à 5 pétales, 8 à 10 étamines libres sur un disque; ovaire libre, 2 styles; tige et feuilles souvent garnies de poils (Saxifrage.)

Grossulariées. — Arbustes souvent épineux, à feuilles crénelées; fleurs solitaires ou en grappes; calice monosépale adhérant à l'ovaire, évasé; corolle petite à 5 pétales, 5 étamines; ovaire infère, à une loge; fruit en baie. (Groseillier.)

Ombellifères. — Plantes herbacées à tiges cannelées, et remplies de moelle, ou d'un liquide; feuilles alternes, très découpées, à bases engainante; fleurs en ombelle, petites, à 5 pétales insérés au tube du calice soudé à l'ovaire; cinq étamines; deux ovaire à carpelles; fruits secs. (Anis, cerfeuil, ciguë, fenouil, carotte, céleri, angélique.)

Cactées. — Plantes grasses exotiques; mêmes caractères que les grossulariées et les saxifragées. (Cactus, cierges.)

Araliacées. — Arbrisseaux souvent grimpants, à feuilles dures et simples; fleurs en corymbe ou ombelle, à cinq divisions; calice tubuleux adhérant à l'ovaire; cinq étamines; fruit en baie. (Lierre, cornouiller.)

MONOPÉTALES A COROLLE RÉGULIÈRE

Étamines hypogynes, souvent indépendantes de la corolle, doubles ou opposées aux carpelles, égales aux divisions de la corolle.

Éricinées. — Arbrisseaux ou arbustes, à feuilles alternes et entières; fleurs en épi ou en grappe; calice monosépale, persistant; corolle monopétale, régulière, cinq divisions; huit ou dix étamines périgynes. (Bruyères, rhododendron.)

Vacciniées. — Arbrisseaux à feuilles entières; calice se confondant avec l'ovaire; corolle globuleuse; cinq divisions; dix étamines; fruit en baie. (Airelle, myrtille.)

Olivier. — *a*, rameau fleuri; *b*, fleur; *c*, fruits entiers; *d*, fruits ouverts.

Jasminées. — Arbustes ou arbres à feuilles opposées; fleurs hermaphrodites; corolle monopétale à quatre divisions; calice monosépale à deux étamines; ovaire à deux loges; fruit capsulaire ou charnu à noyau. (Olivier, jasmin, troëne, lilas.)

Primulacées. — Plantes herbacées ou sous-arbrisseaux; plantes herbacées, à feuilles opposées ou verticillées, souvent ridées; fleurs solitaires ou en ombelle; corolle monopétale à cinq divisions; calice souvent tubuleux; cinq étamines insérées au tube de la corolle; ovaire libre à une loge. (Primevère, cyclamen.)

Plombaginées. — Fleurs en grappes rameuses ou en épis terminaux; calice monosépale, tubuleux, à cinq divisions; corolle hypogyne, monopétale, à cinq divisions; ovaire simple; fruit capsulaire; feuilles simples, alternes, radiales. (Dentelaire, statice.)

Plantaginées. — Fleurs en épi; périgone double, persistant, extérieur, calice 4-fide, intérieur; corolle 5-fide; quatre étamines au tube de la corolle; filets saillants; ovaire libre, un style, un stigmate. (Plantain.)

MONOPÉTALES HYPOGYNES

Corolle irrégulière; étamines alternes réduites à quatre ou deux par l'avortement des autres.

Acanthe.

Orobanchées. — Calice 4 ou 8-fide; corolle labiée; quatre étamines; ovaire simple, un style; plantes parasites à feuilles ou écailles alternes. (Orobanche.)

Scrofulariées. — Herbes ou arbustes à feuilles alternes; fleurs en épis ou en grappes; calice monosépale à cinq divisions inégales; corolle labiée, ou personnée; quatre étamines; un stigmate bilobé. (Muflier, linaire, molène, digitale, véronique.)

Acanthacées. — Inflorescence variée; corolle irrégulière monopétale; deux étamines; feuilles grandes, crénelées souvent épineuses. (Acanthe.)

Labiées. — Plantes herbacées; tiges carrées, feuilles simples et opposées; calice à cinq dents inégales; corolle labiée, monopétale et tubuleuse; quatre étamines, deux plus longues; stigmate bifide, quatre graines nues au fond du calice. Une des familles les mieux déterminées, aromatique par excellence. (Laurier, menthe, germandrée, sauge, lavande, origan, thym.)

Verbénacées. — Plantes herbacées, arbrisseaux; feuilles opposées; fleurs en épi lâche ou en corymbe; calice monosépale tubuleux; corolle monopétale irrégulière; quatre étamines; ovaires à deux ou quatre loges; fruit en baie: feuilles entières et ridées. (Verveine, gattilier.)

Borraginées. — Herbes, arbustes, arbres à feuilles alternes, à poils rudes; fleurs en cimes; calice et corolle à cinq divisions; corolle garnie de cinq écailles à l'intérieur du tube, alternant avec les cinq étamines; ovaire à quatre loges. (Bourrache, consoude, pulmonaire, myosotis.)

Convolvulacées. — Plantes herbacées, grimpantes ou rampantes; feuilles alternes; calice à cinq divisions, corolle monopétale en entonnoir, plissée; cinq étamines insérées sur le tube de la corolle; un ou deux styles. (Volubilis, liseron, cuscute.)

Tabac. — *a*, rameau foliifère et sommité fleurie; *b*, corolle ouverte; *c*, pistil; *d*, capsule.

Gentianées. — Plantes herbacées, à feuilles opposées, entières; fleurs bleues, roses, solitaires ou en cimes; calice à cinq divisions; corolle monopétale à cinq lobes; cinq étamines, ovaire à une loge. (Gentiane, petite centaurée.)

Solanées. — Plantes herbacées, arbrisseaux, arbres à feuilles alternes; fleurs en épi, en grappe; calice monosépale et corolle monopétale à cinq divisions; cinq étamines à filets libres; fruit capsulaire ou en forme de baie *renfermant des poisons dangereux*. (Belladone, tabac, jusquiame, datura, pomme de terre, tomate.)

Apocynées. — Plantes herbacées, arbres ou arbustes; feuilles souples, opposées; fleurs terminales ou solitaires; calice monosépale, court; corolle à cinq lobes, cinq étamines, anthères en flèche, deux carpelles, fruit sec. (Pervenche, laurier-rose, asclépiade.)

MONOPÉTALES PÉRIGYNES

Corolle régulière ou irrégulière portant des étamines alternes.

Rubiacées. — Arbustes, arbres, herbes; feuilles opposées ou verticillées; fleurs axillaires ou terminales; calice adhérant par la base; corolle monopétale *en étoile*, à cinq divisions, autant d'étamines; fruit capsulaire ou charnu. (Café, quinquina, garance, asperula, gaillet.)

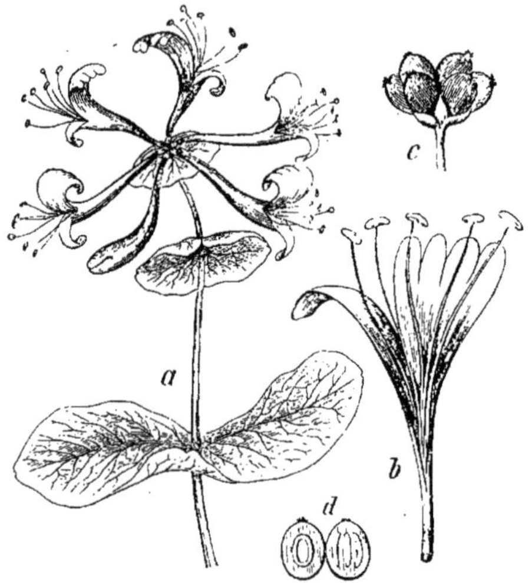

Chèvrefeuille. — *a*, rameau folifère et florifère; *b*, fleur ouverte; *c*, fruit; *d*, le même en coupe verticale.

Caprifoliacées. — Arbrisseaux sarmenteux et grimpants; inflorescence variée; calice adhérent; corolle régulière ou non; cinq étamines sur la corolle (en tube, en entonnoir ou en rond); ovaire infère souvent muni d'un disque; baie ou capsule; graine pendante. (Chèvrefeuille, sureau.)

Loranthacées. — Plantes parasites; feuilles opposées, sans stipules; fleurs solitaires, en bouquet ou en épi; quatre ou huit pétales, libres ou soudés; même nombre d'étamines non alternes, anthères sessiles; ovaire infère, un style; un stigmate. (Gui.)

Valérianées. — Fleurs en corymbe, feuilles opposées, calice denté; corolle irrégulière, en tube à cinq lobes, une à cinq étamines sur le tube; ovaire infère à un ou trois stigmates; capsule à trois loges. (Valériane, mâche.)

Dipsacées. — Fleurs terminales, agrégées sur un réceptacle garni de poils et de paillettes; corolle tubuleuse; ovaire infère à un style; calice double ou simple. (Scabieuse, cardère.)

Campanulacées. — Calice adhérent à l'ovaire; corolle monopétale

Bleuet (centaurée). — *a*, plant en deux fragments; *b*, fleur de la circonférence; *c*, fleur du disque (grossie).

Pissenlit. — *a*, plante entière (réduite); *b*, fleur (grossie); *c*, fruit supporté sur le réceptacle; *d*, akène.

en cloche, insérée au sommet du calice; cinq étamines; tige renfermant un suc laiteux. (Campanule, raiponce.)

Lobéliacées. — Corolle tubulée partagée en deux lèvres, la supérieure à deux divisions, l'inférieure à cinq étamines à anthères réunies en tube. Mêmes caractères que les campanulacées. (Lobélie, jasione.)

Composées. — Plantes herbacées ou arbrisseaux à feuilles alternes; fleurs petites formant des capitules, reposant sur un réceptacle commun et enveloppées dans un involucre ; écailles et poils à la base des fleurs, comprenant :

1° Les *semi-flosculeuses* composées de demi-fleurons. (Chicorée.)

2° Les *flosculeuses* composées de fleurons. (Asters.)

3° Les *radiées* comprenant les uns et les autres. (Pissenlit, salsifis, bardane ou glouteron, bleuet ou centaurée, chardon, eupatoire, camomille, cinéraire, sèneçon, arnica, achillée.)

Jean s'était emparé du tableau, et poussait un cri de joie chaque fois qu'il rencontrait un nom de sa connaissance. « Vite, vite, Andrée, dit il, dès demain, commençons l'herbier ; ce sera bien aisé avec ce guide-là qui nous donne un individu et le nom de sa famille. »

ANDRÉE. — Dès demain, si maman veut.

Bardane. — *a*, plant réduit ; *b*, capitule en coupe verticale ; *c*, fleur grossie ; *d*, fruit.

MADAME DESAY. — Je suis à votre disposition, mes amis.

PAUL. — Et M. Leberrier, viendra-t-il avec nous ?

MONSIEUR LEBERRIER. — Autant que vous le désirerez ; mon voyage m'a beaucoup fatigué, et des promenades avec d'aussi aimables étudiants me reposeront et me feront le plus grand bien.

SERGE, *allant donner la main au jeune marin*. — Merci, Monsieur ; alors, à demain. Je ferai ce que je pourrai pour tirer un bon parti de vos conseils.

PAUL. — Et moi aussi ; mais que de noms ! par saint Basile, je n'en ai jamais vu de si bizarres !

MONSIEUR LEBERRIER. — Rassurez-vous, mon ami, il n'est pas nécessaire de les entrer tous pêle-mêle dans votre jeune tête ; ils y prendront place, peu à peu. D'ailleurs, tous ont une signification intelligente, ou une étymologie curieuse qui se rattache à leur histoire. Il y a tant de plantes, tant! Songez donc! il faut bien les distinguer. Chacun a un nom dans le monde, et les noms doivent leur origine à un surnom, à une particularité ; pourquoi ne voulez-vous pas qu'il en soit de même des plantes? Ainsi donc, demain, nous partirons pour notre première excursion.

MADAME DESAY. — De quel côté devons-nous nous diriger de préférence?

MONSIEUR LEBERRIER. — C'est à mademoiselle Andrée de décider cela, elle qui est le professeur.

ANDRÉE. — Un sous-professeur, Monsieur ; mais puisqu'on me demande mon avis, je crois que les plantes des champs ou du bord de l'eau, que nous rencontrons si souvent, sont bien intéressantes à connaître.

MONSIEUR LEBERRIER. — Que penseriez-vous d'une promenade sur les bords de la Marne?

PAUL. — On ira en bateau. Fameux! Je vote, oui!

MADAME DESAY. — Le bateau me paraît inutile; mais va pour la Marne!

PAUL. — J'emporterai mon grand sabre circassien pour couper cette fleur..., comment donc, Jean? cette fleur gigantesque?

JEAN. — Le rafflésia Arnoldi! Allons, bon, voilà Paul qui confond l'Australie avec Charenton.

Le rendez-vous fut pris pour sept heures, au chemin de fer de Vincennes, et on se sépara, en se disant : « A demain! à demain! »

Pendant que les garçons préparaient leur attirail, tout comme les chasseurs font leurs préparatifs à la veille d'une chasse, Andrée feuilletait avec Léna les tableaux préparés par M. Leberrier. Léna fit tomber deux feuilles détachées destinées à compléter les indications générales données par l'obligeant marin: sur l'une, on lisait Calendrier de Flore, sur l'autre, Horloge de Flore. Nous les transcrivons ici. On sait que ces deux tableaux sont dus à Linné, dans le but de préciser les différentes époques de l'apparition des fleurs, dans l'année, ou les heures de leur épanouissement. Le calendrier a été dressé, pour la France, par M. Lambert.

CALENDRIER DE FLORE.

Janvier. — Peuplier blanc, Perce-neige, Violette.

Février. — Daphné bois gentil, Lauréole, Noisetier, Anémone hépatique.

Mars. — Anémone sylvie, Narcisse, Primevère, Giroflée jaune.

Avril. — Tulipe, petite Pervenche, Jacinthe, Lilas.

Mai. — Muguet, Filipendule, Iris, Pivoine.

Juin. — Bleuet, Nielle des blés, Pied d'alouette, Nénuphar, Pavot.

Juillet. — Menthe, Œillet, Catalpa, Laurier-rose, Houblon.

Août. — Scabieuse, Balsamine, Laurier-thym, Myrte, Magnolia.

Septembre. — Réséda, Colchique d'automne, Safran cultivé, Lierre, Amaryllis jaune.

Octobre. — Chrysantème des Indes, Topinambour, Aralia épineux.

Novembre. — Verveine, Éphémérine, Anémone du Japon.

Décembre. — Rose de Noël, Lopésie, Thlaspi d'hiver, Mousses.

HORLOGE DE FLORE D'APRÈS CANDOLLE

POUR L'ÉTÉ

De 3 à 4 heures du matin. — Liseron des haies.

A 5 h. — Pavot à tige nue et la plupart des Chicoracées.

Entre 5 et 6 h. — Belle-de-jour.

A 6 h. — Plusieurs Solanées.

A 7 h. — Nénuphars, les Laitues.

A 8 h. — Mouron des champs.

A 9 h. — Souci des champs.

A 10 h. — Mésembryanthémum barbu.

A 11 h. — Ornithogale ou Dame d'onze heures.

A midi. — La plupart des Ficoïdes.

A 1 h. du soir. — Œillet prolifère.

A 2 h. — Scille poméridiana.

A 3 h. — Barkansie.

A 4 h. — Alysse alyssoïde.

A 5 h. — Belle-de-nuit.

A 6 h. — Géranium triste.

A 7 h. — Cierge à grandes fleurs.

A 8 h. — Ficoïde nocturne.

A 9 h. — Nyctanthe de Malabar.

A 10 h. — Convolvulus empourpré.

A 11 h. — Silène nocturne.

A minuit. — Cactus à grandes feuilles.

A 1 h. du matin. — Laiteron de Laponie.

A 2 h. — Salsifis jaune.

— Ceci est fort curieux, dit Léna, et pour surprendre l'épanouissement de ces fleurs nocturnes, je passerais bien une nuit à les épier.

Andrée. — Alors, il faudrait, je crois, faire comme Jean, c'est-à-dire s'enfermer dans une serre. Je ne crois pas que toutes les fleurs citées ici poussent en pleine terre.

Léna. — N'importe; je suis sûre que lorsque ton frère aura connaissance de cette horloge d'un nouveau genre, il n'aura de repos que lorsqu'il en aura établi une.

Andrée. — Je le crois aussi; mais, en vérité, nous devons une véritable reconnaissance à M. Leberrier; il a dû passer plusieurs journées à transcrire tous ces tableaux.

Léna. — C'est parce qu'il sait que cela sera agréable à mademoiselle Andrée Desay.

Andrée, *en rougissant.* — Agréable et utile à nous tous, Léna.

Léna. — Allons, ne rougis pas, ma chère Andrée; M. Leberrier aime beaucoup à causer avec toi, c'est à toi qu'il s'adresse le plus volontiers, quoi d'étonnant? N'es-tu pas plus instruite que trois petits sauvages comme nous, et de plus, très douce et très aimable?

Andrée. — D'où te vient, ce soir, l'envie de te réjouir à mes dépens, Léna?

Léna. — Oh! je n'ai pourtant pas envie de rire, je t'assure, au contraire! Je plaisante quelquefois, mais souvent aussi je pense à des choses bien tristes!

ANDRÉE, *l'embrassant.* — Oui, ma chère Léna, je le devine, je le vois; le souvenir de ta mère est encore bien douloureux pour toi.

LÉNA, *secouant la tête.* — Oui, mais il n'y a pas que cela; je pense aussi à mon père qui nous donne si rarement de ses nouvelles. Voici deux nuits que je rêve qu'il est blessé, qu'il nous appelle! Serge aussi y pense.

ANDRÉE. — Sois sans inquiétude : ma mère se tient au courant de tout ce que fait l'armée russe; si le prince était souffrant, elle en serait instruite par dépêche.

LÉNA. — C'est bien, mais le dirait-elle?

ANDRÉE, *un peu embarrassée.* — Oh! cela je le pense. Aie donc confiance en elle, et si cela te distrait, moque-toi un peu de moi, je te le permets. Je crois que tu feras bien de préparer ce que tu dois emporter, demain; moi, je vais ranger ces pages.

Andrée avait raison de penser que M. Leberrier avait dû passer un temps assez long pour leur procurer les indications les plus précises, pouvant les guider dans l'étude qu'ils abordaient. Outre les pièces que nous connaissons, il y avait joint deux autres feuilles à consulter pour la récolte des plantes et leur caractère médicinal. Les voici :

PROPRIÉTÉS DES PRINCIPALES PLANTES RECHERCHÉES DANS LA MÉDECINE

Plantes pectorales, ou propres à combattre les maladies de poitrine. — Capillaire, véronique, hysope, lierre terrestre, mauve, bourgeons de sapin, violette, bouillon-blanc, coquelicot.

Plantes béchiques ou propres à calmer la toux. — Violette, capillaire, jujube, dattes, figues, guimauve.

Plantes apéritives ou propres à rétablir la liberté dans les voies digestives et autres. — Racine de chiendent, de fraisier, la chicorée, le pissenlit, l'asperge, la vanille, le saule blanc.

Toniques, qui augmentent la force et excitent l'action des organes. — La gentiane, le quinquina, le houblon, la germandrée, bon nombre de labiées amères.

Antispasmodiques, propres à combattre l'irritation des nerfs. — Les menthes, les mélisses, le thym, le camphre, les sauges, les fleurs de tilleul, d'oranger, la valériane, jusquiame, aconit, datura.

Antiscorbutiques, propres à combattre le scorbut et la pauvreté du sang. — Le cresson, le cochléaria, beaucoup de crucifères, le trèfle d'eau, les oranges amères.

Astringents, qui resserrent les tissus. — Les plantes renfermant du tannin, le café, l'écorce de grenadier, la bistorte.

Narcotiques, qui assoupissent. — Le pavot, la jusquiame, la belladone.

Emménagogues, destinées à donner un libre cours au sang. — Armoise, arnica, rue, safran, achillée, aloès, bétoine, chardon bénit.

Cresson de fontaine.

Belladone. — *a*, sommité de la plante ; *b*, fleur ouverte ; *c*, *d*, coupes du fruit.

Fébrifuges, qui chassent la fièvre. — Quinquina (quinine), *camomille*, gentiane, buis, café, écorce de saule.

TABLEAU DES MOIS DANS LESQUELS ON PEUT RÉCOLTER LES PLANTES MÉDICINALES.

Janvier. — Les racines d'aconit.

Février. — Bourgeons de sapin, fleurs de violettes, anémone pulsatile.

Mars. — Fleurs de pêcher, fleurs d'amandier, fleurs de violettes, sève de vigne.

Avril. — Lierre terrestre (plante entière), feuilles d'ortie blanche ou lamier, feuilles de jusquiame.

Mai. — Feuilles de grande ciguë, feuilles de chanvre, feuilles de bourrache, feuilles d'absinthe, feuilles de pulmonaire, feuilles de mélisse, feuilles de chicorée sauvage, feuilles de cochléaria.

Fleurs de pensée sauvage, fleurs de jusquiame, fleurs d'ortie blanche, fleurs de grenade, fleurs de muguet.

Écorce de sureau.

Juin. — Feuilles de menthe, feuilles de digitale, feuilles de bétoine, feuilles d'ache, feuilles d'aconit, feuilles d'asaret (cabaret), feuilles d'arnica, feuilles de laurier rose, feuilles de guimauve et mauve, feuilles de saponaire, feuilles d'oranger.

Fleurs de bourrache, fleurs de camomille, fleurs de coquelicot, fleurs de genêt, fleurs de roses, fleurs de souci, fleurs de lis, fleurs de sureau, fleurs de tilleul, fleurs de bouillon-blanc, fleurs d'oranger.

Les sommités fleuries de petite centaurée, d'origan, de marjolaine, de mélilot, de basilic, la véronique.

La tige de l'angélique.

La plante entière de thym, de lavande, de petit-chêne (germandrée), de capillaire, de sauge, du fenouil, du romarin, du chardon bénit, de la fume-terre.

Juillet. — Les feuilles d'acanthe, les feuilles de mauve, les feuilles de belladone, les feuilles de tabac, les feuilles de menthe, les feuilles d'angélique, les feuilles de chélidoine, les feuilles d'achillée (mille-feuilles).

Les capsules de pavot.

Les cônes du houblon.

Les grains du froment, les grains de l'orge, les grains de l'avoine.

Les fleurs et sommités fleuries de tilleul, d'armoise, de scabieuse (et les mêmes qu'en juin).

L'oignon du colchique.

La racine du cochléaria.

Août. — Les feuilles de belle-de-nuit (mandragore), les feuilles de houblon, les feuilles de morelle douce-amère, feuilles de datura, les feuilles de belladone, les feuilles d'absinthe.

Les fleurs de lavande, les fleurs de grenadier, les fleurs de nymphéa (nénuphar), les fleurs de guimauve, les fleurs d'armoise, les fleurs de menthe, les fleurs de petite centaurée, les fleurs d'oranger.

Les graines d'anis, de pavot, d'ache.

Septembre. — Les feuilles d'oranger, les feuilles de mercuriale, les feuilles de trèfle d'eau, les feuilles de tabac. les feuilles de belladone.

Les racines de chiendent, les racines de camomille, les racines d'asperges, les racines de chicorée, les racines de patience, les racines de persil, les racines de réglisse, les racines de gentiane, les racines de raifort, les racines de valériane.

Les graines de chanvre, les graines d'anis, les graines de nerprun, les graines de sureau.

Les stygmates de safran.

Octobre. — Les racines de consoude, les racines de bardane, les racines de cynoglosse, les racines de fraisier, les racines de garance, les racines de rhubarbe, les racines de saponaire.

Les écorces de chêne, les écorces de marronnier d'Inde, les écorces d'orme.

Novembre. — Les racines de carottes, les racines de bistorte, les racines de betterave, les lichens.

Les bulbes de colchiques.

Décembre. — Comme le mois précédent.

Dans ce tableau, on n'a pas indiqué l'époque de la cueillette des fruits : on sait qu'elle ne doit se faire qu'à leur entière maturité. Bon nombre sont employés en médecine, pour faire des sirops ou des huiles : les cerises, les framboises, les mûres, les coings, les citrons, les orangers, les amandes. A l'anis, le fenouil, le sureau, la coriandre, on emprunte les graines.

Andrée serra précieusement cette nomenclature avec l'intention de la consulter, elle et ses amis, quand, plus experts en botanique, on pourrait, de temps en temps, n'herboriser que les plantes médicales.

CHAPITRE IX

A TRAVERS CHAMPS. LE LONG DE L'EAU

Le lendemain, sept heures sonnaient quand M. Leberrier entra dans la gare de Vincennes; il fut aussitôt salué et entouré par Jean, Serge et Paul, qui l'avaient devancé. Simon, le valet de chambre russe des jeunes princes, les accompagnait, madame Desay ayant jugé prudent d'avoir près d'elle un serviteur dévoué pour veiller avec elle sur ces garçons dont elle connaissait l'humeur aventurière. Simon ne portait pas de boîte verte en bandoulière, mais tenait, passé à son bras robuste, un large et solide panier rempli de provisions : la marche et le grand air ne pouvant manquer d'ouvrir bien grands les estomacs de ces jeunes savants en herbe.

On avait pris les billets pour Nogent, et ce fut là qu'on descendit, après un voyage d'une demi-heure. Le temps était frais, le ciel un peu gris, mais léger; c'était une journée à souhait pour la marche. En quittant le wagon, on descendit rapidement sur les rives de la Marne que bordent des champs. Tout à l'enchantement de se trouver en pleine campagne, dans un pays charmant, on marcha quelque temps en foulant l'herbe verte et drue, parlant de choses et d'autres, sans paraître se soucier de la botanique. Ce fut Jean qui rappela à tous le but de la promenade.

— Eh bien, dit-il, on ne cueille donc rien? Je vois quantité de fleurs au milieu de ces belles herbes que le vent secoue si gentiment. Je vous avertis que je commence ma chasse.

— En chasse, donc ! répéta Serge qui, dans le fond, aurait préféré battre les champs avec un fusil, que d'arracher de pauvres fleurettes avec un couteau.

— Dispersons-nous, dit Paul, et on verra celui qui aura trouvé les plus belles plantes.

— Au contraire, reprit madame Desay, qui ne voulait pas voir son troupeau s'éloigner d'elle, marchons de façon à ne pas nous perdre de vue, et que chacun fasse sa moisson à son goût.

Monsieur Leberrier. — Je demande à marcher en éclaireur; que nul ne s'aventure donc plus que je ne le ferai, vers la Marne ou dans d'autres directions. L'heure est propice, le soleil n'a pas épanoui les plantes, elles seront plus fraîches. Toutes sont encore couvertes de rosée.

Andrée. — Quand nous aurons fait une récolte suffisante, ne pensez-vous pas, maman, qu'il serait bien amusant de s'arrêter pour analyser quelques-unes de nos fleurs?

Léna. — Chacun de nous devra faire son analyse ; ce sera drôle, je crois.

Paul. — D'abord, quand on aura bien marché, je suis d'avis qu'on déjeune ; on analysera ensuite.

Léna. — Oh ! cela m'étonnerait que l'amour de la science fît oublier à Paul l'heure du déjeuner.

Andrée. — Ne voyez-vous pas que ce que dit Paul est tout bonnement inspiré par la charité : il veut alléger le poids du panier de ce pauvre Simon, qui marche à l'arrière-garde, la tête baissée et l'œil soucieux.

De frais éclats de rire répondirent à la réflexion d'Andrée, et l'air sonore du matin les répéta comme un écho. Cependant, Jean, courbé en deux, l'œil en terre, marchait d'un pas lent; il cherchait quelle plante était digne de son choix.

— Ne choisissez pas ainsi, Jean, dit M. Leberrier, tout est utile, tout est bon. Les plus modestes plantes ont quelquefois la plus curieuse histoire et le rôle le plus important.

Tous suivirent le conseil de leur bienveillant guide, et les boîtes s'ouvrirent peu à peu pour enfermer les échantillons cueillis avec plus d'ardeur que de discernement.

— N'arrache pas ainsi ces pauvres pâquerettes par poignées, dit Andrée à Léna; un pied te suffira; surtout, débarrasse les racines de la terre humide qui prendrait de la place et pourrait souiller les plantes plus délicates que nous rencontrerons.

Paul était toujours le démon que nous connaissons: il s'écartait à tout moment pour courir après les papillons bleus qui voltigeaient comme de petites fleurs ailées. Il empilait tout pêle-mêle dans sa boîte : mousse, chiendent, feuilles, branches de peuplier, de saule; ayant avisé un petit champ planté de carottes, il en arracha plusieurs et les y enfonça d'une main énergique.

— Allons donc, paresseux, dit-il, en revenant triomphant vers ses compagnons; moi, j'ai déjà ma boîte toute pleine. Dépêchez-vous donc. Si nous avons le temps de pêcher, c'est cela qui serait amusant!

Serge haussa les épaules.

— Tu es bien toujours le même, dit-il gravement, ta pensée n'est pas à ce que tu fais, et si tu pêchais, je parie que tu penserais à la chasse.

— Paul! Paul! s'écria madame Desay, voulez-vous jeter cela! vite, bien vite!

Tout en parlant, elle s'était approchée du jeune garçon et lui avait arraché des mains une plante d'un vert tendre, qu'il portait à sa bouche.

Monsieur Leberrier. — Il n'est pas prudent de goûter ainsi aux plantes qu'on ne connaît pas, mon prince.

Paul. — Voyez, c'est un beau lait blanc, qui sort de la tige brisée: j'ai soif, cela me donnera à boire.

Monsieur Leberrier. — Commencez par venir vous laver la bouche à grande eau. Cette herbe est une euphorbe, connue sous le nom de *réveille-matin*. Prise à l'intérieur, elle vous empoisonnerait, et, à l'extérieur, elle vous laisserait sur la peau les traces d'une brûlure ou d'un coup de soleil, en vous causant des démangeaisons insupportables.

Léna essuyait les lèvres du petit étourdi.

Léna s'était élancée vers la rivière et, de son mouchoir mouillé, essuyait les lèvres du petit étourdi.

— J'ai cru que c'était du lait comme dans le coco, répétait-il un peu décontenancé.

Monsieur Leberrier. — Aucune plante de nos climats ne renferme un lait comestible ; pour cela, il faut aller en Amérique, sous les Tropiques. C'est là qu'on rencontre ces arbres généralement de la famille des figuiers urticés, qui fournissent un lait pur et délicieux, non seulement au voyageur altéré et épuisé de fatigue, mais à des populations entières, qui trouvent dans ce lait végétal une véritable nourriture.

Léna. — Et comment sont-ils faits ces singuliers arbres ? Ont-ils des fruits comme le cocotier ?

Monsieur Leberrier. — Non ; c'est en faisant une incision plus ou moins profonde qu'on en fait jaillir le précieux liquide. Les premiers explorateurs de l'Amérique connaissaient déjà l'*arbre à vache*, le *palo di vacca*. Des voyageurs modernes le décrivent à peu près ainsi : « Dans « un pays où il ne pleut pas pendant plusieurs mois, un arbre aux « feuilles sèches et coriaces, de grosses racines s'enfonçant à peine sur « les flancs d'un rocher aride ; des branches desséchées ; mais si l'on « incise le tronc, on en fait sortir un lait pur et nourrissant que les « noirs accourent chercher dès le lever du soleil. »

Andrée. — Ce lait ne doit pas renfermer les mêmes éléments que le lait de vache ou de chèvre, je pense ?

Monsieur Leberrier. — A peu de chose près ; ainsi, il y a à Ceylan un arbre à lait dont le liquide écrémé forme un fromage qui se garde pendant une semaine. Ce lait, soumis à l'action du feu, bout tout à fait comme le lait animal. En Guyane, sur les bords du Démérary, il y a un arbre à lait nommé *hya-hya,* dont le lait est plus épais et plus riche que le lait de vache.

Serge. — En avez-vous goûtée, vous, Monsieur, qui avez tant voyagé ?

Monsieur Leberrier. — Non de ceux que je viens de vous citer, mais d'un autre non moins curieux. Dans mon premier voyage, alors que je n'étais encore qu'Enseigne, notre navire jeta l'ancre à Péra, au Brésil. C'est là que nos matelots me firent faire connaissance avec le *masaranbuda*, dont le bois est employé pour les grandes constructions maritimes. Tout le temps de notre séjour, nous ne prîmes pas d'autre lait, dans notre thé ou notre café. Il a, de plus, un fruit qui m'a laissé les souvenirs les meilleurs; le goût rappelle celui des fraises dans la crème.

PAUL. — Oh! ça fait venir l'eau à la bouche.

JEAN. — Comment est-il cet arbre? Peut-on aisément le reconnaître?

MONSIEUR LEBERRIER. — Les indigènes qui s'en nourrissent vous l'indiquent volontiers. C'est un bel arbre, élevé, à l'écorce brune, aux feuilles grandes et ovales. Enfin, n'oublions pas de nommer le *sandi* au lait gluant et gommeux, qui pousse au Vénézuéla, et dont la médecine emploie les qualités astringentes.

JEAN. — Astringentes?... qui resserrent les tissus, n'est-ce pas, Monsieur?

MONSIEUR LEBERRIER. — Comme vous le dites, mon petit savant.

MADAME DESAY. — Voilà un intéressant récit qui nous a conduits loin de la Marne. Ne croyez-vous pas utile d'y revenir, quand ce ne serait que pour penser à nous mettre en quête d'un endroit hospitalier, propice au déjeuner?

PAUL, *avec enthousiasme*. — C'est cela, déjeunons! déjeunons!

ANDRÉE. — Ce qui ne nous empêche pas de recueillir les plantes nouvelles que nous trouvons, à travers champs.

SERGE. — Voyez donc, là-bas, de l'autre côté de la route, il y a comme une colline qui me semble très ombragée. Viens, Paul, nous allons aller en reconnaissance.

Et, avant qu'on ait pu leur répondre, les deux frères s'élancèrent, au pas de course, vers l'endroit que Serge venait d'indiquer.

— Ce sont les hauteurs de Champigny, dit M. Leberrier, il y a là des coteaux boisés tout à fait jolis. Suivons nos jeunes gens.

Il fallait grimper à revers une pente couverte d'herbes épaisses et hautes pour regagner la route, puis, une seconde pente encore plus raide, mais gaie et fleurie, conduisant au bouquet d'arbres convoité. Mme Desay s'avançait assez péniblement, riant de ses faux pas et de ses glissades sur l'herbe humide de rosée. M. Leberrier lui offrit son bras et l'ascension devint plus aisée. Quant à Andrée et Léna, elles moissonnaient avec ardeur; entraînées sans s'en rendre compte, elles s'éloignaient un peu de Mme Desay. Une voix enrouée et rude leur fit lever la tête :

— Ne faites donc point peur à mes bêtes comme ça, leur disait une fillette de dix à douze ans; a-t-on point vu, ces Parisiens qui s'en viennent arracher toute l'herbe de mes pauvres dindons!

Andrée et Léna se mirent à rire, et de fait, la petite, avec sa courte jupe laissant voir ses pieds nus, sa chemise de grosse toile, ses cheveux tombant à moitié sur son visage rose et joufflu, l'expression sauvage de ses gros yeux bleu clair, ombragés d'épais sourcils, ne présentait pas l'air bien engageant. Elle était accompagnée d'une douzaine de volatiles, oies et dindons, qui fourrageaient l'herbe en toute liberté.

— Est-ce qu'il n'est pas permis de cueillir des fleurs, en cet endroit? demanda doucement Andrée.

— Permis ou non, répondit la paysanne, c'est bien de même; dès que les gens de la ville sont dans les champs, ils ne pensent qu'à arracher tout, et des plantes utiles, encore! Tenez, ce que vous avez dans les mains, c'est l'*herbe à dindons*, et nos bêtes en sont très friandes.

— Cela? dit Léna en regardant à deux fois une jolie fleurette rose au feuillage ailé, à la tige brune et garnie de poils, qu'elle tenait en main.

— Oui, cela; sentez un peu vos mains, pour voir!

— Oh! quelle odeur détestable, dit la jeune Russe en lâchant sa plante qui, retombée sur l'herbe, fut vite happée au passage par un gros dindon noir qui ronronnait auprès d'elle.

— Mais vous connaissez donc les plantes? demanda Andrée, qui voulait amadouer la petite sauvage.

— Pardienne, qu'est-ce que je ferais à la journée, dans les champs? J'ai pas eu besoin d'aller jamais sur les bancs de l'école pour en savoir plus que les enfants riches de Paris. Je sais le nom de tout ce qui pousse par ici.

— Vous êtes, en effet, plus savante que nous, dit Léna, car nous n'en connaissons guère.

— Je suis gardeuse d'oies, mais je gagne encore plus d'un gros sou par jour, dit la villageoise en se rengorgeant.

— Vous cueillez de la salade, peut-être ? demanda Andrée.

— De la salade, oui, des fois; mais il n'y a pas de fontaine par ici, pour avoir du cresson, et c'est encore long d'arracher le pissenlit. Je cueille des herbes pour la mère Guibal.

— Pour ses vaches, sans doute? ajouta Léna.

La paysanne éclata d'un gros rire qui fit voir ses dents fines et blanches.

— Ses vaches n'ont pas besoin qu'on leur coupe l'herbe ; elles sont tout le jour au pré, l'été. Non ; la mère Guibal fabrique des remèdes avec les plantes que je lui cueille, et, à elle seule, elle en sait autant que tous les médecins d'ici et d'ailleurs. N'y a pas une bête ni un chrétien dans notre endroit, sans que la vieille leur vende de ses drogues, et si ils meurent, c'est que ça n'a pas pu se faire autrement.

— Ah ! vraiment, dit Andrée que ce babil amusait, et gagnez-vous beaucoup d'argent avec la mère Guibal?

— Dame, oui : le dimanche, quand elle a été contente, elle me donne quatre sous et un morceau de lard. Aujourd'hui, j'ai déjà fait une bonne récolte, avant que vous ne veniez tout moissonner.

— Tout moissonner! répéta Léna, en entr'ouvrant sa boîte à demi remplie; voyez si nous vous faisons tort !

— Tout de même! répliqua-t-elle, en regardant avec envie les quelques plantes cueillies par Léna, et justement, vous avez mis la main sur une « mort aux poules » ; mais, oui, tenez, cette plante aux fleurs jaunâtres, marquées de rouge, avec une graine qui s'ouvre comme une boîte ; c'est ça que la mère Guibal cherche souvent. Je ne vous engage point à en manger tout de même, c'est un rude poison.

— Celle-ci ? demanda Léna, toute disposée à rendre à la villageoise ce qu'elle semblait réclamer comme sa propriété.

— C'est la jusquiame, dit Andrée à son amie, et en effet, un poison des plus violents. Garde cet échantillon, il a sa place dans l'herbier. Quant à vous, petite..... Comment vous appelez-vous, d'abord?

— Benoîte, la fille à Miron; vous savez ben, c'te petite chaumière où y a toujours un tas de roues, devant: c'est là que le père travaille, charron de son état, répondit la bergère avec empressement.

— Et votre mère que fait-elle? A-t-elle aussi un état? demanda Léna que le ton rustique et la mine sauvage de l'enfant divertissaient.

— Ma mère! ma mère! reprit Benoîte, et il lui monta aux yeux deux grosses larmes qu'elle essuya gauchement avec le coin de son tablier, il y a deux ans qu'elle se repose dans le jardin du cimetière.

— Pauvre, pauvre fille! dit Léna tout émue par ses propres souvenirs.

— C'est pour ça qu'il faut que je travaille, et le père aussi; ils sont encore quatre plus jeunes que moi, à la chaumière, et tout ça mange, et tout ça boit, dit Benoîte avec cet air de raison et d'entente de la vie qu'ont toujours les enfants malheureux.

— Tenez, dit Léna, en mettant dans la main brune de la paysanne, une pièce de vingt sous.

— Ce sera pour les plantes que nous avons prises sans mauvaises intentions, dit Andrée en lui tendant une autre pièce.

Benoîte garda les pièces dans sa main sans y toucher, pendant quelques instants; puis ses yeux, humides tout à l'heure, brillèrent de plaisir.

— Pour moi! pour moi! dit-elle enfin, ah! vous êtes ben généreuses, mam'zelle les Parisiennes, et, à ce compte-là, c'est moi qui vas vous aider à déterrer des plantes tant que vous en voudrez. D'abord, venez par ici, je vas vous montrer un coin où vous ne vous aviseriez point de chercher, n'étant point du pays, et où il en gît de belles, pourtant.

Et Benoîte, appelant ses oies, grimpa avec l'agilité d'un écureuil jusqu'à la crête du coteau.

— Par ici, par ici, disait-elle aux deux amies qui, entraînées par l'attrait de nouvelles découvertes, la suivirent d'un pied léger. Cependant, Benoîte redescendant à revers la pente rapide se dirigeait vers un petit sentier ombreux et charmant, bordé d'un côté d'arbustes en fleurs, sureaux aux blanches ombelles, troènes aux corymbes élégants, chèvrefeuilles aux enlacements capricieux, pendant que l'autre côté était bordé par une haie d'épines qui avait dû être taillée autrefois, mais qui, négligée aujourd'hui par le sécateur du jardinier, poussait ses branches et ses tiges avec une sauvagerie native; de grands liserons blancs grimpaient au milieu de cet enchevêtrement de verdure et montraient de loin en loin leurs cornets blanc d'argent, qui ne devaient durer qu'un jour.

Troène. — *a*, rameau florifère et foliifère; *b*, coupe d'une fleur; *c*, pistil; *d*, grappes de fruits; *e*, coupe d'une baie; *f*, fleur ouverte.

— Que c'est joli ! disait Léna ; c'est comme une petite forêt vierge.

— Venez! venez! disait toujours Benoîte, ce n'est pas encore là !

Et l'on trottait sur l'herbe drue du sentier. Un petit murmure cristallin se fit entendre, il s'éleva une fraîcheur délicieuse du sol, et un mince filet d'eau courant sur les cailloux comme un ruban argenté, tant il était limpide, apparut le long de la haie. Il s'élargissait d'abord insensiblement, jusqu'à ce qu'il prît les proportions d'un ruisseau, puis d'une petite rivière ; cependant, un épais rideau de verdure formé par des peupliers, des saules, barra la route aux jeunes chercheuses.

— Mais où passer? demanda Andrée qui, malgré le charme de cette course imprévue, commençait à penser que c'était s'éloigner beaucoup de ses compagnons.

— Par ici, par ici, dit Benoîte, qui s'était arrêtée devant un pont formé de pierres rustiques, sur lequel elle s'engagea. N'ayez point peur, dit-elle, les pierres bougent un peu, mais elles sont solides. En quelques secondes, elle fut sur l'autre rive, et, écartant les branches qui auraient pu faire obstacle à ses compagnes, elle les maintint énergiquement jusqu'à ce que les deux jeunes filles eussent passé à leur tour.

— C'est là, dit-elle; voilà le Paradis!

Andrée et Léna restèrent stupéfaites devant la vue qui s'offrait à leurs regards; on se serait cru tout à coup transporté bien loin, dans quelque pays pittoresque et charmant; une plaine en forme de cirque s'étendait entourée d'arbres superbes, de diverses essences; au

Liseron des haies. — *a*, tige, feuilles et fleurs; *b*, fleur ouverte; *c*, fruit; *d*, racine.

Massettte.

centre un vaste bassin, au milieu duquel poussaient en toute liberté les plantes aquatiques les plus variées; les iris jaunes, blancs ou violets, élevaient leurs fleurs veloutées aux élégants pétales; les nénuphars jaunes, les grands nymphéas étalaient leurs coupes d'or et d'opale à la surface de l'eau qu'éclairait un brillant soleil de mai; les flèches d'eau, les presles, les massettes, les plantains poussaient à foison; le ruisseau élargi qui venait alimenter le bassin formait à l'entrée de la plaine une jolie cascade, et de tous côtés s'élevaient en pleine terre des fleurs vigoureuses variant à l'infini. Avec ce coin de fraîche verdure tout plein de lumière, des allées sombres se dirigeant en divers sens formaient un contraste étrange et saisissant.

— C'est le Paradis ! répéta Benoîte à ses compagnes qui ne cessaient de répéter : « que c'est joli ! que c'est beau ! »

Et, en effet, c'était une vraie fête de la nature qu'il leur était donné de voir là.

— Oh ! allons chercher maman, Jean et tes frères, dit Andrée ; il faut qu'ils voient cela.

Benoîte reprit son air renfrogné.

— Vous n'êtes donc point toutes seules? dit-elle ; mais elle sentit, en les serrant, les deux pièces d'argent qu'elle avait dans la main, et dit, en se radoucissant :

— Au fait, si c'est vos amis, ils pourront se promener aussi un brin dans le Paradis. A vous tous, il faudra seulement me promettre que vous ne ferez point de tort à la mère Guibal.

— Mais non, dit Léna, et si tu es bonne fille, il y aura encore de l'argent pour toi.

— Reconduis-nous donc où nous nous sommes rencontrées, et tu nous ramèneras ensuite tous ici.

L'idée de grossir son trésor humanisa tout à fait Benoîte.

— C'est ça qui va promener mes oies, dit-elle en riant et en groupant encore une fois autour d'elle ses volatiles, un peu dépaysés par ce redoublement d'exercice.

— Tiens, dit Andrée, il y a donc des ruines, ici ! et elle désignait près d'elle une statue renversée, à moitié recouverte par les herbes folles.

— Bien sûr, dit Benoîte ; regardez là-bas, à travers les arbres, c'est là qu'il y en a des ruines.

— Et d'où cela vient-il? demanda Léna, qui voulait tout savoir.

— Dame, ça vient de la guerre. Le Paradis était le plus beau château de tous les pays environnants, et avec ça du bon monde qui faisait travailler tout le village. Moi, je n'ai point connu ça, je n'étais point née, mais la mère Guibal me le raconte tous les jours. Il y a eu une grande bataille ici, et le château a reçu des obus, des boulets; on le voyait avec ses tourelles de tous les côtés, et les Français, comme les Prussiens, tiraient dessus. Et puis, les Français ont été obligés de rentrer dans Paris, et alors les Allemands ont tout brisé, ils ont mis le feu, ils ont fait les quatre cents coups, comme dit la mère Guibal. Bref, tout a été détruit, et la dame du château, dont le fils a été tué pendant la bataille, n'a pas voulu faire rebâtir la maison; elle a laissé tout comme vous le voyez, et c'est la mère Guibal qui garde la place, pour que personne ne puisse y bâtir.

— Comme c'est triste la guerre! dit Léna avec un soupir.

— Ainsi, dit Andrée, tout ceci était un jardin, un parc, et ces plantes, autrefois cultivées, sont revenues à l'état sauvage avec une vigueur nouvelle.

— C'est bien ça, mam'zelle, dit Benoîte, je vous dis qu'on trouve de tout; dans ce coin-là, vous et vos amis, vous pourrez emplir vos petites boîtes.

En retournant pour rejoindre M. Leberrier, Andrée et sa compagne entendirent leurs noms qui, lancés dans l'air avec des inflexions inquiètes, traversaient le bois, répétés par les échos.

— Hâtons le pas, dit Andrée, se reprochant cette absence qui avait dû troubler leurs amis.

Benoîte reconnut d'où venaient les voix, et, sans se tromper, elle les ramena vers le bouquet de bois, où Simon, debout devant son panier qu'il avait posé sur l'herbe, gardait l'attitude raide et immobile d'un factionnaire.

— Mes princes, cria le valet de chambre d'une voix de stentor, voici la princesse Léna.

Pour le vieux Russe, il n'y avait que ses maîtres qui comptassent vraiment. En entendant ces mots de *prince* et de *princesse*, Benoîte regarda tout autour d'elle avec des yeux arrondis par la surprise : allait-elle voir sortir des arbres des êtres couverts d'habits dorés, de diamants et de rubis, comme dans les contes que lui disait, les jours de fête, la mère Guibal? Elle fut un peu désillusionnée en voyant gambader et courir trois jeunes garçons, vêtus de blouses et coiffés de casquettes en toile, comme elle en rencontrait souvent. Toutefois son respect pour les Parisiens s'en augmenta, et elle résolut de bien les servir pour leur argent. Madame Desay était un peu mécontente, et M. Leberrier était retourné vers les bords de la Marne, craignant quelque funeste aventure. Tout nuage disparut cependant dès que Léna, sautant au cou de son institutrice, lui eut dit :

— Nous venons, Madame Desay, vous chercher pour aller voir le Paradis.

Le Paradis! quel était ce mystère?

— Avez-vous donc retrouvé le Paradis terrestre dont on n'a jamais connu l'endroit? demanda Jean, avec son petit air de ne pas y toucher.

— Allons! en marche pour le Paradis, dit Paul; j'espère qu'on y déjeunera, car je meurs de faim; si je m'écoutais, je mangerais de l'herbe comme les oies de la petite paysanne.

— Allons, mon pauvre Simon, dit madame Desay en riant, reprenez votre fardeau; j'espère que ce sera la dernière station.

CHAPITRE X

ANALYSE DE TROIS SAVANTS

Quand, après le passage sur les pierres branlantes, on se trouva dans l'ancien jardin du Paradis, nul ne songea à se plaindre du retard apporté par cette nouvelle marche ; chacun déclara l'endroit fort de son goût, on choisit pour y déjeuner une tertre couvert de mousse et ombragé par des chênes séculaires à l'entrée d'une des sombres avenues. Simon avait organisé tout avec un esprit d'à-propos qui faisait le plus grand honneur à son intelligence du service : un magnifique pâté, des volailles froides, des confitures, des fruits furent posés sur une nappe blanche qu'il avait étendue sur la mousse : il avait tout découpé par avance, et, la serviette sur le bras, silencieux et grave comme s'il eût été dans la salle à manger du palais Souvarine, il servit chacun, attentif sans être importun. Les mâchoires allaient avec un entrain parfait, et le grand silence des affamés régna quelque temps. Benoîte, à l'écart, oubliée, regardait avec beaucoup de curiosité et un peu d'envie les excellentes choses que mangeaient les jeunes botanistes. Tout à coup, Léna, se souvenant d'elle, la chercha des yeux.

— Viens donc, ma petite, lui dit-elle ; quoique nous ayons un appétit de loup, Simon trouvera bien de quoi te faire déjeuner aussi.

Benoîte s'avança, très intimidée par tant de beau monde, mais loin de décliner l'offre qui lui était faite, elle accepta volontiers la part que lui donna Simon, et disparut en courant, après avoir dit qu'elle reviendrait.

— N'y manquez pas, lui cria Andrée; nous avons bien pu entrer ici, mais je crois qu'il nous serait difficile de nous orienter pour en sortir.

Quand le repas fut terminé, il était midi, le soleil envoyait perpendiculairement ses rayons; madame Desay pensa qu'il était inutile de s'exposer à la chaleur, puisqu'on avait encore la journée devant soi, et invita chacun à prendre une heure de repos.

— A l'ombre de nos arbres européens, cela peut se faire sans danger, dit M. Leberrier, toujours prêt à saisir l'occasion de glisser une connaissance nouvelle.

— Pourquoi européens, Monsieur? demanda Serge; est-ce à dire que ceux des autres parties du monde sont dangereux?

LÉNA. — Comment, Serge, tu ne sais pas que les imprudents qui s'endorment sous un mancenillier ne se réveillent plus ; ils sont empoisonnés.

MONSIEUR LEBERRIER. — Je ne saurais dire si le mancenillier

donne aussi vite la mort ; mais je sais que la sève de cet arbre magnifique et étrange est des plus vénéneuses, et que son fruit peut empoisonner, s'il est pris en grande quantité. C'est pourtant un joli fruit qui ressemble à nos pommes d'api. On a exagéré les propriétés mauvaises de cet arbre qui croît en Amérique, aux Antilles surtout. Il appartient à cette dangereuse famille des Euphorbiacées ; son feuillage, qui rappelle celui du poirier, est touffu et forme une masse impénétrable à la lumière, de sorte que, dans ces pays brûlants, on trouve toujours une délicieuse fraîcheur à son ombre. Quand on coupe ses branches, il découle une sève dans laquelle les sauvages trempent leurs flèches pour les rendre mortelles. Quelquefois, lorsque la pluie tombe, elle s'imprègne du suc vénéneux de l'arbre, et on a vu des imprudents ou des ignorants qui, après une telle ondée, sortaient du terrible asile qu'ils avaient choisi, le corps couvert d'ampoules qui s'ulcéraient et leur faisaient endurer d'atroces douleurs, quand elles ne les tuaient pas.

Ricin.

ANDRÉE. — Voilà un arbre terrible, mais devons-nous maudire toutes les Euphorbiacées ? Il me semble que quelques-unes sont utiles.

MONSIEUR LEBERRIER. — Vous voulez parler du ricin, qu'on cultive ici pour la beauté de ses feuilles si élégamment palmées. Oui, Mademoiselle, il est utile ; on extrait de ses amandes une huile purgative très employée en médecine.

PAUL. — Fi ! l'huile de ricin ; utile, jamais ; dites horrible, oh ! quel goût !

MONSIEUR LEBERRIER. — Je ne vous conseillerais cependant pas de manger les amandes, qui contiennent un principe toxique.

JEAN, *à Paul.* — Toxique, tu sais, qui renferme du poison.

MADAME DESAY. — Le Croton est de la même famille, n'est-ce pas, et son huile a d'utiles propriétés ?

MONSIEUR LEBERRIER. — Sans doute, on tire de son fruit, appelé *petit-pignon d'Inde*, une huile qui purge et qui, appliquée sur la peau, l'irrite et fait sortir l'inflammation au dehors. Mais il est un euphorbe, le *Jatropha manihot*, arbuste au tronc tortu, qui croît aux Antilles, dont la sève et les fruits sont empoisonnés, et dont vous mangez bien souvent avec plaisir, à votre dîner.

LÉNA. — Nous mangeons du poison sans en être incommodés ?

MONSIEUR LEBERRIER. — Mon *Jatropha* produit des fruits en capsule, à trois loges ; tout dans l'arbuste est vénéneux à l'état frais ; mais en le faisant cuire ou en l'exposant à l'air pendant deux jours, les propriétés dangereuses disparaissent. C'est ainsi qu'on râpe la racine et qu'on en fait une farine comestible, connue sous le nom de *pain de cassave*.

Croton. — *a*, fleur mâle ; *b*, étamines ; *c*, fleur femelle ; *dd*, fruit entier et fruit en coupe horizontale ; *e*, graine.

LÉNA. — Jamais nous n'avons mangé de ce pain-là.

MONSIEUR LEBERRIER. — On ne le mange qu'aux Antilles ; mais de cette farine convenablement préparée, on tire le *tapioca*, qui sert à préparer d'excellents potages.

ANDRÉE. — En effet, nous nous empoisonnons bien souvent ; nous en mangeons presque tous les jours.

MONSIEUR LEBERRIER. — Le poison a disparu. Il arrive souvent de voir, aux Antilles, la femme préparer la farine extraite du manioc pendant que le mari trempe ses flèches dans le suc vénéneux de la plante. Je dois ajouter que ce manioc est le manioc *amer* ; il y a le manioc *doux* qui ne renferme pas de principes vénéneux ; mais on tire le tapioca de l'un comme de l'autre.

LÉNA. — Je voudrais voir ces plantes : n'y en a-t-il pas en France?

ANDRÉE. — Étourdie, as-tu oublié la singulière idée de Paul, il y a quelques heures? La plante qu'il avait cueillie est l'euphorbe réveil-matin.

MADAME DESAY. — Je sais l'étude de cette famille très difficile, mais il y a de nombreuses variétés, même en France.

MONSIEUR LEBERRIER. — Nous en aurons assez dit sur elle quand nous aurons nommé le buis, dont le bois, très dur, se prête à l'industrie, et le *tournesol*, dont le suc donne une couleur bleue, très altérable. La chimie s'en est emparée pour reconnaître les acides. Quant aux caractères généraux de cette famille, je vous renvoie au tableau que mademoiselle Andrée vous communiquera.

Buis. — *a*, rameau avec fleurs mâles; *c*, fleur mâle ; *d*, rameau avec fleurs femelles ; *e*, *f*, fleur femelle ; *g*, coupe horizontale de l'ovaire.

MADAME DESAY. — Quel est donc ce poison terrible, nommé le *curare?*

MONSIEUR LEBERRIER. — C'est le produit d'un végétal qui croît sur les rives de l'Amazone, l'*urali*, sorte de liane, également commune dans les forêts d'Amérique. Les Indiens broient l'écorce de la plante, et la mouillent, puis, ils la font chauffer longtemps. Le curare ainsi obtenu a des propriétés foudroyantes ; une panthère, un rhinocéros percés d'une flèche trempée à son extrémité aiguë dans le *curare*, tombent asphyxiés. Ce toxique empoisonne le sang immédiatement. A Madagascar, j'ai pu observer le *strychnos* qui produit la noix vomique, et dont les effets sont indentiques.

ANDRÉE. — Décidément, il ne fait pas bon sous les tropiques, et je préfère notre végétation moins splendide mais plus clémente à tous ces arbres merveilleux dans lesquels se cachent souvent tant de poisons mortels.

Jean. — Quand on les a étudiés avec soin avant de voyager, on n'a rien à craindre ; et maman nous disait encore, hier, que des plus terribles, la science avait su tirer des remèdes.

Monsieur Leberrier. — Très bien dit, ami Jean. Mais le plus sûr est encore de se faire accompagner par un guide, enfant de ces solitudes si mal connues. Il sait, lui, le bon et le mauvais côté de ses plantes, et sa science naïve a plus d'une fois éclairé un grand savant. Dans les îles de la Sonde, où j'ai séjourné toute une saison, j'ai pu ainsi, sans danger, faire connaissance avec les différentes sortes d'*upas*, desquels s'extrait un poison non moins terrible que le *curare*. Un brave Malais, avec lequel je parcourais les forêts de Java, s'arrêta un jour, tout à coup, dans sa marche intrépide à travers le fourré épais que nous traversions ; et comme je m'étonnais, croyant à la présence d'un tigre ou d'un serpent, il me montra avec terreur, à travers une clairière et un peu au lointain, un arbre vert au tronc noueux, à l'écorce brune, s'élevant seul, sur un tertre aride et désolé. « Ne passons pas par là, dit mon Malais, ou alors enveloppons notre tête et nos mains, car quiconque passe tête nue sous l'Arbre de la Mort, perd ses cheveux, et a le corps couvert d'ulcères. » La chose est sans doute exagérée, mais il n'en est pas moins vrai que le suc noirâtre et résineux qui découle de l'upas peut causer de véritables accidents. Le tronc de l'arbre était flagellé de piques creuses, destinées à recueillir le poison dont on se sert, dans le pays, comme d'un bourreau, pour donner la mort aux criminels ; on les pique au sein ou au doigt ; ils entrent en convulsions, et, deux ou trois minutes après, ils n'existent plus.

Paul. — Brr, brr, ça donne le frisson.

Serge. — Comme j'aime mieux une belle mort sur un champ de bataille, que cette sombre mort-là !

Monsieur Leberrier. — On rencontre encore, dans ces forêts vierges, une espèce de *strychnos*, de la famille des Apocynées, — dont la pervenche et le nérion sont les types pour nous, — de laquelle on extrait le plus terrible des poisons, dit *poison des rajahs*, et qu'on emploie surtout pour la chasse au tigre. C'est un contraste étrange que de voir à côté de l'arbre à pain, des lauriers en fleurs, des figuiers aux fruits doux et exquis, ramper, s'enlacer ces lianes empoisonneuses, ou s'élever ces arbres sombres. On reste frappé d'abord, puis l'habitude et surtout l'expérience vous aguerrissent.

MADAME DESAY. — N'est-ce pas à la présence de ces upas que la Vallée de la Mort doit son nom? C'est bien à Java, je pense?

MONSIEUR LEBERRIER. — Oui, la vallée existe; mon guide et moi l'avons traversée sans danger, un peu impressionnés par cette solitude nue et funèbre, semée d'ossements de grands carnassiers, de cadavres d'oiseaux et d'insectes. Les Javanais croient que l'air empoisonné qu'on y respire est produit par les upas, mais c'est une erreur; elle est envahie, à une médiocre hauteur, par une couche épaisse d'acide carbonique, qui asphyxie les êtres dont la taille n'est pas assez élevée pour qu'ils la traversent sans danger. Ces émanations n'ont rien de surprenant, dans un pays volcanique et tourmenté comme celui des îles de la Sonde.

PAUL, *qui s'est levé.* — Ouf! respirons un peu d'air pur; cette Vallée de la Mort troublerait ma digestion, si je ne remuais pas un peu.

LÉNA. — Bon, voilà Paul qui va nous distraire. Ne sais-tu pas que nous voici arrivés au moment sérieux des analyses? Moi je suis toute prête, et je serai très contente si je puis, avec l'aide de M. Leberrier, trouver le nom d'une de nos fleurs.

JEAN. — Allons! aux boîtes, et étalons nos trésors.

MONSIEUR LEBERRIER. — Je crois qu'il est bon de commencer par mademoiselle Andrée, qui est plus versée que vous, Mademoiselle et Messieurs, dans la charmante science de la botanique.

TOUS. — Bravo! à Andrée!

ANDRÉE. — Que vais-je choisir? Quelque chose de simple d'abord; cette fleur blanche au feuillage ailé, que j'ai cueillie à l'entrée du bois.

MONSIEUR LEBERRIER. — Il y a bien des méthodes d'analyses et une clef est nécessaire pour guider les commençants; nous allons nous servir de celle de Dubois, un vieux botaniste qui a étudié toutes les plantes de France; voyons donc. Le tableau comprend les caractères auxquels on reconnaît les plantes, et, au moyen de lettres et de chiffres, vous renvoie d'une ligne à une autre, jusqu'à ce que vous tombiez sur le nom précis du genre.

{ Fleurs visibles, A.
{ Fleurs à peine visibles ou indistinctes, B.

ANDRÉE. — Ma fleur est très visible, c'est la lettre A qui nous convient.

MONSIEUR LEBERRIER. — A. { Fleurs hermaphrodites, C.
{ Fleurs unisexuelles, D.

ANDRÉE *déchirant une fleur*. — Oh! il y a des étamines et des pistils nombreux. Je prends la lettre C.

MONSIEUR LEBERRIER. — C. { Étamines libres, E.
{ Étamines réunies par quelques-unes de leurs parties, ou avec le pistil, F.

ANDRÉE. — Étamines libres, voyons à E.

MONSIEUR LEBERRIER. — E. { Étamines égales en longueur, G.
{ Étamines inégales, deux toujours plus courtes, H.

ANDRÉE. — Étamines égales en longueur, lettre G.

MONSIEUR LEBERRIER. — G. { Une seule étamine, I.
{ Deux étamines ou davantage, J.

ANDRÉE. — Oh! je crois bien; une, deux, trois..., dix, douze, vingt, et sept pistils!

MONSIEUR LEBERRIER. — Voilà qui va simplifier la besogne; nous n'avons qu'à nous transporter à la *Polyandrie digynie* (1), où je lis à la lettre a : plus de dix-neuf étamines et de six pistils, b.

ANDRÉE. — Et que dit ce b?

MONSIEUR LEBERRIER. — b. { Point de calice, c.
{ Un calice et une corolle, d.

ANDRÉE. — Pas de calice, il est remplacé par un involucre à trois feuilles. Allons à c.

(1) Qui a un grand nombre d'étamines, vingt et davantage, et deux pistils.

MONSIEUR LEBERRIER. — c. { Deux capsules, d.
{ Graines nues, e.

ANDRÉE. — Les graines sont nues, surmontées d'une aigrette plumeuse.

MONSIEUR LEBERRIER. — e. { Quatre à cinq pétales. Graines sessiles, f.
{ Six à neuf pétales ; graines pédicellées, g.

ANDRÉE. — Cinq pétales, et les graines ont un pédicule.

Anémone sylvie.

MONSIEUR LEBERRIER. — Nous sommes arrivés au but : la lettre g correspond au genre *Anémone*.

LÉNA. — C'est charmant, cette clé, il nous la faut à tous.

ANDRÉE. — Attends donc, il y a bien des espèces d'anémones; celle-ci a quatre ou cinq pouces, est un peu poilue ; elle a une collerette de trois feuilles à trois folioles, incisées et découpées; sa jolie fleur blanche est rougeâtre au dehors, et je l'ai cueillie dans un bois. Cette description est celle de l'anémone *sylvie*.

JEAN. — C'est exact. Je connaissais cette plante, il y en a au bois de Boulogne, en quantité. Chacun de nous en mettra une dans son herbier ; à vous, Léna.

LÉNA. — Je ne vais jamais savoir observer comme Andrée ! Enfin, j'essayerai. Je voudrais connaître le vrai nom de ce que Benoîte appelle l'*herbe à dindons*.

MONSIEUR LEBERRIER. — C'est facile, et ce ne sera pas long.

LÉNA. — Fleurs visibles, et d'un joli rose encore.

MONSIEUR LEBERRIER. — A. { Fleurs hermaphrodites, C.
{ Fleurs unisexuelles, D.

LÉNA. — Voici les étamines et le pistil.

MONSIEUR LEBERRIER. — C. { Étamines libres, E.
Étamines réunies par quelques-unes de leurs parties, ou avec le pistil, F.

LÉNA. — Elles ne semblent pas libres du tout; elles tiennent entre elles par leurs petites queues.

JEAN. — Leurs filets, vous voulez dire; non, elles ne sont pas libres.

MONSIEUR LEBERRIER. — Ceci nous conduit à la Monadelphie Pentandrie (1); c'est pourquoi ce ne sera pas long.

a'. { Étamines réunies par leurs filets, b'.
Étamines réunies par leurs anthères, c'.

LÉNA. — Par leurs filets, nous l'avons dit : vite à b'.

MONSIEUR LEBERRIER. — b'. { Étamines en un corps, d'.
Étamines en deux corps, ou une de libre, e'.
Étamines en plusieurs corps, f'.

LÉNA. — En un corps, ou monadelphes.

MONSIEUR LEBERRIER. — Très bien, ma jeune savante; à d', je lis en première ligne : Cinq étamines réunies par leurs filets : g'; il n'y a pas de doute à avoir, passons :

g'. { Corolle monopétale, h'.
Corolle polypétale, non labiée, i'.

LÉNA. — Cinq pétales et pas d'apparence de lèvres.

MONSIEUR LEBERRIER. — L'i' nous amène au genre *Erodium*, de la famille des Géraniacées, dont le type est le géranium. Celui-ci est l'*erodium à feuilles de ciguë*.

LÉNA. — Lisons-en la description, pour voir si nous ne nous sommes pas trompés : feuilles ailées, velues et dentées; ombellules de fleurs rougeâtres à pétales inégaux; capsule un peu rude, à long bec; se trouve le long des chemins, sur les murs, dans les champs. C'est bien cela. Oh! que je suis contente d'avoir trouvé tout comme Andrée! A ton tour, Serge.

SERGE. — Moi, je cède mon tour à Jean. Je comprends mieux en vous écoutant; je ne suis pas encore si savant que vous.

(1) Plantes ayant les étamines réunies en faisceau et portant cinq pistils.

JEAN. — Que vais-je choisir? Je voudrais savoir le nom de toutes mes plantes, et j'ai ma boîte déjà pleine.

MADAME DESAY. — Qui trop embrasse mal étreint, disaient nos grand'mères. Pense au proverbe, mon enfant.

JEAN. — Je choisis cette plante qui sent si bon. J'y suis, Monsieur Leberrier : Fleurs visibles.

MONSIEUR LEBERRIER. — A. { Fleurs hermaphrodites, C.
Fleurs unisexuelles, D. }

JEAN. — Fleurs hermaphrodites; quatre étamines et un pistil.

MONSIEUR LEBERRIER. — Nous voici dans la Tétrandrie-Monogynie(1).

1. { Étamines libres, 2.
Étamines liées au filet ou au pistil, 3. }

JEAN. — Étamines libres.

MONSIEUR LEBERRIER. — 2. { Étamines égales en longueur, 4.
Étamines inégales, deux toujours plus courtes, 5. }

JEAN. — Ah ! voici du nouveau : deux étamines plus courtes.

MONSIEUR LEBERRIER. — Voyons le chiffre 5.

5. { Étamines inégales, deux filaments plus longs, 6.
Étamines inégales, quatre filaments plus longs, 7. }

JEAN. — Deux étamines plus longues.

MONSIEUR LEBERRIER. — 6. { Graines nues au fond du calice, 8.
Graines dans un péricarde, 9. }

9. { Fruit consistant en quatre graines, 10.
Fruit consistant en quatre baies, 11. }

JEAN. — La capsule forme bien quatre graines.

MONSIEUR LEBERRIER. — 10. { Ouverture du calice fermée par un opercule, 12.
Ouverture non fermée par un opercule, 13. }

JEAN. — Le calice est très bien ouvert.

(1) Plantes ayant quatre étamines et un pistil.

MONSIEUR LEBERRIER. — 13. { Filaments des étamines bifurqués, dont une branche porte l'anthère au sommet, **14.** / Filaments des étamines non bifurqués, **15.** }

JEAN. — Les filaments ne sont pas bifurqués ; allons à **15.**

MONSIEUR LEBERRIER. — 15. { Corolle à quatre ou cinq divisions, égales ou cachées dans le calice, **16.** / Corolle à deux lèvres bien prononcées, non cachées, **17.** }

JEAN. — Ah! ah! c'est une Labiée, elle a bien les deux lèvres. Je m'en doutais à cause de son odeur aromatique. Que dit **17** ?

MONSIEUR LEBERRIER. — 17. { Anthères rapprochées par paires en forme de croix, **18.** / Anthères non rapprochées en croix, **19.** }

Pas de croix ; **19** nous donne à choisir. { Un involucre à plusieurs soies formant verticilles. **20.** }

JEAN, *continuant.* { Pas d'involucre. **21.** / Fleurs en épis, corolle aux lèvres distinctes, à bractées colorées. **22.** }

Maintenant, voyons son nom ; **22** : *Origan*, dans la famille des *Labiées*. Je lis sa description : fleurs assez petites, d'un rouge clair ou blanches ; le sommet du calice et des bractées est d'un rouge violet, ce qui donne une jolie teinte aux panicules de cette plante. Les étamines sont plus longues que la corolle ; plante tonique et stomachique. Les haies, les bois... Encore une conquête pour l'herbier. Au tour de Serge, il faut que tout le monde y passe.

LÉNA. — Serge a dit : non ; mais vous, Jean, prenez son tour, et trouvez-nous le nom de cette plante que la petite Benoîte nomme la *mort aux poules*.

MADAME DESAY. — Où avez-vous pris ceci, Léna ? ne portez pas les doigts à vos lèvres, au moins ; c'est de la...

ANDRÉE. Oh! maman, ne dites pas le nom ; Jean va le chercher, c'est bien plus intéressant. Aussi bien, nous n'avons encore eu que d'aimables plantes; nous allons faire connaissance avec une des plus dangereuses.

JEAN. — Allons ; fleurs visibles, hermaphrodites, puisqu'elles ont pistil et étamines ; étamines égales en longueur, et non soudées ensemble.

MONSIEUR LEBERRIER. — Bien dit ; tout cela est correct; allons donc à la *Pentandrie Monogynie :* cinq étamines et un pistil. Ceci nous mène à I { Fleurs agrégées dans un involucre, II.
Fleurs non agrégées, III.

JEAN. — Pas d'involucre.

LÉNA. — Je ne comprends pas bien la signification de ce mot : involucre.

ANDRÉE. — C'est un calice commun à plusieurs fleurs.

MONSIEUR LEBERRIER. — Donc pas d'involucre nous amène au :

III. { Fruit consistant en une silique, IV.
Fruit en baies, V.
Fruit en capsule, VI.
Fruit en drupe, VII.
Fruit en quatre ou deux graines nues, VIII.

JEAN. — L'ovaire est supérieur et forme une capsule à deux loges.

MONSIEUR LEBERRIER. — VI. { Une capsule charnue, IX.
Une capsule sèche, X.

JEAN. — Une capsule sèche qui s'ouvre par le haut ; voyez, il y a deux loges avec de petites graines nombreuses.

MONSIEUR LEBERRIER. — La capsule sèche nous amène à

X. { Corolle régulière, XI.
Corolle irrégulière, XII.

JEAN. — La corolle est régulière, avec un gros calice ventru.

MONSIEUR LEBERRIER. — XI. { Fleurs en ombelle, XIII.
Fleurs non en ombelle, XIV.

JEAN. — Elles sont axillaires et sessiles.

MONSIEUR LEBERRIER. — XIV. { Calice urcéolé, XV.
Calice non urcéolé, XVI.

JEAN. — Il forme une petite urne.

MONSIEUR LEBERRIER. — XV. { Corolle en entonnoir, XVII.
Corolle à cinq divisions bien marquées, XVIII.

JEAN. — Bien marquées et aiguës à l'extrémité de chaque lobe.

MONSIEUR LEBERRIER. — Ceci nous mène au genre *Jusquiame* de l'ordre des Solanées.

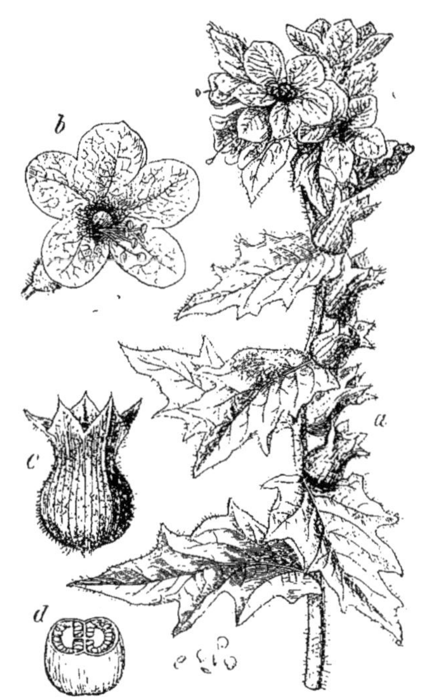

Jusquiame noire. — *a*, sommité florifère; *b*, fleur; *c*, calice; *d*, fruit ouvert; *e*, graines.

JEAN. — La jusquiame! c'est un poison. Voici sa description : plante herbacée, haute de 30 à 40 centimètres ; tige velue, à feuilles alternes, chiffonnées, découpées; fleurs autour de l'axe, jaunes veinées de noir et de pourpre. Une odeur nauséabonde se dégage de toutes ses parties. Elle croît sur le bord des chemins et souvent près des habitations. La racine, les feuilles, les fleurs, sont un violent poison pour l'homme. La médecine l'emploie dans les maladies nerveuses.

ANDRÉE. — Ne trouvez-vous pas qu'elle a, en effet, un air sinistre, cette empoisonneuse? Ses feuilles, sa fleur sombre, tout cela n'attire pas comme une brillante rose ou une violette parfumée.

PAUL, *qui a été rôder de côtés et d'autres.* — Je vous annonce des visiteurs; la paysanne revient avec ses dindons, et une vieille femme la suit.

CHAPITRE XI

LA MÈRE GUIBAL

En effet, Benoîte accourait, toujours suivie de son troupeau, dans la direction des jeunes étudiants.

— Voici la mère Guibal, Mesdemoiselles, cria-t-elle, d'aussi loin qu'elle les aperçut.

— Qu'est-ce que la mère Guibal? demanda Mme Desay, qui n'avait pu encore être mise au courant de tous les détails de la rencontre avec Benoîte.

— Une vieille femme qui connaît chaque plante et sait fabriquer des remèdes pour guérir toutes les maladies; les blessures surtout, répondit Léna.

— Quelque sorcière et rebouteuse, comme il y en a encore trop dans nos campagnes, murmura M. Leberrier; pour être guéri par elles, il faut avoir un fameux tempérament; elles font souvent tout ce qu'il faudrait pour tuer leurs malades plutôt deux fois qu'une.

La mère Guibal s'avançait lentement, un peu courbée; quand elle fut devant la société, elle ne fit à personne l'effet de la vieille sorcière, un peu hâtivement annoncée par M. Leberrier. C'était une femme d'une soixantaine d'années, à la figure humble et douce, entourée de beaux cheveux blancs; elle était vêtue comme une ouvrière plutôt que comme une paysanne. Ce fut sans embarras qu'elle s'adressa à Mme Desay, après avoir fait un petit salut à la société.

— Benoîte m'a dit, Madame, que vous et vos enfants désiriez

visiter le Paradis ou plutôt ce qu'il en reste. Je suis toute à votre disposition. Ma maîtresse m'a chargée de garder les ruines parce qu'elle ne veut point les voir envahies par des coureurs ou des vagabonds ; mais les gens « comme il faut » peuvent s'y promener à leur aise. La petite m'a dit combien vous aviez été bons pour elle; je me ferai un plaisir de vous guider moi-même, et de vous indiquer quelques plantes qui ne se trouvent pas dans le pays, puisque ce sont des plantes que vous cherchez.

Ceci fut dit sur un ton poli et modeste qui plut à tout le monde. Les offres de la mère Guibal furent acceptées, et, après avoir laissé Simon, avec ordre d'attendre à cet endroit, on se mit en devoir de la suivre. Le domaine avait dû être considérable. Outre le château, les jardins et le parc, il y avait toute une ferme avec ses dépendances, abandonnée et dévastée comme le reste.

— On s'est bien battu ici, dit la mère Guibal ; il n'y a pas un endroit où le sang n'ait coulé, sang français et sang allemand ; il en est tombé de jeunes et vigoureux garçons au milieu de ces champs-là ! L'horrible chose que la guerre ! On leur a élevé un monument, là, tout près, à Champigny. On y vient comme en pèlerinage. Ma maîtresse avait d'abord voulu faire ici une ambulance, qu'elle aurait convertie en hôpital pour les militaires, plus tard ; mais quand les Allemands ont eu repris les positions, elle n'a plus voulu ; songez, son fils unique avait été tué ! Plus tard, les autorités n'ont pas accepté, pour toutes sortes de raisons. Alors, elle est partie et m'a laissée ici, comme je vous le disais.

— Tout est en friche, tout est revenu à l'état sauvage, dit Mme Desay. Quelle belle végétation ! On ne dirait pas que la mort a passé par là.

— La cendre humaine est un puissant engrais, dit M. Leberrier, et on ne voit que des fleurs, des plantes vigoureuses où le sang a coulé ! C'est ainsi dans la nature, la vie cache la mort.

— Madame aimait les fleurs et elle connaissait leurs propriétés. C'est comme cela que j'ai appris aussi à les connaître. J'en cherche, j'en cueille, j'en conserve, et je puis quelquefois soulager les pauvres gens d'ici, sans grande peine. Benoîte m'en fournit, parce que je suis souvent trop fatiguée pour faire la cueillette; mais j'ai là-bas, derrière ma petite maison, un grand champ où j'ai réuni celles qui me sont le plus nécessaires. Je ne suis guère savante; alors j'ai fait ça tout simplement; j'ai fait pousser à côté les unes des autres celles qui servent dans les mêmes maladies. Voulez-vous venir dans ce champ? Les jeunes demoiselles et les petits messieurs pourront prendre ce qu'ils voudront, puisqu'ils sont venus ici pour cueillir des plantes.

— Nous vous sommes très reconnaissants de votre offre, répondit Mme Desay, avec empressement; vous paraissez une excellente femme, et on est toujours heureux quand on rencontre des gens obligeants et aimables.

La mère Guibal sourit; l'habitude de rencontrer journellement de pauvres êtres aux prises avec les souffrances humaines avait communiqué à son visage une expression de douceur et de pitié qui éveillait la sympathie. Après dix minutes de marche, le long d'une des sombres avenues, on arriva à l'humble maisonnette de la vieille gardienne; un véritable jardin, vaste et bien entretenu, s'étendait sur la droite; une simple palissade l'entourait. « Entrez, » dit-elle.

Le terrain était divisé en plates-bandes, toutes couvertes de plantes bien venues, dont un grand nombre en pleine floraison.

— Mais ceci est disposé avec beaucoup d'intelligence et avec un véritable sens pratique, dit M. Leberrier, qui avait rapidement saisi l'ensemble du jardin. Puisque vous nous y invitez, nous allons le parcourir; ne pourriez-vous pas, vous-même, dire à ces enfants quel emploi vous faites de ces plantes?

— Oh! cela, bien volontiers, dit la mère Guibal; ce ne sera ni long ni difficile. Ici, d'abord, voici les plantes bonnes pour le rhume, les fluxions de poitrine; ah! dame, les travailleurs ont vite fait d'attraper un chaud et froid; ceci est la mauve, une bonne petite plante qui pousse partout. Au commencement de l'été, je cueille les feuilles et les fleurs et je les fais sécher; puis je les enferme dans des caisses en bois et je n'en ai jamais assez. Pour 1 litre d'eau, 15 grammes suffisent. Là-bas, voici la guimauve avec ses fleurs blanches; elle est encore plus énergique que sa sœur, la mauve. Les racines bouillies

On arriva à l'humble maisonnette de la vieille gardienne.

donnent un adoucissant et un émollient excellents. Ce sont là de bonnes petites plantes qui ne font point d'embarras.

Madame Desay. — A la bonne heure, Madame Guibal, vous avez la note juste. Je ne veux point faire le procès à la mauve, mais on a beaucoup exagéré ses qualités, au moins ai-je lu cela souvent.

Monsieur Leberrier. — Je crois bien! les anciens lui prêtaient une puissance extraordinaire; elle guérissait tous les maux et même

uimauve. — a, rameau florifère; b, racine; c, pistil; d, anthère; e. f, calice; g, h. i. k, fruit.

Mauve sauvage. — a, tige; b, fleur; c, fruit; d, graine (grossie).

donnait de l'esprit à ceux qui n'en avaient pas. Ils étaient mieux inspirés en la faisant paraître sur leurs tables où ils la mangeaient en guise d'épinards; elle est, en effet, très rafraîchissante, mais c'était encore là un aliment fade et de médiocre régal. Ils semaient, enfin, les tombes de leurs morts de fleurs de mauve sauvage, comme une nourriture chère aux mânes.

Andrée. — Je croyais qu'aujourd'hui encore la mauve était considérée comme un aliment, par certains peuples.

Monsieur Leberrier. — Oui, mais ce n'est pas la petite mauve, c'est un bel arbuste dont on cultive plusieurs espèces dans les jardins, sous le nom d'*althéa* ou de mauve en arbre et qui se nomme ketmie.

La ketmie gombo fournit aux indigènes de l'Amérique méridionale un aliment apprécié; ils mangent les graines qui sont très mucilagineuses. Une autre espèce, qui croît en Guinée, a les propriétés de notre oseille. Quant à la Guimauve...

PAUL. — C'est une bonne personne de plante qui fournit la pâte de guimauve.

LÉNA. — C'est cela, on la cueille toute faite, aux arbres.

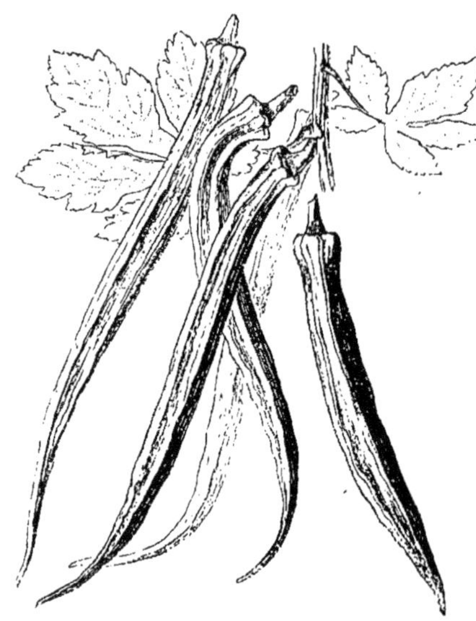
Ketmie gombo.

MONSIEUR LEBERRIER. — Encore une de ces erreurs populaires si répandues. Dans la pâte de guimauve, il n'entre point de guimauve. On fabrique ce bonbon assez inutile, avec de la gomme, du sucre et des blancs d'œuf.

MADAME DESAY. — On peut ajouter que les racines de guimauve sont excellentes pour les petits enfants, tourmentés par leur dentition. Mes enfants n'ont jamais eu d'autre hochet.

JEAN, *qui a pris des notes pendant cette conversation.* — Est-ce que je me trompe, Monsieur Leberrier, en mettant le *coton* dans les Malvacées?

MONSIEUR LEBERRIER. — Non, Monsieur le savant, vous ne vous trompez pas; et je vous étonnerai peut-être en vous disant qu'on a découvert dans l'écorce du cotonnier des propriétés toxiques capables de causer la mort.

LÉNA. — Le cotonnier! je me figurais un arbre mignon et doux; voyez-vous cela?

LA MÈRE GUIBAL. — Excusez-moi, Madame et Messieurs, mais je

n'ose rien vous dire ; je ne suis qu'une pauvre ignorante et je vois que vous en savez tous cent fois plus que moi, petits et grands.

Madame Desay. — Nous étudions, Madame, et nous sommes certains d'apprendre quelque chose avec vous.

La mère Guibal. — Puisque vous le voulez, continuons; voici, à côté des mauves, la violette; je n'en ai là que quelques plants. Benoîte en ramasse pour moi dans les champs et les bois. Avec les fleurs, on fait du thé bon pour les maladies de poitrine; c'est un remède peu énergique.

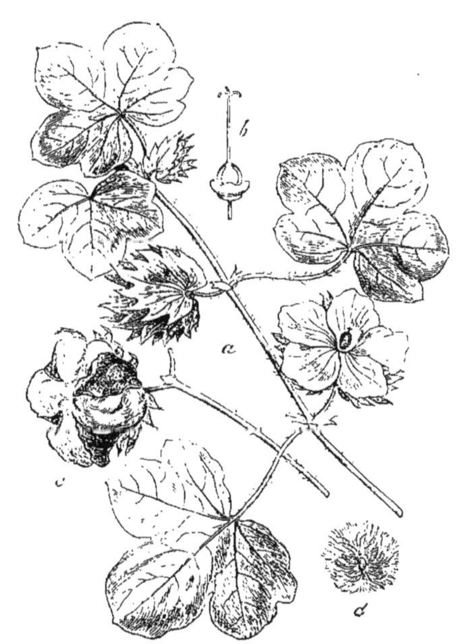

Coton. — a, rameau florifère et fructifère; b, pistil et calice; c, fruit; d, graine entourée de duvet.

Monsieur Leberrier. — La violette odorante surtout est une bonne plante, dans le rhume et les fièvres éruptives ; mais elle est comme le coton, elle renferme et cache beaucoup d'énergie sous son aspect timide et doux; dans sa racine, on a reconnu un principe analogue à celui de l'ipécacuanha, et on l'emploie comme vomitif.

La mère Guibal. — Cette jolie fleur bleue qui ressemble à une étoile et dont les feuilles sont toutes hérissées de poils rudes, c'est la bourrache. Les abeilles en sont friandes; regardez comme il en voltige autour des fleurs. J'en donne pour les maladies de poitrine ou les rhumes, et puis aussi, quand il s'agit d'exciter la transpiration.

Andrée. — Je me souviens que lorsque j'ai eu la rougeole, on m'en a fait prendre, plusieurs jours.

Monsieur Leberrier. — Sans doute, c'est un sudorifique peut-être exagéré, mais souvent employé. Nous savons que c'est le type des *Borraginées*, et voici, à côté, la *pulmonaire*, qui a les mêmes qualités, c'est-à-dire que c'est un adoucissant et un pectoral.

La mère Guibal. — Regardez un peu les feuilles! Elles sont toutes tachées de blanc, eh bien, c'est la signature de la plante, cela signifie qu'elle guérit les poumons malades et couverts de taches semblables.

Madame Desay, *riant*. — Par exemple! voilà ce qui peut s'appeler un préjugé.

La mère Guibal. — Soit, riez, Mesdames, mais j'en suis pour ce que j'ai dit.

Andrée. — N'est-ce pas la grande consoude, cette plante aux

Bourrache. Pulmonaire.

feuilles velues, aux fleurs rougeâtres en cymes, qui s'élève près de ce petit ruisseau?

Monsieur Leberrier. — Oui; encore une plante qui a bien perdu de sa célébrité; autrefois elle guérissait tous les maux. C'était le vulnéraire par excellence; elle arrêtait les hémorrhagies; son nom même lui venait de ses prétendues vertus. Consoude, qui *consolide*: on prétendait qu'elle consolidait les fractures, les veines rompues, etc. Il lui a fallu en rabattre; aujourd'hui, on emploie sa racine comme émollient et légère astringent.

Benoîte. — Ça, c'est les *oreilles d'âne*, pas vrai, mère Guibal?

LA MÈRE GUIBAL. — Oui : dans nos campagnes, nous l'appelons ainsi à cause de ses feuilles quand elles ne sont pas encore tout à fait développées. Maintenant, si vous voulez connaître une plante bien intéressante, et qui est un vrai médecin, la voilà : elle se nomme l'arnica.

PAUL. — Je la connais celle-là : on m'en a mis souvent des compresses quand je me faisais des bosses à la tête ; et à Serge aussi ; n'est-ce pas, Madame Desay ?

Grande consoude.

LA MÈRE GUIBAL. — C'est bien cela ; elle est bonne pour le sang, elle empêche qu'il s'amasse en un dépôt quand on a fait une chute ou qu'on a reçu une blessure. J'en ai guéri des gens avec cela !

MONSIEUR LEBERRIER. — On lui reconnaît, en effet, des propriétés excitantes, mais on a encore fort exagéré son mérite. Maintenant, précisons : l'arnica, en teinture, est un médicament pour l'usage externe ; il ne faudrait pas l'employer en breuvage sans mesure, car elle agit alors comme un poison violent. La proportion est celle-ci : un gramme de fleurs sèches pour un quart de litre d'eau.

MADAME DESAY. — N'est-ce pas employé comme du tabac par les Suisses et les Vosgiens ?

MONSIEUR LEBERRIER. — Oui, l'arnica possède des vertus sternutatoires ; les montagnards réduisent les fleurs en poudre et s'en servent ainsi que de tabac à priser.

LÉNA. — Vous disiez, Madame, que l'arnica est un puissant remède contre les blessures ?

LA MÈRE GUIBAL. — Oui, Mademoiselle.

LÉNA. — Mais quelles blessures? Sont-ce les blessures qu'on se fait à la guerre?

LA MÈRE GUIBAL, *secouant la tête d'un air capable.* — Pour cela, non, Mademoiselle, l'arnica ne serait pas suffisant, mais...

La vieille femme s'interrompit brusquement.

LÉNA. — Mais?... pourquoi ne continuez-vous pas?

LA MÈRE GUIBAL, *très grave.* — Pour les blessures, il y a autre chose.

BENOÎTE. — Ah! oui, mais ça, c'est un secret, et la mère Guibal ne veut point le dire. Même que, le mois dernier, les bonnes sœurs de Nogent sont venues pour le lui demander; elle a refusé.

LA MÈRE GUIBAL. — Tu jases comme une pie, Benoîte; au moins, si tu causes, dis toute la vérité. J'ai point voulu donner mon secret aux bonnes sœurs, mais je leur ai donné une fiole tout entière du remède, et elles m'ont envoyé un beau chapelet pour me remercier.

LÉNA. — Et vous en avez toujours ici, de ce remède?

LA MÈRE GUIBAL. — Ordinairement, oui, mais ma provision est épuisée, et je suis en train d'en fabriquer pour la saison prochaine.

PAUL, *étourdiment, à Léna.* — C'est encore quelque remède de bonne-femme.

LA MÈRE GUIBAL, *qui a entendu, un peu blessée.* — C'est cela, moquez-vous des bonnes femmes, mon jeune Monsieur! Il y en a des plus savants que vous qui n'ait point fait fi des herbes de la mère Guibal, et ils ne s'en sont pas mal trouvés.

MADAME DESAY. — C'est un petit Russe, il ne connaît pas la valeur des termes français; excusez-le, Madame, et croyez que nous rendons justice à vos connaissances et à votre dévoûment.

LA MÈRE GUIBAL. — A la bonne heure! Voilà qui me fait plaisir. Avant de venir vous rafraîchir, voulez-vous donner un coup d'œil à toutes les plantes aromatiques? Bien sûr, que Monsieur trouvera de belles choses à causer dessus, à ses enfants.

ANDRÉE. — Il y avait encore bien des *fleurs composées* à regarder.

MADAME DESAY. — Certes, mais tu sembles oublier que le soir doit nous ramener à Paris.

Monsieur Leberrier. — Pour être agréable à Mademoiselle Andrée, nous dirons que ces plantes ont, toutes, deux propriétés : des feuilles amères, des graines huileuses. Dans ces graines, il se rencontre une résine ; quand le principe amer domine, les plantes sont toniques et fébrifuges ; quand c'est la résine, elles sont plus stimulantes, et nous les voyons vermifuges.

La mère Guibal. — C'est bien cela ! comme la Tanaisie, cette jolie plante aux fleurs d'or, avec ses feuilles découpées et comme frisées.

Monsieur Leberrier. — Comme l'absinthe, qui renferme encore d'autres qualités ; ou elles sont emménagogues comme la millefeuille, les armoises ; ou sternutatoires.

Andrée. — Voici la camomille ; a-t-on exagéré ses qualités à celle-là ?

Artichaut. — *a*, plant ; *b*, fleur, *c*, fruit.

Monsieur Leberrier. Non ; elle est amère, résineuse et camphrée. Elle est à la fois fébrifuge, digestive et apéritive. Le thé de camomille est excellent contre les embarras gastriques.

Andrée. — L'armoise, l'artichaut, les laitues qui ne sont pas ici, sont encore excellents pour la santé, n'est-ce pas ?

Léna. — Comment, l'artichaut ?

Madame Desay. — Un chardon métamorphosé par la culture ; c'est un aliment sain, d'une digestion facile, et doué d'une légère amertume. Je sais que la médecine l'emploie contre les rhumatismes et la fièvre. C'est un mets excellent pour les convalescents.

Léna. — Et la laitue ?

Madame Desay. — Il nous faudrait rester longtemps sur cette utile tribu des chicoracées qui, outre un aliment, fournit des remèdes faciles et non discutés. Le pissenlit est un antiscorbutique aisé à se procurer, et bien des pauvres gens en font des salades.

LA MÈRE GUIBAL. — Quant à la laitue, bien que je n'en aie point planté ici, je n'ignore point qu'elle fait dormir et qu'elle rafraîchit.

MONSIEUR LEBERRIER. — Le suc blanc que vous voyez abondant au moment de la floraison dans la laitue, la scarole ou la chicorée, fournit à la médecine un calmant qui n'est pas contesté; on l'emploie comme narcotique, et le sommeil qu'il procure n'est pas agité comme celui que cause l'opium.

PAUL. — Ah! c'est un calmant; alors, Serge, tu ne risqueras pas d'en manger à tous tes repas, toi qui as constamment tes nerfs!

SERGE. — Voilà que tu reviens à la conversation; que cueillais-tu

Chicorée-Scarole.

Laitue romaine.

donc, tout à l'heure, avec tant d'ardeur? On aurait pensé que tu craignais d'être vu.

PAUL, *très rouge*. — C'était.....

LA MÈRE GUIBAL. — Eh! Seigneur! la moitié de mes arnicas n'ont plus de tête!

MADAME DESAY, *très contrariée*. — Comment, Paul, est-ce que ce serait vous? Vous vous seriez permis?...

ANDRÉE *a parlé tout bas à Paul*. — Oui, c'est lui, mais il faut l'excuser, le pauvre garçon; en entendant dire que c'était bon pour les blessures, il en a arraché pour les envoyer au camp russe, où son père se bat.

SERGE, *qui a été lui secouer la main*. — C'est bien, cela.

JEAN, *très bien*. — On va payer à Madame le tort que tu as fait à son jardin.

La mère Guibal. — Me payer! je ne veux pas, pour une douzaine de fleurs! Au premier moment, ça m'avait surprise, mais j'ai fait ma récolte, et mon élixir n'en souffrira pas. Le jeune Monsieur n'a point réfléchi ; son intention était bonne.

Léna. — Et les plantes aromatiques dont vous parliez, où sont-elles?

Andrée. — Les voici, toutes, dans cette plate-bande ; ne reconnais-tu pas les Labiées?

Léna. — Je n'en ai encore vu que sur des gravures ; il m'est bien permis de ne pas les reconnaître.

Jean. — J'ai lu que cette famille était une des plus estimables du règne végétal ; non seulement elle renferme beaucoup de plantes médicinales, mais pas une n'est redoutable : est-ce exact, Monsieur Leberrier?

Monsieur Leberrier. — Très exact. Les labiées sont des plantes fort utiles à connaître et fort agréables à recueillir, à cause du parfum sain et pénétrant qu'elles exhalent, et qui est dû au camphre ou à des huiles particulières qu'elles renferment.

Andrée. — Elles sont faciles à reconnaître avec leurs fleurs en lèvres, et puis, elles ont toujours deux ou quatre étamines.

La mère Guibal. — Tout cela est vrai ; le baume et la sauge sont des remèdes excellents, la sauge surtout.

Monsieur Leberrier. — Ah! ma bonne dame, nous ne serons pas encore du même avis sur cela : d'abord ce que vous appelez le baume, je vois que c'est l'origan, une sorte de menthe qui croît dans les prés et les bois. La menthe poivrée, aux feuilles longues et minces, lui est de beaucoup préférable.

La mère Guibal. — En voilà aussi ; je la réserve pour fabriquer, avec de l'alcool, une eau qui est excellente dans les dérangements d'estomac.

Monsieur Leberrier. — Très bien cela ; mais nous aurions pu dire, pour tout simplifier, que les labiées sont avantageusement divisées en labiées aromatiques, camphrées et amères. Les premières renferment une huile très volatile qui leur est particulière comme cette mélisse; sentez son odeur de citron : plante précieuse qui stimule les nerfs, accélère la circulation du sang et facilite les digestions.

La mère Guibal. — Oh! pour celle-là, je m'en tiens à l'eau de mélisse des Carmes. Les bons religieux savent encore mieux leur affaire que moi.

Madame Desay. — Mais je crois que dans cette eau très efficace en effet contre les maux de nerfs, il entre toute autre chose que la mélisse.

Paul. — Alors c'est comme la pâte de guimauve.

Monsieur Leberrier. — L'eau des Carmes peut être appelée le rendez-vous de toutes les plantes aromatiques, stomachiques, stimulantes, etc., etc., thym, romarin, lavande, cannelle, anis, coriandre, mélisse, sauge, majorlaine, muscade, essence de citron, angélique, que sais-je! Toutes ces productions bienfaisantes de la nature ont formé là une association dont les nerfs et les estomacs des pauvres mortels recueillent le bénéfice. Mais il se peut, madame Guibal, qu'on n'ait pas un flacon de cette première eau, alors on fait du thé avec la fleur de la mélisse, c'est ce que je voulais dire.

Léna. — Et les labiées camphrées, quelles sont-elles?

Jean. — Voilà Léna qui mord joliment à la botanique, elle ne laisse pas perdre un mot.

Monsieur Leberrier. — Le type le plus complet est la menthe poivrée. Elle rend autant de services comme remède qu'elle procure de plaisir comme parfum.

Paul. — Certainement; j'aime les pastilles de menthe, à cause du froid qu'elles laissent dans la bouche.

Monsieur Leberrier. — C'est là un effet propre au camphre. Nous avons parlé de *l'origan*, le baume des campagnes; voici le thym. Longtemps on l'a employé comme condiment dans les cuisines, mais aujourd'hui le thym est passé au premier rang; on en extrait l'acide thymique, qui en fait un désinfectant énergique, cent fois plus agréable que le phénol.

Jean. — Mais il en faut cueillir beaucoup, alors.

Monsieur Leberrier. — Il pousse naturellement dans le Midi.

La mère Guibal. — Tenez, Monsieur, voici encore une plante bien bonne pour les vieillards qui toussent!

Léna. — Ah! je la connais, c'est le lierre terrestre.

Benoite. — Ça, c'est l'herbe de saint Jean! J'en ramasse assez pour savoir son nom.

Monsieur Leberrier. — Vous avez raison toutes deux; le lierre terrestre, ainsi nommé parce qu'il rampe et s'étend le long des haies, a en effet une action sur les organes respiratoires, et donne un thé recommandé dans les maladies de poitrine. L'hysope jouit des mêmes propriétés.

Madame Desay. — Et la sauge? J'avoue que je l'ai entendu beaucoup vanter. Moi-même, je l'ai employée souvent, pour en faire des bains à Jean, qui a été très délicat dans sa première enfance.

Lierre terrestre. — a, plant; b, fleur; c, fleur ouverte; d, calice et pistil.

Monsieur Leberrier. — Je ne prétends point lui faire son procès; mais les anciens lui attribuaient une foule de vertus qu'elle ne possède pas. Son nom de *salvia* rappelle la haute idée qu'ils en avaient. Aujourd'hui elle agit comme la menthe, à un moindre degré. Son usage en bains est excellent; avec ses feuilles sèches on fait une tisane; avec ses sommités fleuries, un vin fortifiant.

La mère Guibal. — Elle cicatrise aussi fort bien les plaies de mauvaise nature. Enfin, ça n'est pas pour rien qu'on lui a fait une si touchante histoire.

Andrée. — Vous savez une histoire sur la sauge?

La mère Guibal. — Et je suis toute prête à vous la raconter.

pendant que vous viendrez vous désaltérer avec le lait de mes chèvres et quelques fruits.

Quelques instants après, les jeunes touristes étaient installés dans une grande salle, un peu basse, mais luisante de propreté, au milieu de laquelle une table de bois blanc, couverte de plats rustiques remplis des fruits de la saison, les attendait. La porte et les fenêtres étaient ornées de festons naturels formés par la vigne vierge et la clématite, qui s'y suspendaient en capricieuses guirlandes.

Sauge. — *a*, plant; *b*, fleur; *c*, corolle ouverte.

— C'est une charmante retraite, que celle où vous vivez, lui dit Mme Desay.

— Certes, et je ne la changerais pas pour une plus riche.

LÉNA. — Et votre histoire, Madame?

LA MÈRE GUIBAL. — Eh bien, la voici. Elle est tout à l'honneur de notre sauge : « Quand les rois Mages furent venus d'Orient, conduits par une étoile mystérieuse pour adorer l'enfant Jésus, un méchant roi du temps, nommé Hérode, qui régnait en Judée, crut que cet Enfant auquel on venait, de si loin, pour rendre des honneurs, était un roi qui serait plus tard capable de le détrôner; alors il résolut de le tuer et, dans la crainte qu'il lui échappât, il ordonna la mort de tous les enfants au-dessous de deux ans. Ce fut le massacre des Innocents. Jugez s'il en coula des larmes dans la Judée, en ces jours-là! Un ange était venu, pendant la nuit, avertir saint Joseph du mauvais dessein d'Hérode, et la Sainte Famille se mit en route bien vite pour l'Égypte. Arrivés, un soir, auprès d'un petit village, ils allaient chercher un abri pour y passer la nuit, quand, dans la plaine, ils aperçurent une troupe de soldats envoyés à leur poursuite. La Vierge, éperdue, s'enfuit vers les montagnes pendant que saint Joseph cherchait dans la plaine un asile, et était décidé, par tous les moyens, à empêcher les soldats de passer. Alors la sainte Vierge aperçoit une rose épanouie :

— Belle fleur, dit-elle, ouvre tes pétales, élargis tes feuilles, pour cacher mon fils que les soldats d'Hérode veulent tuer.

— Folle, répondit la rose orgueilleuse, penses-tu que je veuille m'exposer à être effeuillée, brisée par des soldats furieux? Va, poursuis ta route, et adresse-toi à cet œillet que je vois dans la vallée.

— Marie courut à l'œillet.

— Bel œillet, dit-elle, élargis tes pétales, ouvre tes feuilles pour cacher mon fils qu'on veut tuer.

— Folle, réplique l'œillet, laisse-moi fleurir en paix ; je ne veux point être brisé par les soldats ; va, poursuis ta route, ou adresse-toi à cette pauvre sauge qui fleurit sur ce rocher.

Marie courut au rocher, auprès de la petite fleur, emblème de la pauvreté.

— Sauge, bonne petite saugette, lui dit-elle, élargis tes pétales, ouvre tes feuilles, cache mon fils que les soldats veulent tuer.

La sauge eut pitié de la pauvre mère, elle s'épanouit tellement, ouvrit si bien ses feuilles que la sainte Vierge et l'enfant Jésus purent s'y cacher et échapper ainsi aux recherches des soldats.

Quand tout danger fut passé et que les soldats eurent disparu, la sainte Vierge abandonna son asile, et, s'adressant à la petite fleur : « Bonne sauge, bonne petite saugette, fleur des pauvres, je te bénis. »

Et la sauge, plante bénie par la sainte Vierge, fut douée de toutes sortes de propriétés bienfaisantes.

ANDRÉE. — Oh! la touchante légende et quel dommage que chaque plante n'ait pas ainsi la sienne!

MADAME DESAY. — Beaucoup ont la leur, et nous savons que les anciens avaient imaginé de charmantes fables sur le narcisse, la jacinthe, le laurier, et bien d'autres. Mais la légende n'est pas l'histoire, et il ne faut pas, comme l'a dit M. Leberrier, s'exagérer les qualités de la sauge, grande ou petite. Nous n'en remercions pas moins

Mme Guibal de son charmant et naïf récit. Il est maintenant, mes amis, temps de songer au retour ; prenons congé de notre aimable guide et préparons-nous à reprendre notre route.

Les visages s'étaient allongés. Les leçons en plein air, données un peu par tout le monde, avaient paru trop courtes, et Jean fit très bien observer qu'un grand nombre de plantes avaient été oubliées.

LÉNA. — Eh bien, puisque nous savons le chemin maintenant, nous reviendrons ; certainement que nous avons encore beaucoup à voir.

Un bruit confus se fit entendre en ce moment, tout près de la maison ; on entendait des voix, des pas, des plaintes. Benoîte, qui était sortie pour voir, rentra aussitôt.

— Ah ! mère Guibal, dit-elle, mère Guibal, il vient d'arriver un grand malheur. Le pauvre Sylvestre qui élaguait un arbre, là tout près, est tombé, et voici qu'il est comme mort.

— Où est-il? où est-il ?

— Je crois qu'on l'amène ici, dit Andrée. En effet, le bûcheron était apporté par deux de ses camarades. Il était pâle, inerte, ses lèvres seules s'agitaient sous l'influence d'un tremblement nerveux.

Il ne porte aucune trace de blessure, dit Mme Desay, pendant que M. Leberrier, qui avait aidé à étendre l'homme dans l'unique fauteuil de la petite salle, lui remuait les membres pour voir s'il n'avait rien de cassé, et il écoutait les battements de son cœur.

— Il vaudrait mieux qu'il se fût blessé extérieurement, dit-il ; dans ces cas, on a toujours à craindre les lésions internes ; cet homme est en proie à une syncope des plus intenses, il faut, avant tout, le ranimer.

La mère Guibal accourait avec un flacon renfermant une liqueur verdâtre, elle en versa quelques gouttes dans un verre d'eau et l'introduisit dans la bouche du blessé. Ensuite elle lui en frotta les mains et les tempes. L'homme tressaillit au contact du liquide ; les assistants poussèrent un soupir de soulagement ; au moins il n'était pas mort.

— Qu'est-ce que cela ? demanda M. Leberrier.

— Un remède énergique et excellent que je fabrique moi-même, dit la mère Guibal; la recette m'en a été donnée par ma maîtresse, et je m'en suis servie bien souvent pour nos blessés.

M. Leberrier avait pris le flacon et aspirait le contenu; il le goûta, l'examina.

— C'est du vulnéraire suisse, dit-il; ce que l'on appelle encore *Falltrank*, de deux mots allemands : chute et boisson. Vous fabriquez cela avec de la bugle, de la bétoine, de la pervenche, de la verveine, de l'armoise, de la menthe, de la véronique, de l'arnica, du tussilage.

— Mais alors c'est le thé suisse, dit Mme Desay.

— Tout simplement, dit M. Leberrier; je ne nie pas l'excellence de ce breuvage, qui prévient les accidents qui pourraient survenir à la suite de chute; mais dans le cas de ce pauvre homme, j'estime qu'un moyen plus énergique est nécessaire; de pâle qu'il était, le voici qui rougit sensiblement, il a peut-être reçu un coup à la tête, et tout fait craindre une congestion. Haussez-lui la tête, et préparez-moi des bandes de toile; vite, vite.

Et monsieur Leberrier, sans plus de façon, leva la manche gauche de la chemise du pauvre Sylvestre, et, sortant une trousse qu'il portait toujours sur lui, il prit une lancette, et pratiqua une saignée au bras inerte du bûcheron. L'effet fut merveilleux : en même temps que le sang jaillit, la poitrine de l'homme se souleva faiblement d'abord, plus fortement ensuite; enfin il poussa un soupir et entr'ouvrit les yeux.

— Il était temps, dit le marin ; maintenant tout danger est conjuré pour le moment ; voyez-vous, continua-t-il, tout en bandant habilement le bras du blessé, dans ces cas de chute grave, il faut autant que possible appeler le médecin. Toutes vos boissons ne sont que d'un effet secondaire et insuffisant.

L'homme était maintenant revenu à lui, il regardait avec des yeux étonnés et vagues.

— A présent, continua M. Leberrier, du repos dans un endroit frais ; des compresses d'eau fraîche sur la tête, des boissons sudorifiques, et vous pouvez attendre la venue du docteur.

Et, posant une pièce d'argent près du malade :

— Voici pour payer les premiers frais, dit-il en souriant. J'espère, mon brave, que vous avez eu plus de peur que de mal.

Les enfants suivirent l'exemple de leur compagnon, comme bien on pense. Andrée admirait le sang-froid et la décision du jeune officier; Léna s'était approchée de la mère Guibal.

— Et cette liqueur si bonne pour les blessures s'appelle *Falltrank?* lui demanda-t-elle.

— Je ne sais pas le nom, Mademoiselle; nous appelons ça le *vin des blessés;* mais pour les coups de feu, nous avons encore autre chose: les petits soldats l'appellent l'eau à fusil. C'est encore un bien bon remède, et je suis en train d'en fabriquer.

— En vendez-vous? demanda encore Léna, en baissant la voix.

— J'en donne, ma chère demoiselle; mais, je vous le dis, pour le moment je suis à court; et je travaille à renouveler toutes mes provisions. Au moment de la chasse, je trouve souvent à utiliser ces deux breuvages. Dans une semaine, toute ma pharmacie sera remontée, et si, comme je l'espère, vous revenez de ce côté, je vous montrerai tout cela.

Léna assura qu'elle reviendrait, et madame Desay ayant rappelé qu'il était depuis longtemps l'heure de partir, on prit congé de madame Guibal; elle se préparait à veiller le pauvre Sylvestre, et à le garder même jusqu'à l'arrivée du médecin que Benoîte avait couru chercher, après les paroles de M. Leberrier.

— Quelle bonne journée! dit Andrée, et comme, à chaque instant de la vie, on trouve à appliquer ce qu'on sait! Sans M. Leberrier et cette excellente femme, ce malheureux pouvait mourir.

CHAPITRE XII

CHASSE AUX CHAMPIGNONS

Les jours qui suivirent, nos jeunes étudiants, y compris Paul, mirent le plus grand ordre dans les tableaux qu'ils avaient tous recopiés avec soin, et commencèrent chacun un herbier, avec les plantes recueillies dans leur dernière excursion. On décida, au lieu de retourner à Champigny, comme Léna le voulait absolument, de faire une promenade en forêt, du côté de Brunoy. Mme Desay, qui ne perdait aucune occasion d'instruire et d'intéresser ses enfants et ses élèves, ne manqua pas, en traversant le charmant village de Brunoy, d'en rappeler l'ancienne existence. On parlait déjà de lui sous le roi Dagobert, qui en fit don à l'abbaye de Saint-Denis; il appartint ensuite à la famille de Lannoy, puis au fameux auteur des *Maximes*, le duc de Larochefoucauld. Avant la révolution, on y voyait deux châteaux, détruits aujourd'hui, mais remplacés par une foule de gracieuses et élégantes villas.

— Il n'est pas étonnant que Brunoy ait été autant recherché, ajouta Mme Desay; son voisinage avec la forêt de Senart, dans laquelle nous entrons, n'est pas son moindre attrait. Brunoy était devenu le lieu de prédilection du comte de Provence, plus tard Louis XVIII : mais le dernier marquis de Brunoy a laissé de tristes souvenirs.

— Il a eu des malheurs ? demanda Léna.

— C'était un étrange personnage dont le cerveau ne devait pas, à mon avis, être bien sain. A dix ans, il frappa son précepteur d'un coup de couteau, parce que ce pauvre homme lui faisait une observation qui n'était pas de son goût. Le jour de son mariage, il quitta sa femme après la cérémonie religieuse et ne voulut jamais la revoir. Son père et sa mère moururent du chagrin que leur causaient tant d'extravagances, alors il leur fit des funérailles d'un faste ridicule. Parfois il conviait grands seigneurs, bourgeois, paysans, et pendant plusieurs jours c'étaient des fêtes, des festins, des folies. Après avoir mangé ainsi vingt millions, il disparut sans qu'on pût retrouver ses traces.

— Quelle existence funeste! dit M. Leberrier. J'ignorais ces détails, mais n'en est-il pas toujours ainsi quand on ne règle pas ses désirs et qu'on ne s'habitue pas à résister à ses fantaisies !

Paul. — Je suis sûr que Serge en ferait bien autant ; quand il veut une chose, il faut que cela se fasse quand même.

Madame Desay. — Si Paul n'était pas un étourdi, je lui en voudrais de comparer son frère à un homme qui fut le fléau des siens. La volonté n'est pas le caprice, et une volonté ferme bien dirigée est la meilleure chance de succès dans ce que l'on entreprend. Mais voici le rond-point de la forêt ; reprenez toute votre liberté, mes enfants.

Après une rapide moisson de bruyères aux grelots roses et de genêts, Andrée éleva la voix pour dire qu'on devrait profiter de cette promenade pour étudier les champignons.

— La saison n'est pas la plus propice, dit-elle, je sais bien que c'est le printemps ou l'automne ; mais nous rencontrerons bien encore quelques espèces qui nous apprendront à les reconnaître.

Léna fit une petite moue. Des plantes sans fleurs ! elle n'aimait pas beaucoup cela.

— Nous voici, si je ne me trompe, dit-elle, en pleine cryptogamie. Voyons donc, Andrée, ce que tu nous diras d'amusant sur ces bizarres plantes sans fleurs !

Andrée. — Sans fleurs, sans feuilles, sans tiges, sans racines proprement dites. Je dirai que les champignons sont surtout composés de tissu cellulaire, sans aucune trace de vaisseaux ; ils sont formés de filaments entre croisés entre eux dans tous les sens.

PAUL. — Ils ont l'air d'ombrelles, de chapeaux, de boules, d'éponges; voyez tous ceux que j'ai déjà ramassés.

MADAME DESAY. — Paul, ne portez pas les doigts à votre bouche et ne respirez pas ainsi ces champignons : ils sont presque tous vénéneux.

ANDRÉE. — Voulez-vous savoir le nom de leurs parties? Oui; eh bien, les voici; le support s'appelle stipe; il est quelquefois plein et charnu, quelquefois fibreux; une espèce de bourse l'enveloppe quand il est jeune, c'est le *volva*. Quant à sa tête, elle prend le nom de *chapeau*, quand elle est en forme d'ombrelle; de *capsule*, quand elle ressemble à une coupe creuse; de *massue* quand elle se renfle simplement.

Champignons.

JEAN. — Où sont les spores? Le sais-tu?

ANDRÉE. — Oui; sous le chapeau de celui que tu tiens, tu vois ces lamelles rosées, c'est l'*hymenium*; en les tranchant avec précaution dans le sens transversal, tu trouveras de petites cellules nommées *basides* qui supportent quatre petits sacs; chaque sac est une spore; quelquefois les spores sont enfermées dans une enveloppe nommée *sporange*.

JEAN. — Et qu'est-ce que je vais faire des spores?

ANDRÉE. — Mets-les sur du sable humide, ou sur des lames de verre, que tu placeras sous une cloche, dans une atmosphère tempérée. Au bout de quelques jours, chaque spore produira des filaments; ces filaments s'unissent, se croisent et forment le *mycelium*, ou blanc de champignon, qui ressemble à du feutre.

MADAME DESAY. — Le mycélium est une véritable plante souterraine qui se trouve sur les surfaces humides et obscures, telles que les caves; on le voit encore sur les tas de feuilles pourries, de débris de végétaux, où il enveloppe le pied des champignons qui ne sont autre chose que son fruit, et qui viennent à la lumière se former et grandir. Mais puisque vous voulez donner un coup d'œil à cette famille tantôt comestible, tantôt vénéneuse, il est bon de vous dire, d'abord, que vous devez repousser, dans vos cueillettes, toute espèce d'aspect repoussant, d'odeur désagréable, de dimension trop faible ou de consistance trop dure pour être alimentaire.

PAUL. — Est-ce vrai que tous les champignons, même ceux qu'on mange, renferment du poison ?

MADAME DESAY. — J'ai peine à croire cela.

MONSIEUR LEBERRIER. — Dans de récentes expériences, un savant a donné la mort à de petits mammifères en leur inoculant des sucs de champignons parfaitement comestibles; mais cela ne prouve pas qu'en passant par l'estomac ils eussent produit le même effet.

MADAME DESAY. — D'après ceci, la limite qui sépare les bons champignons des malfaisants me semble bien mal déterminée, et la chasse de ces savoureuses mais perfides plantes réclame un soin, une science et une prudence qui ne sont pas toujours l'apanage des jeunes gens.

LÉNA. — Ah! Madame, vous nous attaquez!

ANDRÉE. — Nous vous prouverons, maman, que nous sommes très prudents, en ne recueillant aucune espèce douteuse. Il me semble que nous devrions établir, d'abord, les principaux genres.

MONSIEUR LEBERRIER. — Voici justement un superbe agaric qui s'offre fort à point pour notre classification, il représente le type du genre le plus répandu, et nous réduirons à sept ceux de la famille des champignons, nous aurons ainsi : le genre Agaric, le genre Bolet ou Cèpe, le genre Hydne, le genre Chanterelle, le genre Helvelle, les Morilles et les Truffes. Celui que je tiens ici est l'Amanite oronge, il est comestible; son chapeau est d'une belle couleur *orangée* sans écailles et sans mouchetures. Remarquez bien ceci : il est presque plan, mais il a d'abord été convexe; il peut avoir de 8 à 12 centimètres de diamètre. Ses bords sont finement rayés, et ses lames *jaunes*. Notons encore qu'il est plein et muni d'une collerette également *jaune;* il peut se peler facilement. Celui-ci est précoce, car on ne le recueille guère qu'à l'automne. Vous noterez que je l'ai cueilli au pied d'un pin. Dans les bois plantés de ces arbres, on en trouve en quantité. Flairez-le : quelle bonne odeur! eh bien, sa saveur est encore plus exquise. C'est d'ailleurs le plus recherché.

SERGE. — C'est très bon les champignons et maintenant que j'ai examiné celui-ci, je vais vous en trouver d'autres; nous souperons avec, n'est-ce pas? Tenez, qu'est-ce que je disais? un, deux, trois, là tout près, et plus gros encore que le vôtre, monsieur Leberrier.

ANDRÉE. — Jetez cela, Serge! mais jetez donc : je vous dis que c'est du poison.

MONSIEUR LEBERRIER. — Oui, c'est la fausse oronge, et en effet, un poison terrible; et ce qui en fait le danger, c'est la facilité avec laquelle elle croît, vous le voyez du reste, aux côtés de la vraie. Mais ouvrons les yeux, observons, et nous ne nous y laisserons pas prendre.

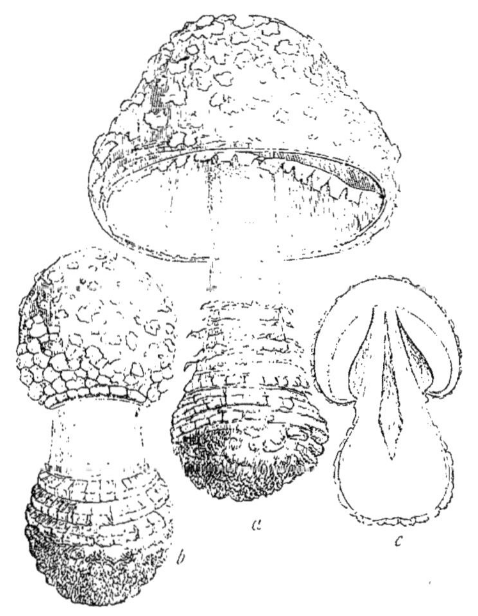

Fausse oronge. — *a*, *b*, champignons à deux degrés de développement; *c*, coupe verticale.

JEAN. — Mais c'est qu'il est superbe, ce traître-là, plus beau même que l'oronge vraie.

MONSIEUR LEBERRIER. — Son chapeau est *rouge* écarlate, plus foncé au centre, et presque toujours moucheté de verrues et d'écailles blanches; son stipe, qui est blanc et renflé en bulbe à la base, a une collerette large et *blanche*. Enfin, ses lames sont *blanches*; ce beau champignon, séduisant par ses couleurs et son élégance, s'élève parfois jusqu'à dix-huit centimètres. Le poison qu'il renferme est mortel, car il arrête les mouvements du cœur.

PAUL. — D'où viennent ces écailles? Elles ressemblent à des déchirures.

MONSIEUR LEBERRIER. — Mademoiselle Andrée n'a pas oublié, dans sa description générale du champignon, le volva, je pense? Le volva est une bourse blanche et membraneuse qui enveloppe le champignon au moment de sa formation; en sortant de terre, il brise cette enveloppe et ce sont ses débris qui ont formé les écailles, mais vous le voyez, au pied, où il a persisté sous forme de fourreau ou de sac. Le jeune champignon est aussi protégé par le *voile*, qu'il ne faut pas confondre et qui est une petite peau délicate étendue à la face inférieure du chapeau pour protéger les lames; quand le champignon grossit, le voile se déchire et ses débris forment la collerette ou l'anneau autour du pied. Quelquefois des filaments soyeux remplacent le voile et disparaissent sans laisser de trace; on appelle ce petit appareil protecteur : la cortine.

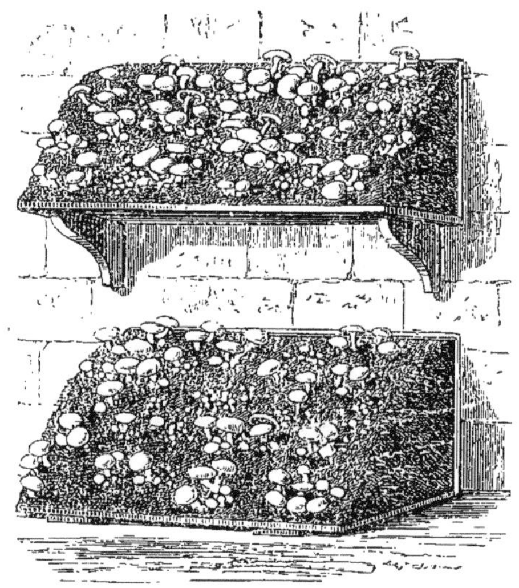
Meules à champignons.

Paul. — Le plus sage serait de s'abstenir de champignons.

Madame Desay. — D'abord, dans les grandes villes, on est à peu près en sécurité: deux espèces seules sont autorisées sur les marchés : l'agaric champêtre et la morille. Cette dernière ne renferme que des espèces inoffensives; quant au premier, c'est le champignon de couche, le seul qui soit cultivé.

Léna. — J'aurais plus de confiance dans des champignons que j'aurais semés moi-même.

Andrée. — Je ne crois pas qu'on dise semer des champignons.

Léna. — Planter, alors; mais comment s'y prend-on?

Andrée. — On creuse, dans un terrain sec et sablonneux exposé au midi ou au levant, une fosse profonde comme cela, — et Andrée indiquait une longueur de 2 décimètres, — on le remplit de fumier déjà ancien et on le dispose en butte, puis on le tasse, on le bat, on le foule;

ensuite on y dépose, de distance en distance, ce que maman appelait tout à l'heure la plante souterraine, c'est-à-dire du mycélium ou blanc de champignon, qu'on a pris sur une couche où la récolte a été faite.

Madame Desay. — Ajoute qu'on vend du mycélium chez tous les marchands grainiers.

Andrée. — On enterre le tout sous une couche de terreau, haute de 2 centimètres, puis on recouvre encore de fumier non consommé, et si on arrose de temps en temps, on ne tarde pas à récolter bientôt des champignons. On cueille tous les trois ou quatre jours, et une couche semblable dure plusieurs années.

Léna. — Ce n'est pas un ornement bien élégant pour un jardin.

Madame Desay. — Généralement, ceux qui font la culture en grand l'établissent dans les caves où ils viennent très facilement. C'est ainsi que les catacombes de Paris servent de champignonnières qui alimentent les Halles. On en envoie même en Touraine, en Normandie.

Monsieur Leberrier. — Paris, qui s'alimente aux dépens de tant de villes et de pays différents, envoie donc quelque chose à son tour. Je vous parlerai de deux autres *amanites* dont la distinction est non moins utile à faire que pour les oronges ; c'est l'*amanite ovoïde* et l'*amanite bulbeuse*. La première prend son nom de sa forme d'œuf ; lorsqu'elle est enfermée dans le volva, on dirait un œuf de poule. Le chapeau est lisse, blanc d'ivoire et le champignon entièrement blanc. Le voile en se déchirant y laisse des flocons légers et d'aspect farineux. Le pied est plein, cylindrique, quelquefois renflé à la base et toujours farineux dans le haut ; son volva est large. C'est une belle et délicate espèce, mais encore, il offre de la ressemblance avec l'*amanite bulbeuse* qui est un poison. Ce champignon croît dans les bois, où il est commun dans les endroits humides et ombragés ; aussi, à cause de son abondance, c'est bien lui qui produit le plus d'accidents ; une très petite quantité suffit pour donner la mort.

Léna. — Ce sont de vrais assassins que ces champignons ; fi ! la vilaine plante.

Monsieur Leberrier. — Le chapeau de cette amanite est plus ou moins cuivré, son pied est *toujours bulbeux* par le bas, et il s'élève à quinze, quelquefois à dix-huit centimètres. Mais voici ce qui le distingue de l'*amanite ovoïde*, le seul avec lequel on puisse le confondre : son chapeau n'est jamais d'un blanc satiné et pur, il est jaune citron, vert ou blanc jaunâtre, couvert d'écailles ou de verrues, sa peau ne se pèle pas facilement : ses lames, *au lieu d'être rosées*, sont blanches. Son odeur est forte et devient cadavérique à la longue ; il a une saveur âcre.

MADAME DESAY. — Je ne connais point l'amanite ovoïde ; je croyais que c'était avec l'agaric champêtre ou cultivé qu'on pouvait confondre l'amanite bulbeuse.

MONSIEUR LEBERRIER. — L'amanite ovoïde est surtout commune dans le midi, et votre observation est fort juste. L'agaric champêtre se trouve à l'état sauvage, un peu partout, dans les bois peu couverts, dans les pâturages, les jardins, tantôt solitaire, tantôt en groupes ; il n'a jamais de *volva*, n'est point *bulbeux* à la base et ses lames, d'abord roses, deviennent finalement noires ; son chapeau blanc ou jaunâtre ou roussâtre est satiné, sa saveur agréable, enfin il porte un anneau. C'est le plus répandu et celui dont on fait le plus fréquent usage. L'*agaric élevé*, appelé aussi *parasol*, *coulemelle*, qui mesure trente centimètres et qui est surtout commun dans le nord, vient dans les bois découverts et les terrains sablonneux ; est comestible ainsi que l'*agaric du peuplier* qui croît sur les vieilles souches des peupliers ou des saules et même sur leur tronc. Mais le premier a quelque ressemblance avec l'*agaric bouclier*, espèce vénéneuse qui croît solitaire, l'été et l'automne, dans les fossés desséchés ; cependant l'agaric bouclier est deux fois plus élevé que l'autre, et son odeur fort désagréable suffit pour le rendre suspect.

ANDRÉE. — Il me semble avoir appris qu'il y a sept espèces d'agarics vénéneuses en France, mais je serais bien embarrassée de me rappeler les noms.

MONSIEUR LEBERRIER. — Je vais vous y aider, bien que ce nombre me semble exagéré ; avançons dans les taillis, nous en trouverons certainement ; les mauvais individus recherchent l'ombre et fuient le soleil. Voyez, sur ce vieux frêne, n'est-ce pas l'*agaric annulaire* ?

JEAN. — Au moins, il aime la société; dix, quinze, vingt! Oh! il sent mauvais.

MONSIEUR LEBERRIER. — Méfions-nous-en, alors; d'abord, il a empoisonné les chiens sur lesquels on l'a expérimenté, ce n'est pas pour donner confiance aux personnes; cependant, dans le Vaucluse, on le mange après une prudente préparation. Voici, au pied du même arbre, l'*Agaric amer* ou *à tête blanche,* avec ses lames verdâtres, son chapeau qui se creuse au centre et sa couleur rougeâtre. Il sent bon et il y a des gens qui le mangent; mais il vaut mieux s'en dispenser.

Le troisième serait l'*Agaric brûlant,* nommé ainsi de sa saveur âcre et brûlante. Son chapeau a quatre ou cinq centimètres, est jaune pâle et terreux, son pied est velu à la base; il vient en touffes dans les prés humides ou sur les feuilles mortes. Ajoutons que, différent des deux autres, il est sans anneaux. Le quatrième est l'*Agaric caustique,* au chapeau d'un rouge vif avec des zones en cercle de ton plus foncé: il n'a que trois ou quatre centimètres de haut et son pied s'amincit à la base. Sa chair est ferme, épaisse, blanche et inspirerait confiance sans son suc jaunâtre, âcre et caustique. *L'agaric couleur de soufre,* qui exhale une odeur de chènevis gâté, prend sa place près de lui. Le cinquième est l'*Agaric meurtrier.*

PAUL. — Ils ont tous des noms de brigands, ces mauvais sujets-là.

MONSIEUR LEBERRIER. — L'*Agaric meurtrier* vient dans tous les bois, en automne; comme les précédents, d'abord en cône, il se creuse au centre; il est d'un brun roux. Ses lames inégales sont roussâtres ou bleuâtres. Sa tige est d'un blanc sale, haute de dix centimètres, amincie ou renflée à la base; sa chair est mince et jaunit à l'air, son suc est également âcre et brûlant.

ANDRÉE. — Et l'*Agaric de l'olivier,* n'est-il point aussi de la bande?

MONSIEUR LEBERRIER. — Vraiment si; et il est bien reconnaissable à sa couleur d'un ton orangé; il naît par touffes sur les racines de l'olivier, du charme, du laurier-tin, du lilas. Il a un grand chapeau contourné, ondulé, quelquefois infundibuliforme; ses lames sont inégales; sa tige courbée; sa chair orangée, dure, filandreuse et sa saveur fraîche et aigrelette. Il est fort vénéneux, c'est le seul champignon d'Europe qui soit phosphorescent dans la nuit ; au moment de sa pleine végétation, ses lames jettent une lueur d'un blanc d'or. Enfin le septième est l'*Agaric styptique* ou *oreille d'homme*. Son chapeau, avec sa forme oblongue et ses bords roulés, rappelle, en effet, une oreille humaine. Il croît sur les vieux troncs d'arbres, soit de chêne, de noyer, de saule, de hêtre ; son pied est court, et il a une longueur de deux ou trois centimètres ; sa couleur est brune ou roussâtre ; sa chair est coriace, et on l'emploie comme aliment, bien qu'il soit suspect (1).

MADAME DESAY. — Je me souviens avoir mangé d'un champignon provenant des bois de pin, que je ne reconnais point dans votre description.

MONSIEUR LEBERRIER. — C'est celui qui se nomme le lactaire délicieux, je pense ; il est large comme la main, et son suc coule orange lorsqu'on le fend, en même temps que les points meurtris deviennent tout verts. Était-ce cela ?

MADAME DESAY. — Oui ; le chapeau était orange pâle et creusé en entonnoir. La chair en était agréable.

MONSIEUR LEBERRIER. — Avant de quitter les Agarics, nommons le *mousseron*, qui abonde au printemps et à l'été dans les prés secs et les bois. Nous allons en trouver certainement. Vous le reconnaîtrez à son chapeau tirant sur le jaunâtre, ou le blanc sale, à la surface lisse semblable à de la peau de gant ; ses lames inégales sont d'abord blanchâtres, puis d'un incarnat pâle. Le pied est très enfoncé en terre et sa chair épaisse et blanche a une odeur pénétrante et fort agréable. On le conserve desséché pour servir d'assaisonnement.

SERGE. — Ne pourrait-on pas faire un peu la chasse ; j'en ai déjà aperçu beaucoup de différents. Nous vous les apporterons, Monsieur Leberrier, et vous les jetterez s'ils sont mauvais.

« La chasse ! la chasse ! » répétèrent les deux garçons ; et, sur un signe d'adhésion de madame Desay, ils s'enfoncèrent de ci, de là, fourrageant les bruyères, examinant les troncs d'arbres, soulevant de leurs

(1) Cette division des Agarics vénéneux est faite d'après Moquin-Tandon.

Quand ses compagnons l'eurent rejoint, il leur montra un énorme champignon.

cannes les feuilles mortes et les mousses. Paul, qui ne comprenait la botanique que lorsqu'il s'agissait de promenades et de plaisirs, était en gaieté ; il lançait ses exclamations les plus joyeuses, ses mots les plus gais qui troublaient seuls le silence de la forêt, car, tout à la recherche, les autres ne parlaient point. « Qui veut un parapluie ? s'écria tout à coup l'espiègle. J'ai découvert un parapluie. » Quand ses compagnons l'eurent rejoint, il leur montra un énorme champignon haut de vingt centimètres et large de plus de trente.

— Le magnifique *Bolet*, s'écria monsieur Leberrier ; je suis sûr qu'il pèse bien un kilogramme. Enlevons-le ; il nous fera un excellent modèle du second genre que nous cherchons à connaître.

En même temps, le marin, qui se faisait avec tant de bonne humeur et de cordialité le professeur volontaire des jeunes gens, arracha le champignon et le déposa dans le panier que lui tendait Andrée.

— Les *bolets*, continua-t-il, portent sous le chapeau de petits tubes qui sont creux et dans lesquels se développent les spores ; regardez, comme le dessous de cet immense chapeau est criblé de petits trous ; ce sont les ouvertures des tubes. Ce champignon est le *bolet* comestible ou *cèpe ;* son chapeau est brun, il pourrait être gris, rouge brique ou cendré ; il est gros, épais et large, son pied est gros et renflé ; ses tubes jaunâtres ; ils ont d'abord été blancs. La chair est blanche et ne bleuit pas quand on la froisse ; c'est là un trait caractéristique : elle est ferme et sa saveur agréable rappelle celle de la noisette. Ce bolet se rencontre dans tous les pays, mais j'en ai rarement vu de si gros.

Je sais pourtant qu'il peut s'en trouver pesant jusqu'à trois kilogrammes. En automne, il y aura des *bolets marrons :* une petite espèce bien reconnaissable à son chapeau souvent irrégulier, onduleux, d'un roux marron et d'un aspect velouté. Comme celui-ci, ses tubes seront blancs, puis jaunes. Son pied creux, et sillonné à la base, présente souvent des crevasses ou des fossettes. Le *bolet bronzé* avec son chapeau épais d'un brun rouge, son pied cylindrique et ses tubes d'un jaune soufré, est recherché sous le nom de cèpe noir.

Madame Desay. — Enfin, je crois que les *bolets* peuvent être mangés sans danger, quand ils sont jeunes et sains.

MONSIEUR LEBERRIER. — Je ne partage pas cette manière de voir : je suis pour qu'on se méfie du *bolet à tubes rouges*, qui devient vert en vieillissant, dont la chair *verdit* ou *bleuit* quand on la froisse et produit une odeur forte qui peut causer des nausées dangereuses. Le *bolet cuivré* ne me dit non plus rien qui vaille ; il est fréquemment envahi par une moisissure qui le transforme en poussière de couleur jaune d'œuf. Sa cassure bleuit également.

Parmi les bolets dont le chapeau est attaché à son support *par le côté*, je vous citerai le *bolet foie*, un peu gélatineux, dont la chair ressemble à du foie de bœuf coupé ; les tubes blancs puis jaunes sont, comme tout ce champignon, gluants. Sa chair a un goût de vin, et on le cueille sur les chênes. On le nomme aussi *langue de bœuf*.

ANDRÉE. — Voyez donc, sur ce vieux hêtre ; est-ce que nous ne sommes pas en présence de l'amadouvier ?

JEAN. — Attendez ! c'est moi qui sers les échantillons.

MONSIEUR LEBERRIER, *après avoir examiné les champignons apportés par Jean*. — C'est, en effet, le *bolet amadouvier*.

PAUL. — Amadouvier, cela me fait penser à amadou.

MONSIEUR LEBERRIER. — Et ce n'est pas sans raison, car on le tire de ce même champignon. Voyez comme son chapeau, placé de côté, est dur, sa chair coriace et filandreuse. Coupons-le ; oh ! oh ! il est vieux, il présente une, deux, trois rangées de tubes, cela signifie qu'il a trois ans.

LÉNA. — Pourtant l'amadou est doux comme du velours et ce vieux champignon est dur.

MONSIEUR LEBERRIER. — La préparation de l'amadou consiste justement à l'amollir et à le rendre facile à brûler. Pour cela, on le met dans un endroit frais et humide, une cave, par exemple ; on enlève les tubes, la partie par laquelle il tenait à l'arbre et on sépare le reste en tranches minces qu'on bat avec un marteau de bois. On fait ensuite bouillir le tout dans un chaudron, avec du salpêtre pour le rendre plus inflammable, on le bat encore et on a l'*amadou* qui doit être souple, doux au toucher et brûler avec une odeur aromatique. On s'en sert pour arrêter le sang dans les hémorragies.

Andrée. — Qu'est-ce donc que ces champignons jaunâtres qui forment comme des rameaux, n'ont qu'un chapeau mal formé et présentent des aiguillons, assez semblables à une houppe qui retombe? Enfin, pour mieux me faire comprendre, je dirai que ce singulier champignon ressemble assez à un petit chou-fleur.

Madame Desay. — Ce sont les Hydnes, espèce de champignons rameux qui vient sur les arbres; ils se vendent chez les marchands de comestibles, à l'automne. Les paysans les connaissent sous le nom d'*eurchon* ou de *rignoche*.

Monsieur Leberrier. — Il y a encore la *chanterelle* où le chapeau, jaune ou orange, est comme la dilatation du pied, et s'étend plus d'un côté que de l'autre, avec des plis en dessous. On la trouve en

Chanterelles.

Morilles.

abondance dans les bois et on la mange partout, malgré son goût un peu poivré. On l'appelle *chevrotte, mousseline, jaunelet*. Elle ressemble assez à une crête de coq. Rarement on rencontre dans les bois et les champs la *chanterelle à pied noir*, dont il faut se garder: son pied est mince, noir et très haut.

Léna. — Moi, je connais les morilles, elles ressemblent à des éponges.

Andrée. — C'est dans leurs cavités que se développent les spores.

Jean. — J'en ai vu au bois de Boulogne, près d'Auteuil, un jour, et le maître qui nous accompagnait nous a défendu d'y toucher sous prétexte que c'était dangereux; il se trompait, puisque maman nous a dit que toutes les morilles étaient bonnes.

Monsieur Leberrier. — Mme Desay avait raison et votre maître aussi, ami Jean; comme il ne possédait sans doute pas des connaissances assez précises en botanique, il faisait comme le sage qui dit : « Dans le doute, abstiens-toi. » C'est qu'il y a une espèce de champignons, aux formes bizarres, au chapeau troué, à l'odeur fétide, nommés les *satyres* et qui ressemblent fort aux honnêtes et bonnes morilles. Qu'il nous suffise de savoir que la morille a un pied nu, pas de *volva*, tandis que ces malins champignons ont le pied contenu dans un ample *volva*. En faisant cette distinction, vous pourrez moissonner autant de morilles que vous le désirerez.

JEAN. — Je n'y manquerai pas, Monsieur. Croyez-vous qu'en cherchant bien ici, en sondant le terrain avec un bon petit chien terrier, on ne trouverait pas de truffes?

MONSIEUR LEBERRIER. — Partout où il y a des chênes et des châtaigniers, et où le climat n'est point rigoureux, on peut en trouver; mais ce sont celles du Midi, de l'Angoumois, du Périgord, qui ont les faveurs des gourmets. La truffe se plaît dans un terrain argileux mêlé de sable, accessible à la chaleur et à la pluie. Pour qu'une truffe ait toutes les qualités requises, il lui faut un an : alors, elle est noire, veinée de blanc à l'intérieur, grenue à l'extérieur et exhale un parfum particulier. Si elle reste dans le sol, elle s'y amollit, s'y décompose et de ses débris naissent une foule de jeunes truffes nouvelles.

PAUL. — Et comment peut-on deviner qu'à tel endroit, il y a des truffes plutôt qu'à tel autre?

SERGE. — Tu n'as donc pas entendu qu'elles viennent sur des chênes et des châtaigniers?

MONSIEUR LEBERRIER. — Il y a encore d'autres moyens de reconnaître leur présence; d'abord, le sol est un peu soulevé, crevassé, gercé; puis, si on le frappe d'un bâton, il rend un son sourd; enfin, une mouche jaunâtre qui dépose ses larves dans les truffes vit dans leur voisinage; on en trouve, quand le temps est beau, des groupes nombreux se balançant dans l'air; mais par-dessus tout, leur présence est révélée par les porcs qui recherchent la truffe avec avidité et reconnaissent son parfum.

PAUL. — Alors, ils les croquent, et que fait le chasseur de truffes?

MONSIEUR LEBERRIER. — Dès qu'un porc fait mine de fouir la terre avec son groin, le chasseur l'éloigne et, avec une petite pioche dont il est muni, il déterre le précieux champignon, et jette un gland au porc pour le récompenser.

ANDRÉE. — Malgré l'habileté du chasseur, je crois que plus d'une truffe devient la proie de ces gloutons animaux.

MONSIEUR LEBERRIER. — C'est pour cela qu'on s'est mis à dresser des chiens pour le même usage, et on s'en est très bien trouvé. Je sais que dans notre pays la truffe noire est la plus recherchée, mais je me souviens en avoir mangé d'exquises, sur les côtes d'Afrique, en Barbarie. C'est la truffe *blanc de neige* qui vient avec abondance dans le sable brûlant de ces contrées.

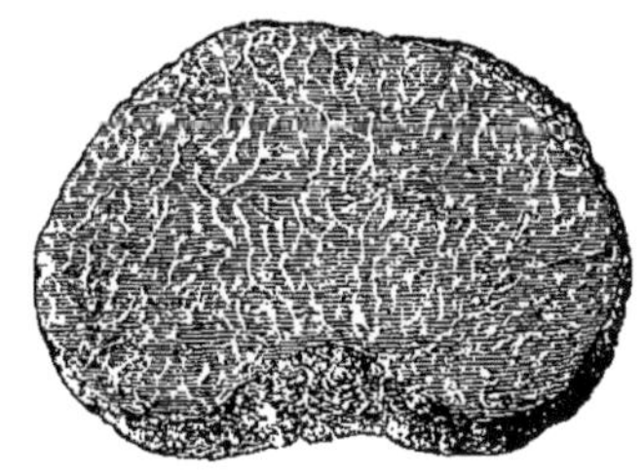

Truffe (coupée).

PAUL. — Est-il heureux ce monsieur Leberrier, il a mangé toutes sortes de bonnes choses. Certes, moi aussi je voyagerai. Cela ne m'empêchera pas d'être soldat, répondit-il à un regard mécontent de Serge.

MADAME DESAY. — Votre réflexion, Paul, me fait penser qu'il est temps de goûter ; j'aperçois le fidèle Simon qui nous attend patiemment dans cette clairière. Allons le soulager du poids qu'il a porté déjà longtemps.

PAUL. — Bravo ! C'est étonnant comme l'air des bois vous creuse : j'ai tout à fait oublié mon déjeuner.

Pendant que les jeunes botanistes reprenaient des forces et goûtaient avec une conviction qui faisait le plus grand honneur à leurs estomacs, M. Leberrier, qui en tenait pour les champignons, se mit à dire :

— Maintenant que nous avons passé en revue les champignons les plus connus et les plus intéressants, je ne veux pas clore cet entretien sans vous donner un conseil pratique. Il est un fait, c'est qu'il faut un œil très exercé pour distinguer ces plantes d'espèces si nombreuses et dont plusieurs ont tant d'analogie entre elles ; or, nous n'avons pas la connaissance du paysan qui depuis l'enfance connaît ses champs, ses bois et sait distinguer les espèces desquelles ses pères lui ont appris à se nourrir. Et encore, combien d'erreurs, même parmi eux, se commettent chaque année! Je suis donc d'avis qu'on se méfie de tous les champignons. Prudence est mère de sûreté. Cueillez-en donc, mais aux conditions suivantes...

ANDRÉE. — Ne suffit-il plus de mettre une cuiller en argent dans l'eau où ils cuisent et d'observer si elle noircit?

MONSIEUR LEBERRIER. — Ce moyen employé il est vrai, n'est pas assez radical. On a vu l'argent ne pas changer au contact de champignons vénéneux. Ce qui rend cette plante malfaisante, c'est le suc dont elle est imprégnée et non sa chair. Il faut faire partir ce suc, et il n'y aura plus rien à redouter.

LÉNA. — Mais comment? En Russie, les paysans mangent toute espèce de champignons; ils en font même sécher pour l'hiver; je n'ai jamais entendu parler d'un accident.

MONSIEUR LEBERRIER. — En Autriche, les paysans aussi mangent les bolets et les cèpes sans distinction; mais ils font comme les paysans russes, et il ne leur arrive pas de mal. La récolte faite, il faut peler les champignons avec soin, — en Autriche, ils enlèvent les tubes ou les lames, — les couper par tranches, les faire macérer dans de l'eau salée ou vinaigrée, puis les faire bouillir dans de l'eau pendant un quart d'heure, les retirer de cette eau qu'on jette avec soin, les laver à l'eau froide et s'en servir comme il convient. Ce procédé si facile, qui n'ôte aucun goût au champignon, a permis à un savant nommé Gérard, de se nourrir exclusivement des champignons les plus vénéneux pendant un certain temps. Or, il peut se glisser dans la cueillette, un individu malfaisant; en agissant comme je vous le dis, vous n'avez rien à craindre, ne l'oubliez pas!

SERGE. — D'ailleurs, d'après ce que vous dites, le remède n'est-il pas indiqué en cas d'empoisonnement? Moi, je m'empresserais d'avaler une poignée de sel ou une demi-bouteille de vinaigre.

JEAN. — Ces Russes, sont-ils toujours excessifs!

MONSIEUR LEBERRIER. — Gardez-vous d'un tel remède, mon ami: le sel et le vinaigre ayant la propriété de dissoudre le principe vénéneux, le répandraient dans tout votre corps sans espoir de salut.

CHAPITRE XIII

SOUS BOIS

ANDRÉE. — Que cette clairière est jolie et fleurie! Toi, Léna, qui regrettais de ne pouvoir cueillir des fleurs à travers le bois, fais vite une belle gerbe que nous emporterons.

PAUL. — Oh! que de jolis fraisiers à fleurs jaunes! nous allons peut-être trouver des fraises!

JEAN. — Petit Paul, ce que tu prends pour un fraisier, c'est la *benoîte*.

Saponaire.

ANDRÉE. — C'est aussi une rosacée, et si ce n'est la couleur de la fleur, il est permis à un écolier de s'y tromper.

JEAN. — Tenez, Léna, voici des tiges de trèfles magnifiques; le vent sera venu les semer ici, car je ne vois pas de champs. Et voici de la luzerne avec ses jolies fleurs violettes, cela fera bien dans le bouquet.

ANDRÉE. — Vois, leur petite fleur est une papilionacée; ces deux plantes sont des légumineuses.

LÉNA. — Jean, apportez-nous donc de ces œillets blancs et roses!

JEAN. — Ça des œillets! ce sont des *lychnis*, n'est-ce pas, Andrée?

ANDRÉE. — Oui, mais ils appartiennent aussi à la famille des Caryophyllées; et en voici encore une, la *saponaire*, joliment teintée de rose, qui se présente à nous.

JEAN. — Est-ce une famille utile?

ANDRÉE. — Excepté la saponaire, pas trop! Elle est plutôt encombrante quand elle vient dans les terrains cultivés. Tiens, cette délicate fleurette en étoile blanche est encore une de leurs sœurs; c'est la jolie stellaire.

LÉNA. — Pas utile la famille des œillets? de si belles fleurs, si parfumées!

ANDRÉE. — Sans doute, elles ornent d'une manière charmante les jardins; mais, à l'état sauvage, surtout dans nos pays, elles sont sans utilité pratique.

LÉNA. — Andrée parle tout à fait comme un professeur; allons, vite, une grande robe noire, un chapeau pointu et un rabat, comme nous en avons vu à Saint-Péterbourg, dans une comédie de Molière.

ANDRÉE, *en riant*. — Au lieu de me railler, ma chère Léna, viens donc m'aider à cueillir quelques branches de ce chèvrefeuille qui embaume : écoute, je fais encore la savante! *Chèvrefeuille des bois*, famille des *Caprifoliacées*, corolle à tube long, rougeâtre en dehors, jaune à l'entrée, et reconnue *vulnéraire*, c'est-à-dire bonne contre les plaies.

MADAME DESAY. — Où sont donc les garçons?

PAUL et JEAN, *sortant du fourré, couronnés de fougère*. — Nous voici, nous! Serge est avec monsieur Leberrier.

LÉNA. — Bon Dieu! ils se sont déguisés en sauvages. Est-ce pour nous donner l'idée d'une forêt vierge?

JEAN. — Du tout, nous nous sommes fabriqué un parasol naturel avec de grandes feuilles de fougère, parce que le soleil nous rôtissait tout doucement.

MONSIEUR LEBERRIER. — C'est fort artistement fait, et si ce n'était votre équipement moderne, on vous prendrait tous deux pour de jeunes faunes antiques.

ANDRÉE. — Et puis vous avez eu la bonne idée de faire provision de fougères, cela va servir; n'est-ce pas, maman, on ne peut pas traverser une forêt sans en dire quelque chose?

LÉNA. — J'aimerais mieux faire une botte de cette bruyère aux grelots roses.

Andrée. — L'un n'empêche pas l'autre; je vais t'aider. En voici d'une autre sorte : celle qui a ces grelots pourpre tirant un peu sur le bleu, disposés en grappes terminales, c'est la *bruyère cendrée;* celle que je tiens là est la *bruyère à quatre faces:* elle a aussi des fleurs en grelot, mais plus pâles et ramassées au sommet des rameaux.

Madame Desay. — C'est celle qui sert à faire les meilleurs balais.

Andrée. — Cette autre a la fleur très petite et campanulée avec des feuilles dont les deux petites oreilles sont appliquées sur la tige, c'est la *bruyère commune*. Allons, tu en as assez; relève l'éclat de ton bouquet par quelques branches de ce genêt dont les fleurs jaunes ont l'air d'être en or.

Léna, *d'un ton grave.* — Genêt, famille des Légumineuses, arbrisseau épineux ou non; sert aussi à faire des balais. Hein! Andrée, que te semble de ton élève?

Andrée, *gaiement.* — J'en suis fière, car c'est bien le genêt à *balais* que tu tiens là; il est reconnaissable à ses grandes fleurs en épi.

Genêt à balais.

Monsieur Leberrier. — Il ne sert pas qu'à cela : c'est un apéritif; on en fait une bonne litière pour les bestiaux, du fourrage pour les moutons, et on en tire une teinture. Cependant, ne le confondons pas avec le *genêt des teinturiers*, qui ne s'élève qu'à 30 centimètres et a les feuilles plus petites.

Madame Desay. — Que fais-tu, Jean, ainsi couché à terre? J'ai aperçu des fourmis, prends garde à toi, mon enfant.

JEAN. — Oh! maman, quelle bonne odeur a ce serpolet, je le respire, et j'ai presque envie d'en manger.

ANDRÉE. — Prends garde, si tu allais devenir lapin!

En effet, les touffes étalées du thym sauvage couvraient le sol gazonneux de leurs nombreuses fleurs roses et exhalaient un parfum aromatique qui excusait l'excentricité de Jean.

LÉNA. — Voyez donc les mignonnes gueules de loup violettes qui garnissent ces frêles épis; n'est-ce pas une miniature?

ANDRÉE. — On nomme cette petite plante la *linaire pâquerette*, et elle fait partie des *Scrofulariées* où nous avons vu le *muflier* que tu appelles des gueules de loup. Il y en a une espèce qui se trouve dans les fentes des vieux murs et qu'on dit vulnéraire; les fleurs sont bleues et leur palais (ou intérieur) jaune; mais la plus jolie est la *linaire rayée*, dont les fleurs sont finement rayées de bleu ou de violet et mouchetées de jaune à l'intérieur. Ce sont de petites merveilles.

Linaire.

MADAME DESAY. — Le soleil est intense, rentrons sous bois pour dire un mot des fougères. Je vous en ai déjà parlé, en vous rappelant les premiers végétaux de notre terre; maintenant vous ferez bien d'apprendre comment elles se reproduisent. Elles appartiennent aux plantes cryptogames vasculaires, ont des tiges souterraines, rampantes, sont vivaces. Sous les tropiques, leur port est celui des palmiers, mais, dans notre Europe, nous ne voyons que des fougères dégénérées.

JEAN. — Elles étaient donc bien hautes, autrefois?

MADAME DESAY. — Rien ne peut, dans la végétation actuelle, nous donner une idée des dimensions gigantesques qu'atteignaient les premiers végétaux. Songez que la terre était également chaude partout, et elle donnait toute la sève à quelques végétaux aussi simples que peu nombreux; les fougères, les mousses, les champignons, les roseaux, et quelques espèces disparues telles que les *sigillaria*, couvraient seules le globe; alors, les mousses avaient la hauteur d'un arbre; les lycopodes, qui ont à peine un mètre, en mesuraient 30; les champignons laissaient loin derrière eux le cèpe de Paul, et avaient 14 mètres de diamètre.

Paul. — Alors on pouvait s'en faire une maison?

Madame Desay. — La terre n'était pas habitée, mon ami; songez que le gaz acide carbonique n'est pas respirable, et l'atmosphère en était surchargée.

Paul. — Alors comment sait-on qu'il y avait de si grandes fougères et de tels champignons?

Léna. — Voyez mon étourdi! As-tu oublié qu'on retrouvait, tous les jours, des troncs pétrifiés dans les mines de houille.

Andrée. — Maman, il faudra leur montrer ceux qui sont conservés au Jardin des Plantes; il y en a de curieux, au sommet du labyrinthe.

Monsieur Leberrier. — J'ai voyagé avec un savant qui avait visité une forêt entière de ces arbres pétrifiés, sur la terre de Van Diemen. Quant aux arbres les plus grands qu'on connaisse sur la terre aujourd'hui, arbres dont nous avons déjà parlé, je veux vous citer ceux de la Californie; nulle part on n'en trouve d'aussi gigantesques; ce sont des cèdres qui mesurent jusqu'à 100 mètres de haut, et dont l'âge est évalué à 4000 ans. Dans la vallée de Sacramento, j'ai pu voir cette forêt vraiment extraordinaire formée de pins, de cèdres, de sapins, tous fort élevés; mais cette digression ne doit point faire oublier les fougères.

Madame Desay. — Elles ne sont intéressantes que par leur mode de reproduction. Jean, donne-nous un des rameaux de ta couronne... Merci. Regardez sous la face inférieure de cette feuille de fougère mâle, il y a de petits corps qui ont assez la forme d'un haricot : c'est là qu'il faut aller chercher le secret de la reproduction des fougères. Elle est compliquée et mystérieuse, car nous remarquons que plus un végétal est parfait, plus sa reproduction est simple. Ce petit haricot est couvert d'une pellicule mince qu'on appelle *indusie:* elle manque chez certaines espèces et recouvre ici un *sore*, c'est-à-dire un nid de sporanges. Les sporanges sont de petits sacs qui renferment quatre ou huit spores. Quand les sporanges se rompent, à l'heure de la fructification, les spores se répandent sur la terre et donnent naissance à un nouveau corps, ayant la forme d'un petit cœur, 3 millimètres de large et 2 de haut. C'est sur ce *prothalle* que se développent les organes qui reproduisent la fougère — n'ayez pas peur des noms un peu étranges — les anthéridies et les archégones. Au milieu des premières, petites cavités rondes, se forme une anthérozoïde qui a la forme d'un microscopique tire-bouchon. Les archégones sont des cellules plus longues dans lesquelles se trouve un liquide. Bientôt, les anthérozoïdes sortiront de l'anthéridie qui les renferme, et commenceront à s'agiter.

LÉNA. — Comment, elles remuent !

MADAME DESAY. — Oui, elles agitent les cils qui les entourent, tournant sur elles-mêmes et finalement s'élancent dans l'archégone qui, imprégnée de liquide, les reçoit, et bientôt une jeune fougère naîtra dans le tissu même du prothalle : le pied pénétrera peu à peu dans la terre et une petite feuille roulée en crosse s'élèvera dans l'air et grandira jusqu'à son entier développement.

ANDRÉE. — Ne dirait-on pas un conte de fées ?

MADAME DESAY. — Il faut, ma fille, voir dans ces faits merveilleux la marque d'une intelligence suprême réglant et ordonnant tout. Ces découvertes récentes (on avait longtemps pris les spores pour les graines elles-mêmes) ont été justifiées par l'analyse et l'observation.

JEAN. — Et moi, je vais faire une provision de feuilles; c'est avec mon microscope que je vais tous vous amuser.

MADAME DESAY. — Il vaudrait mieux employer le mot fronde et laisser celui de feuilles aux organes garnis d'épiderme des autres plantes.

PAUL. — Est-ce qu'il n'y a plus qu'une espèce de fougère depuis que toutes les autres ont été enterrées dans les mines ?

MADAME DESAY. — Il y en a plusieurs : les unes à feuilles entières.

la plus belle est l'*osmonde royale* ou fougère fleurie, ainsi appelée à cause de ses feuilles fertiles qui forment une sorte de grappe ; l'*ophioglossum*, ou *langue de serpent*, ou herbe sans couture, vient dans les pays tourbeux. La *scolopendre*, qui vient dans les lieux humides et dans l'intérieur des puits, a des frondes entières qui s'élèvent peu. Vous pouvez cueillir tout autour de vous, la plus commune des fougères, le *Polypode du chêne* qui croît aussi sur les vieux murs, sur les rochers humides et dont la racine sucrée l'a fait surnommer *réglisse des bois*. C'est un rameau de *grande fougère* qui a servi à notre causerie de tout à l'heure. Vous en trouverez dans les bois montueux, les champs sablonneux, les coteaux incultes ; c'est une belle plante élégante. On a longtemps employé sa souche contre le ver solitaire, mais on a constaté que c'était un remède peu actif. La plus délicate des fougères est le *capillaire*, dont le feuillage léger et charmant l'a fait choisir pour plante d'appartement ; celui du midi est le plus recherché par la médecine ; on l'emploie contre la toux ; c'est à peu près tout ce qui reste de la réputation extraordinaire que lui avait faite l'ancienne médecine. Du reste, nos fougères ne nous offrent pas de ressources alimentaires. Desséchées, elles fournissent un fourrage d'hiver ou des litières pour les bestiaux. En les brûlant, elles produisent beaucoup de potasse qui sert à fabriquer le verre ; on en emploie encore pour le tannage des peaux. Ce n'est pas comme celles des pays tropicaux, dont le rhizome contient tantôt un principe nutritif, tantôt un principe amer et purgatif qui les rend utiles en médecine.

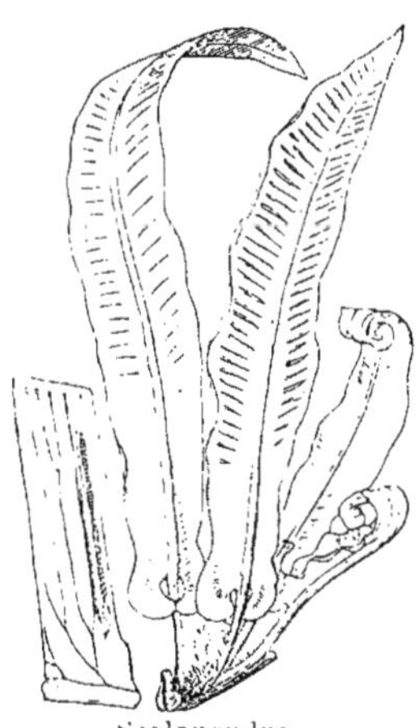
Scolopendre.

MONSIEUR LEBERRIER. — Les plus belles fougères arborescentes que j'aie vues sont à l'île de la Réunion ; elles avaient de 12 à 15 mètres et se développaient au sommet de leur tige comme un élégant parasol, pendant que les pousses nouvelles élevaient leurs jeunes frondes roulées en crosse ; c'est un arbre superbe.

ANDRÉE. — Croyez-vous, Monsieur, qu'il faille ranger les lycopodes dans les fougères ?

MONSIEUR LEBERRIER. — Si elles ne sont pas sœurs, elles sont au moins cousines et ont une reproduction analogue. On en pare les jardinières à cause de leurs tiges vertes, étalées et rampantes ; mais ne crois pas beaucoup à leur efficacité contre la plique, une terrible maladie du cuir chevelu, commune en Pologne, ni contre la rage, comme le prétendent les Russes.

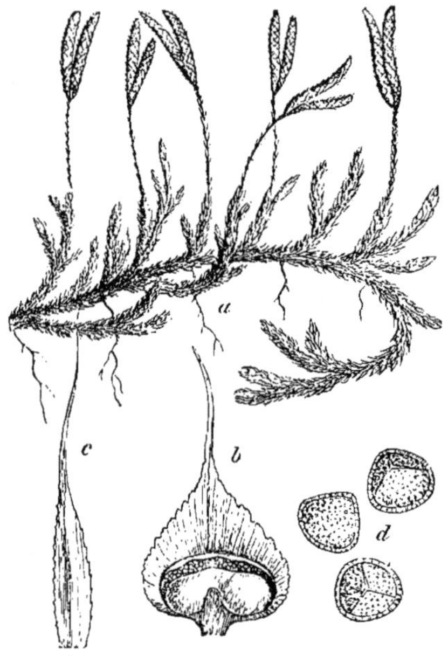

SERGE. — Je ne connais point ces plantes.

MONSIEUR LEBERRIER. — Je ne puis vous en montrer ici ; elles viennent dans les bois montagneux de l'Europe. Un fait curieux qu'elles présentent est la propriété très inflammable de leurs sporanges, qu'on a nommées pour cela soufre végétal. Avec cette poussière, on produit des feux aussi inoffensifs que brillants, au théâtre : les éclairs, l'enfer, un incendie ; et si vous avez pris des pilules, vous avez pu remarquer la poussière jaunâtre qui les entoure : c'est encore la poudre du *lycopode en massue*.

Lycopode en massue. — *a*, plant ; *b*, bractée sporangifère ; *c*, bractée ; *d*, spores.

LÉNA. — Le soleil s'est caché ; croyez-vous, Madame, que nous ne pourrions point regagner la lisière du bois?

JEAN. — Déjà ! on n'a rien dit des mousses ni des lichens.

MADAME DESAY. — Les lichens font un peu défaut, l'été ; quant aux mousses, ce sont de trop charmantes plantes pour les oublier. Cueilles-en, et tu pourras les admirer au microscope.

MONSIEUR LEBERRIER. — Vous y verrez des cyprès, des sapins en miniature ; certes, les mousses ont droit à notre admiration comme les cèdres de la Californie. Elles ont une sorte de tige, des feuilles, des rameaux et un système de reproduction aussi compliqué que celui des fougères. Elles sont l'humble mais fraîche parure de la terre. Voyez ici, quel tapis velouté et moelleux elles forment! Tout à l'heure, dans la clairière, elles nous apparaîtront d'un vert gai et comme doré par le soleil. Elles résistent aux chaleurs de l'été, et l'hiver, nous les retrouvons sous la neige; elles couvrent les rochers et les écorces des vieux arbres, qu'elles préservent du froid; on les trouve dans les régions glacées et dans les forêts vierges. Ce ne sont ni des plantes alimentaires ni des plantes industrielles dans toute la force du mot, mais elles entretiennent la fraîcheur sur la terre, et quand elles meurent, elles forment, pour ainsi dire, la couche végétale, l'épaississent et permettent à des plantes supérieures à elles de s'y établir et d'y prospérer. Ce sont les *sphaignes*, qui produisent, avec le temps, ces lits de tourbe desquels on extrait un combustible économique.

En Scandinavie, il croît l'*hypnum*, avec laquelle les paysans calfeutrent les parois de leurs maisons de bois. Elles leur servent aussi de lit, et on confectionne, avec une autre espèce de sphaigne, des brosses employées pour donner de l'apprêt aux étoffes.

On a écrit des traités entiers sur l'étude des mousses ; c'est le *bry*, qui couvre les toits, les murs, les pierres ; la *mnie ondulée*, qui fleurit au printemps, le long des haies. L'*hypne soyeux* couvre les arbres. Enfin, mon ami Jean, nous verrons cela un de ces soirs.

Madame Desay. — Nous sommes restés longtemps dans ce bois : il est vraiment temps d'en sortir. Le soleil est tout à fait au couchant, et malgré nos nombreux cavaliers, je ne voudrais point que nous nous attardassions ici.

Monsieur Leberrier. — Il faut d'abord regagner la route qui est sur la droite, je vais vous en donner la direction.

Serge, *appelant*. — Simon!

Le Russe apparut aux côtés de son jeune maître sans qu'on sût d'où il était sorti. « Reste près de nous, dit l'enfant, et dès que nous serons sur la route, tu courras prendre les billets de chemin de fer. » Et il ajouta à voix basse : « Tu sais que ce soir nous devons trouver des nouvelles du prince. »

La nuit s'annonçait déjà par quelques pâles étoiles qui brillaient au ciel; tout en causant, cueillant et dissertant, on avait atteint la limite extrême de la forêt de Sénart. Il y avait au moins une lieue avant de gagner la station la plus voisine, et bien que tous les enfants fussent excellents marcheurs, Mme Desay s'en voulait de n'avoir pas plus tôt songé au retour. Elle se sentait péniblement impressionnée par les ombres qui s'étaient massées et faisaient paraître noirs tous les vides. On traversait en diagonale le fourré: M. Leberrier, armé de sa boussole, marchait en tête, frayant le chemin. Il était absolument impossible d'avancer deux de front et il fallait suivre à la file indienne. Simon concentrait toute son attention sur Léna, devant laquelle il écartait les branches et les buissons. Au départ, on avait échangé des mots plaisants ponctués de rires sonores, mais peu à peu la fatigue et l'impression des ténèbres avaient éteint ces jeunes voix, et on n'avançait plus qu'en silence.

— Est-ce qu'il y a des loups dans ces bois, comme en Russie? demanda Léna, à voix basse, en s'adressant à Andrée.

— Non, répondit la jeune fille, il n'y en a pas dans cette région. Mais y en eût-il, ils ne seraient pas à craindre, n'étant pas affamés.

— C'est égal, dit Léna, je voudrais être sortie d'ici.

On avait entendu les derniers gazouillements des oiseaux, le chant monotone et bizarre du coucou; maintenant, on n'entendait rien que le froissement des branches qu'on effleurait.

— Il ne manquerait plus qu'un orage vînt, dit Mme Desay, qui, d'ordinaire si calme, était agitée et nerveuse.

— Avec le couchant admirable que nous avons eu, ce n'est pas à craindre, maman, dit Andrée. Ne voyez-vous pas une éclaircie? Nous approchons d'une route.

La petite troupe déboucha, en effet, sur une route large et droite, mais présentant de continuelles montées et descentes. Un bruit singulier, accompagné d'une sorte de clapotement, attira l'attention.

— Entendez-vous les grenouilles qui chantent? dit Jean, qui marchait résolument, se croyant déjà dans les explorations qu'il rêvait.

— Ce qui signifie qu'il y a de l'eau, dit Mme Desay; ne vous éloignez pas de moi ; M. Leberrier voudra bien veiller sur les garçons. Léna et Andrée, venez à mes côtés.

Il était certain qu'on côtoyait un ruisseau ; on entendait le bruit de l'eau contre les cailloux et la lune, entièrement levée, envoyait, à travers les arbres, ses rayons blancs qui venaient miroiter dans l'onde. Un tronc d'arbre, jeté en travers, permettait de regagner le taillis. Paul, le plus insoumis et le plus curieux des garçons, n'échappa pas à la tentation. Il s'écarta doucement et, grâce à la nuit, put rester en arrière. Mme Desay, le croyant avec M. Leberrier, n'avait d'yeux que pour ses filles. « Ce ne sera que l'affaire d'un instant, se disait Paul, j'aurai passé sur le pont ». Il le fit comme il le souhaitait ; presque aussitôt la petite caravane s'arrêta, glacée par un cri déchirant, suivi du bruit caractéristique d'un corps tombant dans l'eau.

— Mes enfants ! mes enfants ! s'écria Mme Desay, en les comptant des yeux : Serge, Jean, Léna, Andrée ! Et Paul ? où est Paul ?

— Mon frère ! Paul ! répéta Serge, pendant que Léna courait sur la route en poussant des cris déchirants.

M. Leberrier, plus maître de lui, remontait le cours du ruisseau qu'il sondait de ses yeux de marin, habitués à voir par tous les temps ; l'agitation de l'eau lui indiquait l'endroit où avait dû arriver l'accident.

« Paul, appela-t-il, Paul, êtes-vous là ?

Ne recevant pas de réponse, le brave jeune homme entra résolument dans l'eau ; ce n'était pas un de ces ruisseaux qui courent à travers les prairies ou les bois, en laissant voir, dans leurs eaux limpides et profondes, les cailloux blancs qui parsèment son lit ; c'était bel et bien une petite rivière au cours rapide, dans laquelle il était très facile de se noyer. Simon avait rejoint M. Leberrier et barbottait consciencieusement, décidé à ne sortir de là qu'avec son jeune maître. Il n'eut pas à attendre longtemps. M. Leberrier reparut bientôt tenant le pauvre Paul auquel les blancs rayons de la lune donnaient la pâleur d'un mort. Léna, peu habituée à contenir ses impressions, sanglotait bruyamment ; Serge frappait du pied en essuyant brusquement ses yeux, et n'écoutait ni Andrée, ni Jean lui assurant que Paul en serait quitte pour un bain froid. Mais quand M. Leberrier eut assis l'enfant sur l'autre bord de la route adossé à un talus et que celui-ci, retrouvant son souffle, commença à s'agiter, Serge se jeta sur son frère, l'embrassa à l'étouffer, et, se tournant vers le marin, lui dit de ce ton d'homme qui lui était habituel :

— Monsieur Leberrier, c'est entre nous à la vie et à la mort; voulez-vous être mon ami ?

M. Leberrier ne put retenir un sourire, malgré la gravité du moment, et répondit :

— Oui, Serge.

Simon, dégouttant d'eau comme un arrosoir, prit les mains du jeune homme, en disant d'une voix tremblante :

— Bârine !

Il ne pouvait pas lui donner une plus grande preuve de respect et d'affection que de l'appeler de ce nom de père, qu'il ne donnait qu'à ses maîtres.

Frictionné, essuyé, rassuré, Paul put enfin dire :

— C'est ce diable d'arbre qui a basculé.

Simon chercha l'arbre avec des yeux courroucés.

— Parbleu, il est dans l'eau, dit Jean; il a basculé avec Paul. Tu avais donc pris ça pour un pont, pauvre Paul?

— Cet enfant va prendre mal avec ses vêtements mouillés, dit Mme Desay désolée ; d'ici à Paris, il a le temps d'attraper une fluxion de poitrine. Paul, pouvez-vous marcher?

Les jambes tremblaient un peu à Paul, et il lui semblait que les arbres dansaient autour de lui.

Pas de voiture à attendre, à cette heure! Que faire? Ah ! les enfants désobéissants et volontaires!

— Qu'y a-t-il donc, par ici? prononça une voix forte qui semblait venir de l'autre côté de l'eau? Qui est-ce qui a crié? On a appelé au secours ! Est-ce qu'on a attaqué, blessé quelqu'un ?

Un grognement fortement accentué apprit que le nouveau venu avait pour compagnon un chien.

— Personne n'a été ni attaqué ni blessé, répondit M. Leberrier, mais il y a là un enfant qui a pris un bain un peu froid, et nous voudrions gagner au plus tôt un hôtel, une auberge, où nous pourrions le réchauffer.

— Ah! ah! il venait encore rôder pour pêcher des écrevisses, c'est bien fait! répondit l'homme.

Serge s'avançait vers le railleur, d'un air menaçant. Mme Desay le prévint.

— Vous faites erreur, Monsieur, dit-elle: cet enfant est avec sa famille; pouvez-vous nous tirer d'embarras?

— Il faudrait encore marcher longtemps pour arriver à un hôtel, dit l'homme d'un ton plus courtois.

— Mais n'y a-t-il ni maison, ni chaumière voisine? Le pays n'est pas inhabité?

— Il y a la mienne, dit-il: je suis garde et je puis vous offrir l'hospitalité, du moment que vous n'avez pas de mauvaises intentions.

Jean éclata de rire. L'idée lui semblait drôle.

— Oh! oui, j'accepte, reprit Mme Desay.

— Remontez donc jusqu'à ce petit pont de pierre, là-bas; je vais vous conduire.

Simon prit son jeune maître sur ses épaules, après l'avoir enveloppé de sa propre houppelande. Un quart d'heure après, toute la caravane était installée dans la pièce basse de la maison du garde; un bon feu pétillant dans la cheminée avait rendu Paul à lui-même; aussi la bonne humeur avait repris ses droits. Le garde avait vite reconnu à qui il avait affaire, et se montrait plein d'empressement.

— Vous ne pouvez point songer à partir ce soir, leur dit-il; il n'y a plus de trains pour Paris; si vous vous trouvez bien ici, je vais vous faire à souper et vous y passerez la nuit.

Les enfants acceptèrent avec enthousiasme, et Mme Desay trouva que c'était le parti le plus sage. Avec une dextérité et une régularité toute militaire, le garde se mit à organiser le souper. Simon s'était offert pour l'aider. En moins d'une heure, une soupe appétissante fumait sur la table carrée de bois blanc, autour de laquelle on se serra; un quartier de chevreuil (les gardes ont une petite réserve) fut savouré à belles dents; des écrevisses, du fromage et des noix complétèrent la fête. Décidément, la chose avait bien tourné; on était bien heureux d'avoir rencontré ce brave homme. Il était veuf et sa maisonnette contenait assez de pièces pour que les petits voyageurs pussent y passer la nuit. Il la leur abandonna du reste le plus simplement du monde, et se retira avec son chien dans une espèce de cellier, dont il avait fait une réserve.

CHAPITRE XIV

LE LONG DU RUISSEAU

Le lendemain, Jean se réveilla le premier, et en voyant le soleil qui éclairait gaiement la chambrette où des rideaux ne l'empêchaient pas d'entrer, il appela Serge qui avait été son compagnon de nuit, et l'engagea à se hâter de s'habiller.

— Dépêche-toi, lui dit-il, et surtout, ne nous retarde pas avec toutes tes cérémonies de toilette; nous aurons, avant le départ, le temps de courir le long de la rivière, où j'ai remarqué toutes sortes d'herbes. Serge ne se le fit pas répéter deux fois; il alla demander des nouvelles de Paul qui, après une excellente nuit, se portait comme un charme; les deux garçons sortirent de la maison. L'air du matin était frais et tout imprégné du bon parfum des bois: ils le respirèrent avec un vif plaisir, tout en s'orientant pour retrouver le cours d'eau qui, la veille, leur avait causé cette fameuse peur. Ils avaient été devancés par M. Leberrier.

— A la bonne heure, Jean, vous êtes un garçon vraiment avisé, et vous songez à mettre tout à profit ; suivons les bords de ce beau ruisseau ; nous allons sûrement y trouver un sujet de causerie. Mais n'êtes-vous pas d'avis d'attendre ces demoiselles ?

Ces demoiselles ne se firent guère attendre, elles vinrent accompagnées de Mme Desay et du jeune noyé qui faisait très bonne figure. La promenade matinale était une excellente idée, et on reviendrait déjeuner chez le garde, avant de repartir.

— Quel bonheur ! disait Paul, on va encore s'amuser ; oh ! je sens à présent, que, tout comme Jean, j'adore la botanique.

— Depuis que vous avez reçu son baptême, peut-être, dit malicieusement M. Leberrier, qui savait fort bien que ce que Paul aimait, c'était la promenade, les impressions et le déplacement. Si vous m'en croyez, reprit-il plus sérieusement, nous procéderons avec ordre ; c'est-à-dire qu'au lieu de faire une gerbe de ces iris, de ces myosotis, de ces renoncules qui bordent la rivière, nous allons l'interroger sur quelques-uns de ses habitants particuliers.

— Tiens ! voici encore de l'eau par ici, dit Serge en indiquant une petite échancrure de terrain remplie d'une eau limpide et stagnante, toute couverte de petites feuilles vertes, comme d'un tapis.

Monsieur Leberrier. — Nous sommes servis à souhait : ici, l'eau stagnante des marécages et des mares ; là, une eau courante et vive. Ces lenticules naissent et flottent librement à la surface des eaux stagnantes ; elles sont dépourvues de tiges, et plongent dans l'eau une ou plusieurs racines simples, comme vous le voyez. Celle que je tiens est la *lentille exiguë*, c'est la plus commune de toutes. Ses fleurs naissent dans une fente sur le bord de ses feuilles et n'ont point de corolle ; elles sont hermaphrodites ou monoïques. Regardez le calice arrondi, diaphane et blanchâtre ; voici leur ovaire au milieu, et deux étamines jaune-clair. De ce même pli, sortent incessamment de nouvelles feuilles qui prennent un accroissement rapide, et se détachent quelquefois spontanément de la plante mère, comme les polypes.

Jean. — Ce sont sans doute ces plantes-là qui, couvrant les eaux des marécages, les corrompent et les rendent malsaines ?

Monsieur Leberrier. — La pénétration de maître Jean est ici en défaut ; il calomnie à plaisir ces honnêtes, lenticules qui ont pour mission d'assainir les eaux en absorbant l'air mauvais qui s'élève de leur fond et en leur rendant de l'oxygène pur. De plus, elles régalent fort les cygnes, les canards et les oiseaux qui les mangent avec avidité. Enfin, la médecine les emploie comme rafraîchissantes.

JEAN. — Je réparerai mon offense en leur donnant place dans mon herbier.

MONSIEUR LEBERRIER. — Maintenant revenons vers le ruisseau ; nous allons y pêcher des algues.

LÉNA. — Auparavant, Jean, cueillez-moi donc cette asperge qui se dresse au bord du fossé. Je la mettrai dans mon bouquet.

MONSIEUR LEBERRIER. — Bien qu'il y ait des pays en Italie, où l'on mange en effet ces plantes en guise d'asperges, la *presle* est loin de faire partie des Asparaginées; elle vient, en botanique, à côté de la famille des Fougères et est de l'ordre des Equisétacées.

JEAN. — Équi... est-ce qu'il y a de l'écuyer dans ce mot-là?

MONSIEUR LEBERRIER. — Vous l'avez deviné : d'*equus*, cheval et de *setas*, poil. On les a ainsi nommées à cause de leurs rameaux. Ce que Mlle Léna prenait pour une asperge est l'épi qui porte les sporanges. La tige est rigide, fibreuse et dure. Les tourneurs, les ébénistes l'emploient sous le nom d'*asprêle* pour polir le bois de leurs ouvrages. Sur les bords du Lot, il y a des villages qui en font un commerce considérable. La prêle se plaît surtout dans les fossés, les prés humides de notre zone tempérée; elle est très petite, au nord, et on la trouve peu, sous les tropiques. Au temps de l'époque houillère, elle atteignait des proportions gigantesques.

JEAN. — Regardez donc, Monsieur, on dirait qu'il y a de petits points brillants sous la peau de cette prêle.

MONSIEUR LEBERRIER. — Ce que vous voyez briller n'est autre que la silice qu'elle cache sous son épiderme, et qui, justement, la rend capable de servir de polissoire. Mais puisque nous sommes près d'une mare, je suis presque certain d'y trouver des charagnes, ce qui complétera notre entretien sur les Acotylédonées.

JEAN. — Nous avons encore les lichens et les mousses.

Il ramena ainsi plusieurs tiges très rameuses
munies de radicelles très fines.

MONSIEUR LEBERRIER. — C'est entendu.

Il plongea dans l'eau sa canne, dont la poignée formait une espèce de large crochet, et l'y promena quelque temps, puis il la tira à lui et ramena ainsi plusieurs tiges très rameuses, munies de radicelles très fines.

Léna s'était avancée et avait saisi une des plantes pour l'examiner. « Elle a des fruits jaunes joliment rayés en cercle », dit-elle : mais elle repoussa aussitôt la plante avec dégoût. « Quelle odeur détestable! » s'écria-t-elle.

— Voyons, dit Jean qui voulait tout expérimenter. Oh! ça sent le gaz, les œufs pourris, pouah!

MONSIEUR LEBERRIER. — Vous faites un triste accueil à cette humble plante : c'est la charagne vulgaire qu'on appelle *herbe à écurer*, parce qu'en Russie on l'emploie pour fourbir la vaisselle. Son odeur vient du phosphate calcaire dont elle est incrustée, pour ainsi dire. Elle croît en gazon serré au fond des mares, des fossés, enfin des eaux stagnantes. Si nous cherchions bien, nous trouverions la charagne porte-lustre et la charagne fragile; elles sont munies de beaux fruits rouges qui ne sont que des anthéridies, car ces plantes se reproduisent par des spores.

ANDRÉE. — Sans qu'on ait besoin de plonger dans l'eau, il y a sur les bords des plantes nombreuses qui ne sont pas sans intérêt. Regarde, Léna, en voici plusieurs.

PAUL. — Léna ne les aimera point; ce sont des herbes.

MONSIEUR LEBERRIER. — Vous aurez là une graminée nommée pâturin aquatique ; elle ne manque pas d'élégance, avec son panicule terminal et ses épillets d'un rouge brun mêlé de vert. Les pâturins, comme le nom l'indique, donnent un excellent pâturage, et forment la base de nos prairies : il y en a de nombreuses espèces.

ANDRÉE. — Regardez, Paul, et ne vous penchez pas trop sur l'eau ; au bord, voici des souchets. Ils ont encore la fleur en épi, et un faux air de graminées.

MONSIEUR LEBERRIER. — Ils appartiennent à la famille des *Cypéracées;* ils sont en rhizome. Arrachez-en un, Jean : leur tige est bien le chaume; les fleurs, hermaphrodites ou monoïques, ne sont pas compliquées, une écaille servant de calice, trois étamines et un ovaire. Quelquefois l'inflorescence est en corymbe, quelquefois en panicule avec les épillets bruns ou jaunâtres. Nous en trouvons ici, parce que le terrain est humide et un peu élevé; ils se plaisent surtout sur les montagnes. Remarquez que leur tige, ou plutôt leur chaume, est anguleux, et que les nœuds sont rares; on en rencontre aussi à chaume cylindrique. On peut dire qu'on les trouve partout, aussi bien dans les zones boréales que sous les tropiques; ils sont même là en si grand nombre qu'ils envahissent de grands espaces, sur le bord des fleuves ou dans le fond des forêts vierges.

JEAN. — On doit en faire du fourrage ?

MONSIEUR LEBERRIER. — On en fait, mais le foin qu'ils fournissent est sec et coriace; on l'emploie plus volontiers comme litière, surtout celui des plaines marécageuses. Mais les souchets ont d'autres emplois. Jean peut nous montrer comme les rhizomes qu'il a arrachés assez brusquement s'entre-croisaient avec d'autres; par cet entre-croisement de leurs racines, ils donnent de la solidité aux sables mouvants qui se trouvent souvent sur les rives ou dans les marais; alors d'autres plantes qui n'auraient pu se maintenir poussent dans ces terrains sablonneux, et, grâce aux souchets, un marais stérile a pu devenir un pâturage. Les plus jolies fleurs des jardins n'en font pas autant, Mademoiselle Léna.

MADAME DESAY. — C'est comme dans le monde : ce ne sont pas les plus brillants qui sont les plus utiles; souvent, ce sont les plus humbles.

MONSIEUR LEBERRIER. — Mais je ne veux point vous brouiller avec les souchets, au contraire; celui-ci est le *souchet long;* on en trouve qui ont jusqu'à 1 mètre; la racine est employée comme aromatique et amère; de plus, elle exhale une odeur de violette qui la fait employer en parfumerie. Pressez le rhizome et sentez-le, l'odeur en est fort agréable.

PAUL. — Il est peut-être bon à manger ?

MONSIEUR LEBERRIER. — Pas le souchet long, mais une autre

espèce, le *souchet comestible* ou amande de terre, qui pousse surtout en Orient et dans le Midi. On trouve sur ses rhizomes des tubercules qui ont le goût de la châtaigne ; on en fait une bouillie qui passe pour adoucissante, et qui est au moins agréable. En Espagne, on en consomme une grande quantité pour préparer l'orgeat.

PAUL. — Oh ! mais c'est une plante très utile, et elle n'est point laide quand on la regarde bien.

MONSIEUR LEBERRIER. — Attendez donc, je n'ai pas fini. On en tire de l'huile, et, avec ses tubercules brûlés, on fait un café qui ne vaut peut-être pas le moka, mais qui se laisse boire.

ANDRÉE. — Je ne dirai pas : « Que de choses dans un menuet ! » mais : Que de choses dans un souchet !

MONSIEUR LEBERRIER. — Cette herbe a aussi sa célébrité historique : une de ses espèces, celle qui est connue sous le nom de jonc du Nil, n'est autre que le fameux papyrus des Égyptiens.

PAUL. — Pour cela, je réclame, car du *papier russe* ne peut être qu'à nous !

La déclaration de Paul est accueillie par un rire général que partage bientôt le jeune Russe quand on lui explique sa méprise : mais il a toujours mieux aimé courir, jouer avec des soldats de plomb ou battre du tambour, que d'apprendre son histoire ancienne ; Mme Desay constate non sans mélancolie ce résultat. M. Leberrier continue.

— On dit que les Égyptiens, pour faire leur papier, coupaient la tige du souchet en tranches minces ; on en formait deux feuilles en ayant soin de placer les fibres de chacune en sens contraire de celles de l'autre : on les imbibait de colle ou d'eau, et on les mettait en presse. Le papyrus ne servait d'abord que pour les livres sacrés des Égyptiens ; mais plus tard ce peuple industrieux en fournit à Rome, à la Grèce, et même à notre Gaule. Songez qu'on écrivait encore sur du papyrus, au septième siècle ! Outre le papier, les Égyptiens en faisaient des cordages, des nattes, de petits bateaux, des corbeilles et des voiles. Ils prétendaient que les crocodiles n'attaquaient jamais les barques de papyrus, parce qu'Isis, leur grande déesse, avait voyagé sur un bateau de ce genre. On ajoute que le berceau, dans lequel le jeune Moïse fut exposé sur le Nil, était construit en papyrus. Sans vouloir diminuer l'illustration de notre souchet, je n'oserais vous donner le fait pour authentique. Enfin, on en faisait des flambeaux funéraires.

LÉNA. — Oh ! la jolie plante avec ses houppes de soie ! Est-ce encore un souchet ?

ANDRÉE. — Non ; je la connais, c'est la linaigrette ; elle est encore de l'ordre des Cypéracées ; c'est sa graine qui est entourée de poils soyeux et argentés. Elle se dessèchera facilement et fera bien dans l'herbier.

JEAN. — Si l'on en avait beaucoup, on en ferait des édredons.

ANDRÉE. — J'ai lu qu'on avait tenté de les utiliser ; ainsi on en a fait carder et, en les mêlant à du coton, on en a obtenu un tissu doux, chaud et soyeux ; on pensait même à les substituer à la ouate, mais je ne saurais dire si on a réussi.

SERGE. — Je reconnais du jonc, là-bas ; nous allons nous faire des cannes.

JEAN. — Les joncs sont de petits bambous, n'est-ce pas, Monsieur Leberrier?

MONSIEUR LEBERRIER. — Les bambous sont des graminées ; les Joncées marquent un pas de plus en avant dans les monocotylédonées. Jusque-là, la fleur manque d'enveloppes ; avec eux, nous trouvons un périanthe à six divisions, avec six étamines ; un ovaire surmonté de trois stigmates. Comme dans tous les végétaux aquatiques, leur tissu est très simple, le cellulaire y tient une grande place ; il est criblé de lacunes remplies d'air ou d'autres gaz qui, diminuant la pesanteur de la plante, lui permettent de s'élever dans l'eau, jusqu'à la surface, ou en partie au-dessus. Les vaisseaux y figurent peu ou point ; de là, un manque d'activité dans la sécrétion, et l'insignifiance des ressources que les Joncées offrent à l'homme. On ne cite guère, dans cette famille, que le jonc et la luzule. Cette dernière a des fleurs blanches, jaunes, tandis que le panicule du jonc, ainsi que vous pouvez le voir, est rose, ou brun ou blanchâtre, formé de fleurs petites et luisantes.

Comme les sphaignes qui alimentent les tourbières, le jonc croissant dans l'eau ou les marécages a sa part dans leur formation ; les luzules, elles, ne viennent que sur les prairies sèches. Ces deux plantes sont donc sans grande utilité : on en orne aujourd'hui des massifs, et on cultive quelques petites espèces qui fournissent des liens aux jardiniers et aux vignerons : le *jonc glauque* entre autres. Comme les souchets, leurs racines traçantes peuvent fixer les terres, et c'est là tout. Le *jonc épars* renferme plus de moelle que les autres, aussi l'emploie-t-on à faire des mèches. Ce jonc sert aussi à faire des cordages et des liens.

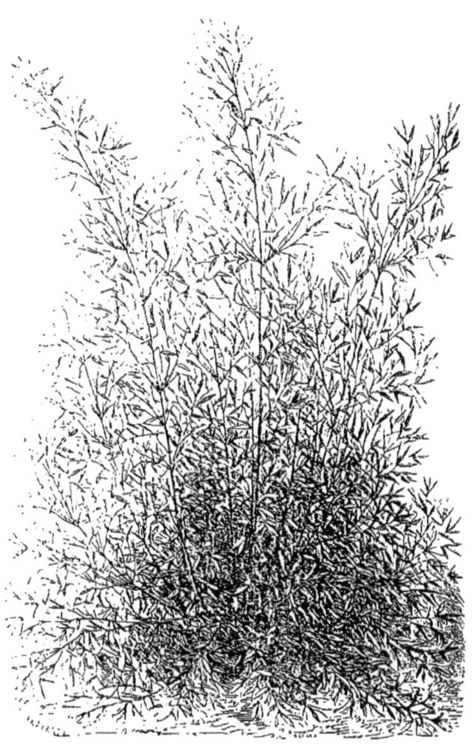

Bambou.

La luzule à fleurs blanches se rencontre dans les bois humides ; elle forme un corymbe dont chaque pédicelle porte cinq fleurs, et est fort jolie. Je vous le répète, les Joncées ne sont pas d'une grande utilité pour l'homme.

Serge. — Le bambou n'est-il pas une espèce de jonc ?

Monsieur Leberrier. — Les bambous sont des graminées qui ne poussent pas dans nos pays ; par leur solidité et leur haute taille, ils peuvent rivaliser avec les palmiers ; ils se prêtent à mille usages industriels et sont précieux pour les habitants des zones torrides. Songez que le plus élevé des bambous a bien 32 mètres de hauteur, et plus d'un demi-mètre de diamètre. Il est vide au milieu, comme vous le voyez, et on peut ainsi, sans un grand travail, fabriquer avec son bois des boîtes, des seaux. Dans l'Amérique du Sud et le sud de l'Asie, les bambous suffisent à la construction de maisons légères et solides, plus en état de résister aux secousses du sol ou aux ouragans que nos lourdes maisons de pierre qui s'écraseraient. Il est une espèce de bambou dont on mange les jeunes pousses comme nous le faisons des asperges. Un autre fournit le *bois de fer*, qui est d'une dureté extrême, et qu'en divisant en fils on peut convertir en tissus. Les ressources que les bambous offrent sont innombrables : à la fois souples, légers et solides, on en tire des liens, du papier, on en fait des échelles aériennes, que les hardis Indiens jettent de la cime d'un palmier à l'autre pour aller recueillir le vin qu'ils tirent de ces arbres. Les bambous ont une végétation extraordinairement rapide : en un jour, ils croissent de 1 mètre, et comme ils se multiplient du pied, ils forment des fourrés et des bois. Seulement, on ne peut guère admirer la fleur du même individu plusieurs fois en sa vie ; car ils ne fleurissent que tous les cinquante ans.

Mais voici un roseau qui peut nous donner une idée de la structure si parfaite des graminées. Regardez-le se balancer sous le vent ; vienne une tourmente, il la supportera sans se briser. Il est creux pourtant, comme le blé, comme l'avoine et l'orge. Remarquez ces nœuds qui fortifient son chaume de distance en distance ; cela ne suffirait pas encore pour donner à ces plantes d'apparence frêle une complète solidité et une force de résistance tout à fait unique. Ce qui les leur donne, c'est leur forme cylindrique et creuse ; carrée et pleine, elle n'aurait pas une solidité comparable. Cette forme creuse et cylindrique, nous la retrouvons partout dans la nature, où les corps ont à la fois besoin d'être légers et résistants, aussi bien dans les plumes de l'oiseau que dans les os des animaux ; c'est pour cela que l'arbre au tronc robuste et plein est plus exposé à se briser que la tige du blé ou des graminées. Leur extrême dureté vient de ce que le chaume des graminées est formé en grande partie de silice. Je vous citais à l'instant le *bois de fer* : eh bien, quand on le frappe avec une hache, il produit des étincelles.

Mais revenons à ce roseau ; il porte ses fleurs d'un pourpre noirâtre en panicule plumeuse; dans toute la plante, nous retrouvons le caractère de cette admirable famille, car elle est sucrée et sa racine renferme un principe médicinal. Le roseau sert à faire des balais, des nattes, d'excellentes couvertures de maison, du fourrage, de la litière, etc. Ne le confondez plus avec le jonc.

LÉNA. — Je le confondrais plutôt avec la canne à sucre que j'ai vue au muséum.

MADAME DESAY. — Voilà une erreur excusable; en effet la canne rappelle notre roseau, mais elle s'en éloigne par sa haute taille, 2 à 3 mètres! ses longues et larges feuilles, les dimensions de son chaume, enfin la richesse du sucre contenu dans sa moelle juteuse.

JEAN. — Comment, Paul, tu ne demandes pas comme on fait le sucre?

PAUL. — Je le sais; on coupe les tiges lorsqu'elles sont mûres.

— Lorsqu'elles ont dix-huit mois, ajouta complaisamment Andrée.

PAUL. — Les esclaves leur ôtent leurs feuilles et en font des fagots; on les porte dans un moulin où on les écrase; le jus, c'est le sucre.

ANDRÉE, *riant*. — Pas tout de suite. C'est dommage, Paul, vous aviez si bien commencé! On conduit le jus, qui est le *miel de canne*, dans des chaudières où on le fait cuire jusqu'à ce qu'il soit devenu du sirop. On le clarifie avec?... mère, je ne me rappelle pas?

MONSIEUR LEBERRIER. — Avec de l'eau de chaux.

ANDRÉE. — Ensuite, on l'enferme dans des moules où il se refroidit; c'est le sucre brut. On couvre l'extrémité supérieure du moule avec de l'argile détrempée qui laisse couler une eau qui lave le sucre trop gras; alors on a la cassonade. Plus tard, on le raffine avec du noir animal et on a le sucre blanc.

JEAN. — Paul a parlé d'esclaves; il me semble pourtant qu'il n'y en a plus.

MADAME DESAY. — Sans doute, en Amérique et à la Réunion où on cultive les cannes en grand, la récolte se fait par des noirs libres; mais leur condition est encore bien pénible et ils ont fomenté parfois des révoltes terribles : brûlant, détruisant tous les champs, et ruinant ainsi des maîtres, il faut le dire, souvent avides et durs.

LÉNA. — Et mon roseau? Je le tiens toujours ; puis-je le faire disparaître dans l'herbier?

MONSIEUR LEBERRIER. — Sans doute; j'ajouterai un mot à propos des Graminées dont nous avons été amenés à parler. Cette précieuse famille qui renferme dans sa graine une farine riche en gluten, principe azoté précieux pour l'alimentation, contient aussi du sucre, comme nous l'avons vu dans le raisin et surtout dans la canne. La présence du sucre détermine la fermentation, et c'est ainsi que sont produits certains alcools propres à la boisson ou à d'autres usages. Ainsi le jus de la canne donne le rhum et le tafia ; le riz donne l'arack et l'orge mêlée au houblon, la bière. C'est cette abondance de principes nutritifs qui a fait des Graminées les végétaux les plus précieux pour l'homme et les animaux, car ils sont encore la base des pâturages et des fourrages.

LÉNA. — Oui, je les admire, mais pourquoi n'ont-elles pas une jolie fleur parfumée?

MONSIEUR LEBERRIER. — La fleur en est intéressante, et la beauté lui était inutile; quant au parfum, les Graminées n'en sont pas dépourvues; promenez-vous dans une prairie, et vous aspirerez une odeur saine et vivifiante. La *flouve odorante* parfume nos prés et le vétiver, employé pour défendre les vêtements des atteintes des insectes, est doué d'une odeur pénétrante et aromatique. C'est encore une graminée qui a fourni sa racine.

LÉNA. — Je suis convertie, Monsieur, et je fais le plus grand cas des souchets et des Graminées; mais ne pourrions-nous pas encore tirer du fond de cette rivière quelque autre plante aquatique?

MONSIEUR LEBERRIER. — Voici des algues qui vont nous replonger dans les Cryptogames. Ces plantes tout à fait inférieures, uniquement formées de cellules sans vaisseaux, et dont les unes vivent dans l'eau douce quand la plus grande partie peuplent les mers, se reproduisent par des spores. Elles n'ont ni feuilles ni tige déterminée, mais respirent comme les plantes les mieux organisées. Ici encore, l'ordre de la Providence est admirable ; ces plantes en dégageant l'oxygène purifient les eaux qui se corrompraient par la décomposition des êtres qu'elles renferment, et fournissent un aliment à la respiration des poissons et autres animaux aquatiques. Aucune espèce n'est vénéneuse, et la médecine extrait de leur masse souvent gélatineuse — je parle des algues marines — l'iode et le brome : la mousse de Corse est employée comme vermifuge.

MADAME DESAY. — On désigne sous le nom de conferves les algues d'eau douce, et on réserve, je crois, celui de fucus ou varechs pour celles de la mer.

LÉNA. — Si toutes les algues ont cette nuance, je ne leur accorde pas mon admiration.

ANDRÉE. — Si maman nous emmène aux bains de mer, tu pourras, là, en voir à ton aise ; la plupart sont vertes, d'autres brunes avec mille découpures bizarres ; il y en a de rouges comme du carmin, de roses, de blanches, déliées et légères comme une fine mousse. Elles ont pour la plupart un éclat très vif.

LÉNA. — Et quelle forme ont-elles ?

ANDRÉE. — L'un des plus communs est le *varech vésiculeux* qui a des vésicules aériennes, qui éclatent sous le pied quand on l'écrase ; il forme des découpures nombreuses qui donnent assez l'idée de feuilles. Il y en a qui ressemblent à de la chicorée frisée. La *laminaria saccharina* est comme une immense feuille gaufrée sur les bords.

MONSIEUR LEBERRIER. — L'iode et le brome que la médecine tire de ces végétaux ne sont pas les seuls produits qu'ils offrent. Sur les côtes de Bretagne, les paysans ramassent la laminaire, qu'ils font sécher, et qui leur fournit un combustible excellent. Quand la mer est basse, ils vont avec des charrettes ramasser les varechs que le flot a apportés et qu'ils ont d'abord pris soin de réunir en tas. Ce varech est ensuite exposé assez longtemps à la pluie pour qu'il perde son sel qui pourrait nuire à la végétation. Alors on en forme du terreau en le mêlant à de la terre et il forme un excellent engrais propre à tous les terrains. En Suède, en Norvège, les habitants mangent le *fucus vésiculeux* dont parle Mlle Andrée. Sur les côtes méridionales, on le brûle lentement dans des fosses et on recueille les cendres qui renferment de la soude. Vous savez que la soude sert à faire le savon. Les marins mangent, en guise de cornichons, le *sargasse à baies* qui porte aux aisselles de ses frondes des gonflements sphériques, qui l'ont fait appeler raisin des tropiques. C'est cette algue qui forme une véritable plaine au milieu de l'Océan, au sud des îles Madère.

JEAN. — Ces varechs ont sans doute des racines bien petites pour être ainsi arrachées par le flot?

MONSIEUR LEBERRIER. — Ils n'ont, à proprement parler, que des crampons et non des racines, car elles ne servent point à les nourrir; elles flottent, la plupart sans tenir au sol et absorbent par toute leur surface l'eau qui leur apporte la nourriture. Notez qu'il y en a de gigantesques, et pour ne citer que la sargasse à baies, on en a trouvé ayant 100 mètres.

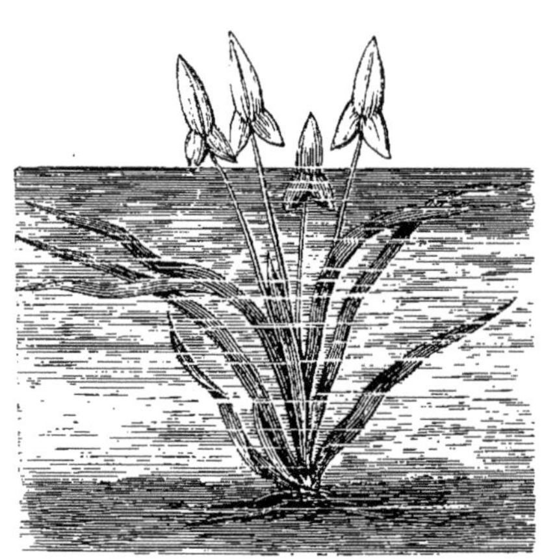

Sagittaire.

LÉNA. — Alors celle-là n'aura pas place dans un herbier. Ah! enfin, voici des fleurs qui flottent au milieu du ruisseau.

ANDRÉE. — C'est l'*épi d'eau* ou le potamot; il s'est élevé à la surface de l'eau pour fleurir; on en trouve une espèce dans la Seine, et je la possède dans mon herbier; on l'appelle, je crois, le potamot à dents de peigne; son épi de fleurs verdâtres est plus allongé que celui-ci.

MONSIEUR LEBERRIER. — Je crois bien que c'est le potamot crépu, à cause de cet épi court et large. Je ne connais pas à ces plantes d'utilité particulière; contentons-nous de ne leur demander que quelques échantillons. Voici devant nous qui va réjouir Mlle Léna. Cette jolie plante qui baigne à demi son pied dans l'eau et qui élève sa tige droite toute en fleurs, c'est la sagittaire ou fléchière d'eau, ainsi nommée à cause de ses feuilles triangulaires si élégamment pétiolées. Ses fleurs blanches sont tachées de rouge, à trois pétales intérieurs et à trois extérieurs, servant de calice, à étamines nombreuses et à plusieurs pistils ; vingt-quatre sont en verticille de trois autour de la tige, qui mesure bien deux pieds. On mange le rhizome charnu de quelques fléchières qui renferme une fécule rafraîchissante et nutritive.

Léna. — Ces fleurs sont bien fragiles à emporter.

Andrée. — Prends-les en boutons, elles fleuriront très bien à la maison.

Monsieur Leberrier. — Ces plantes brillantes appartiennent à la classe des Monocotylédonées et à l'ordre des Alismacées, toutes aquatiques mais jamais submergées. Elles ont un suc âcre. A cette même famille, le plantain d'eau que Jean vient d'enlever avec habileté. Ses petites fleurs sont délicatement verticillées et forment sur la tige comme plusieurs étages d'ombelles. Il ne mesure jamais plus de 30 centimètres. On a prétendu qu'il constituait un remède contre la rage.

Léna. — Ce plantain est-il bon, comme l'autre, pour les oiseaux ?

Andrée. — Non ; le plantain des oiseaux n'est pas même le cousin de celui-là ; il faut le chercher dans les Dicotylédonées, à l'ordre des Plantaginées. Le plantain se rencontre partout où le terrain est sec, et celui des oiseaux est le plantain à grandes feuilles ; ce sont les graines de ses fleurs en épi qu'ils aiment, et c'est une plante vulnéraire qui fournit une eau salutaire pour les yeux.

Madame Desay. — Le plantain corne-de-cerf a des feuilles vulnéraires et astringentes bonnes pour les coupures. Ne confondons donc plus ces plantes si différentes.

Monsieur Leberrier. — J'espérais rencontrer par ici le butome nommé jonc fleuri, qui se sépare peu des Alismacées dont il a les propriétés. Vous le reconnaîtrez à sa magnifique ombelle de quinze à vingt-cinq fleurs, et à sa taille d'environ un mètre. On prétend que les habitants des bords de la mer Caspienne se nourrissent de son rhizome.

Andrée. — Dans ce ruisseau, pas plus que dans ces petites mares, je ne vois de nénuphar ; je le regrette beaucoup.

— Si ces messieurs et ces dames ne sont pas trop pressés, dit le garde qui attendait depuis quelques instants le moment d'annoncer que le déjeuner était préparé, ils pourraient pousser, à une petite demi-heure de marche, jusqu'à plusieurs beaux étangs où ils trouveront des fleurs, puisqu'ils en cherchent.

Les enfants interrogèrent Mme Desay du regard ; quand ils étaient ainsi en plein air, ils n'étaient jamais pressés de rentrer à Paris.

— Je n'y vois pas d'empêchement, reprit-elle, et pourvu que ce soir nous ne manquions pas notre départ, la journée nous reste. Je ne crains qu'une chose, c'est d'abuser des moments de M. Leberrier.

— Moi, je suis en congé, Madame, et je n'éprouve nullement le désir de partir plus tôt que mes petits compagnons, si attentifs, si gais et d'humeur toujours satisfaite.

Ces étangs avaient été autrefois établis ou entretenus pour des chasses à courre, mais ils étaient depuis longtemps abandonnés. Tout en cheminant, le garde leur demanda s'ils avaient passé longtemps dans la forêt de Sénart.

— Nous n'y avons fait qu'une excursion d'une demi-journée, reprit Jean, et ce n'est pas assez pour tout voir.

Tout voir ! ce Jean était insatiable !

— Ces messieurs et dames ont-ils au moins vu le gros chêne? demanda le garde.

— Non, nous ne regardions que les champignons, les fougères, et comme ils sont à terre, nous n'avions pas la tête levée pour admirer les arbres.

— Dommage ! si vous voulez que je vous conduise vers Champrosay, vous y verrez un arbre, oh ! mais un arbre ! il n'y en a pas de si gros dans la forêt de Fontainebleau qui cependant n'en chôme guère. C'est un chêne dont le feuillage couvre bien 30 mètres ; il est vieux, à présent, mais dans le temps jadis, paraît qu'on y pendait les paysans qui avaient déplu au seigneur de Brunoy. Si vous le voulez donc, je vous y conduirai.

— Merci, mon ami, dit Mme Desay, je crois que la promenade aux étangs nous suffira.

Intérieurement, elle se disait que cette vie errante ne pouvait se prolonger davantage. Paul et Jean n'étaient point satisfaits ; mais à la vue des étangs sur lesquels s'étendaient, à cette heure de midi, les fleurs magnifiques des nénuphars, ils oublièrent le vieux chêne.

— Quelle admirable fleur! on a bien raison de l'appeler le lis des eaux, dit Andrée. Ses pétales si nombreux ont l'air d'être en ivoire, et comme ils sont disposés avec harmonie, plus grands à l'extérieur et diminuant peu à peu jusqu'au centre!

Léna. — Et leurs feuilles en forme de grands cœurs, sont-elles larges et épaisses!

Madame Desay. — C'est la plus belle fleur aquatique d'Europe; nos rivières et nos étangs en sont couverts. Quand le soleil aura disparu, ils fermeront leurs belles fleurs qu'ils dressent si fièrement et les replongeront sous l'eau. Il y a des Nymphéacées à fleurs blanches, rouges,

Nénuphar.

jaunes ou blanches. Les anciens avaient consacré le nénuphar au soleil, et le nélumbo, qu'on trouve en Orient, est l'ancien lotus des Égyptiens. On voit souvent les statues d'Osiris, le dieu du soleil, couronnées de lotus. Les Chinois ont eu aussi une grande vénération pour cette plante, puisqu'ils représentent Bouddha, le fondateur du bouddhisme, assis sur une fleur épanouie de lotus.

Monsieur Leberrier. — Le nélumbo, ou lotus, a des fleurs d'un rose vif, et il a des tiges beaucoup plus hautes que nos nénuphars. L'espèce qui croît dans les rivières d'Asie est le nélumbo brillant dont les fleurs ont un fin parfum d'anis; ses graines, de la grosseur d'une noisette, se mangent comme des amandes. En Égypte, vous savez que le lotus servait à faire du pain; les anciens l'appelaient la rose du Nil, et Homère parle des lotophages ou mangeurs de lotus.

Léna. — Ce nénuphar exhale aussi un parfum?

Monsieur Leberrier. — Bien léger ; nous allons cueillir une de ces fleurs jaunes, de même forme, mais plus petite et qui se tiennent à 8 ou 10 centimètres au-dessus de la surface de l'eau : c'est le nénuphar jaune ou nuphar ; il a une odeur qui rappelle celle du citron. Prenez-en plusieurs, nous aurons de la peine à les dessécher, et surtout les feuilles charnues et imprégnées d'eau perdront vite leur couleur vert sombre.

Jean. — Moi, j'en prends de toutes les tailles, de grosses fleurs et de petites.

Monsieur Leberrier. — Cette petite fleur que vous venez de tirer de l'eau, Jean, n'est plus une nymphéacée, et quoiqu'on l'appelle communément petit nénuphar, qu'elle rappelle en fort réduit, c'est l'hydrocharis — le type des Hydrocharidées. Voyez, elle n'a que six pétales, et puis elle est dioïque ; les unes renferment les pistils, les autres les étamines. Ses petites feuilles nageantes affectent à peu près la forme de celles du nénuphar. C'est à cet ordre qu'appartient la vallisnérie spirale. Comme toutes les hydrochariédes, elle vit au fond des eaux, où les terres végétales ont pu s'accumuler, mais au moment de la floraison, nous l'avons dit déjà, les fleurs femelles déroulent leur longue tige en spirale pour venir s'épanouir à la surface des eaux ; les fleurs mâles, pourvues de pédoncules très courts, se détachent du fond et remontent pour venir voguer également à la surface, de façon à ce que leur pollen vienne rendre fertiles les ovaires de la fleur femelle.

Léna. — Cherchons, je vous prie, cette curieuse plante.

Monsieur Leberrier. — Nous ne la trouverons pas ici ; elle se plaît dans les eaux courantes ; on la trouve surtout en Italie, dans le Rhône et la Saône, qu'elle encombre, mais très rarement dans la Seine.

Jean. — Voici encore un potamot.

Monsieur Leberrier. — Cette plante est une naïade vulgaire, elle n'est pas hermaphrodite comme le potamot, mais dioïque ; de plus, ses fleurs sont à peine visibles, enfin sa tige est hérissée d'épines. Sa grande qualité est de servir de nourriture aux carpes. Les zostères sont placées quelquefois dans l'ordre des Naïades. Je sais que nous n'en trouverons pas ici. La zostère est une plante marine et la seule qui ait des fleurs : car, ainsi que le fait observer un écrivain, « dans la « mer, les animaux fleurissent, témoin les anémones de mer, et les « plantes ne fleurissent pas ». C'est une plante remarquable par ses feuilles rubannées d'un vert sombre : elle possède des racines qui l'attachent aux sables mouvants et elle a des fleurs, bien petites, bien modestes, il est vrai. Elle abonde sur nos côtes, où on la ramasse, soit pour nourrir les bestiaux, soit pour leur faire de la litière. Elle est lente à se décomposer, ce qui lui fait préférer l'Algue vésiculeuse pour engrais ; mais les Hollandais la recherchent pour couvrir leurs digues ; les paysans en couvrent leurs maisons ; en France, où on lui donne communément le nom impropre de *varech*, on en fait des matelas, des coussins et on l'emploie pour les emballages.

Jean. — Alors, sur les bords de la mer, on ne trouve aucune fleur, et les plantes uniques sont les fucus ?

Madame Desay. — On ne t'a pas dit cela, mon enfant, et ta mémoire me semble en défaut. L'eau salée, mortelle pour la généralité des végétaux terrestres, est au contraire nécessaire à la vie de plusieurs qu'on voit se développer dans les sables : même il en est qui baignent leur pied dans la mer. Je ne veux pour exemple que les mangliers, ces arbres des tropiques qui vivent en société, sur toutes les côtes de ces régions. Leurs fortes racines s'élèvent au-dessus de l'eau, formant des arcs-boutants sur lesquels grandit la tige.

Jean. — Je me souviens que vous nous fîtes, en effet, une description tellement séduisante des mangles que l'eau en était venue à la bouche de Paul.

Madame Desay. — Dans les landes sablonneuses de Carnac, dominant les rochers, ne te souviens-tu pas d'avoir, avec Andrée, cueilli une espèce de crucifère aux feuilles charnues que vous preniez pour de la giroflée ? Vous avez eu aussi des cochléarias de Bretagne (ou raifort sauvage), des salicornes, et plusieurs soudes (1) dont le feuillage épais et court ne se retrouve pas ailleurs ; les statices et une espèce de

(1) La soude ou *salsola* appartient à l'ordre des Atriplicées et, traitée par l'incinération, donne la *soude* du commerce.

petits œillets nains tapissent les sables. Et le sel est tellement nécessaire à ces individus qu'on les a retrouvés dans l'intérieur des terres dont la composition était saline.

Monsieur Leberrier. — Je crois que votre moisson de plantes aquatiques se terminera bien en y ajoutant cette châtaigne d'eau. Voyez, c'est la mâcre nageante. Sa tige est longue, complètement immergée, et ses feuilles forment une grande rosette; elles ont ellesmêmes la forme d'un losange; ses fleurs sont petites, et d'un blanc verdâtre; mais ce qui est intéressant, c'est son fruit, gros, dur, cornu, qu'on appelle noix d'eau ou châtaigne d'eau. Il est farineux et rappelle la saveur de la châtaigne. On le fait quelquefois cuire sous la cendre.

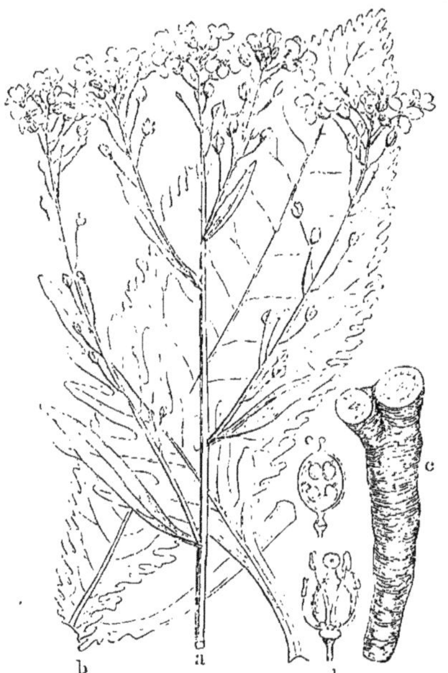

Raifort sauvage. — *a*, sommité fleurie; *b*, feuille; *c*, racine; *d*, étamine et pistil; *e*, coupe du fruit.

Jean. — Nos boîtes sont pleines et nous ne pouvons nous plaindre de notre chasse.

Léna. — N'êtes-vous pas d'avis, au moins, que nous continuions un peu au bord de l'étang pour reconnaître les fleurs qui l'avoisinent?

Andrée. — Je sais ce qui t'attire : ce sont ces iris jaunes. Remarque au moins leur tige en zigzag portant plusieurs fleurs d'un jaune doré. On a voulu voir dans ces fleurs se dressant sur les eaux bleues, ou sous le ciel bleu, je ne saurais dire au juste, on a voulu voir l'origine des trois fleurs de lis d'or en champ d'azur qui composaient le blason de nos rois. Cette espèce est l'iris faux acore. L'iris nain qui vient sur les murs a une jolie couleur bleue. L'iris d'Allemagne fournit ces racines qui sentent si bon la violette et avec lesquelles on fait la poudre dont tu parfumes tes gants et tes papiers.

Madame Desay. — Déjà, ma chère Léna, à Champigny, vous avez

reconnu les plantes qui recherchent le bord des eaux ; ici, ce sont les mêmes : iris, myosotis, origan ; là-bas des saules, des peupliers, des renoncules ou boutons d'or, des onagres.

JEAN. — Des onagres ! je ne connais pas, maman.

MADAME DESAY. — Cette grande fleur jaune en épi terminal, haute de près d'un mètre, là, auprès des iris. On la nomme aussi herbe-aux-ânes ; elle a un parfum qui rappelle celui de la fleur d'oranger. Elle vient, je crois, d'Amérique, mais est très commune ici, au bord de l'eau. D'autres excursions, mes amis, compléteront vos connaissances ; songeons maintenant à notre retour.

Iris d'Allemagne.

On s'éloigna des beaux étangs, Léna et Jean, avec un regard de regret ; chemin faisant, M. Leberrier faisait à Andrée et à sa mère le plan d'une prochaine excursion dans la forêt de Fontainebleau, à laquelle il faudrait consacrer plusieurs jours, et sa proposition fut accueillie avec plaisir. Seul, Serge, qui jusque-là avait partagé les recherches et les causeries de ses compagnons, se tenait à l'écart et avait repris cet air sombre qu'on lui avait vu souvent, depuis qu'il avait quitté la Russie. Mme Desay mit cela sur le compte de la fatigue et s'inquiéta ; le jeune garçon répondit à peine à ses questions, pas plus à M. Leberrier, et s'isolant de tous, il fit un geste impérieux à Simon, qui vint humblement le rejoindre. Pendant tout le reste de la route, il lui parla en russe d'un ton très animé. Léna les regardait à la dérobée avec inquiétude. On avait quitté le garde en le rétribuant de son hospitalité avec une générosité qui le laissa stupéfait.

— Laissez-moi votre adresse, dit-il, ne pouvant contenir son expansion, et, puisque vous aimez les fleurs, je me charge de vous en fournir tant qu'il y en aura, et des champignons, et des fougères aussi. Quand on rencontre du monde si honnête, on doit prendre garde de l'oublier.

Dans son for intérieur, le brave homme n'était point fâché du petit accident arrivé à Paul.

— C'est agréable, dit Jean, partout où nous avons été, nous avons trouvé des amis.

— Il en serait toujours ainsi, mon enfant, si on était bienveillant, complaisant et généreux les uns pour les autres.

Cette réflexion s'achevait comme la gare un peu rustique de Brunoy apparaissait. Deux heures plus tard, on était de retour à l'hôtel du Parc Monceau, et Jean, qui tenait un compte exact de ce que l'on faisait et de ce que l'on ne faisait pas, pria M. Leberrier de ne pas tarder à revenir, car dans les études de la plante on avait négligé le fruit.

CHAPITRE XV

DANS LES MONTAGNES

Des lettres, des journaux, attendaient le retour des voyageurs. L'une portait des timbres de Russie, Serge et Léna se jetèrent dessus. Elle était du prince Souvarine, mais ne portait aucune date ; le père y témoignait une vive tendresse pour ses enfants, les exhortait à la patience, leur parlait de leur réunion prochaine, mais il ne donnait aucun détail sur la guerre, ni sur les combats livrés aux Turcs, ni sur les triomphes des Russes.

— Je ne reconnais point mon père dans ces lettres, dit Serge; on dirait qu'il évite de nous tenir au courant des événements auxquels il prend part, quand il n'y a que cela qui nous intéresse.

Cependant Mme Desay avait, elle aussi, reçu une lettre. En la lisant, elle ne fut pas maîtresse d'elle et laissa échapper un mouvement de surprise et de chagrin que surprit Andrée. Celle-ci serra la main de sa mère pour lui rappeler la présence de ses élèves.

— Viens, viens, Andrée, dit Mme Desay à sa fille en l'entraînant dans sa chambre.

Jean, occupé à monter son microscope pour le plaisir de chacun, n'avait rien vu, mais Serge et Léna éprouvaient un vague sentiment d'inquiétude.

— As-tu vu comme Mme Desay était pâle en recevant la lettre de Russie, Serge? demanda Léna.

— Oui. Écoute, Léna : j'ai une idée qu'il faut que je te dise! Mme Desay nous cache quelque chose.

— Et d'abord, pourquoi ne veut-elle jamais que nous lisions les journaux? dit la jeune fille. En voici plusieurs; tant pis, je veux savoir.

Léna fit sauter la bande de plusieurs journaux russes, et les parcourut avec une attention fébrile. Serge s'était approché d'elle et lisait des yeux; quant à Paul, monté sur une chaise entre ses deux aînés, il essayait de comprendre.

— J'en étais sûr, j'en étais sûr, s'écria Serge, les affaires vont mal; les Russes ont été repoussés, vois... vois! Il y a eu des morts, des prisonniers! des...

Un cri aigu de Léna lui coupa la parole et la jeune fille, après s'être débattue quelques instants, tomba à terre où elle resta sans mouvement.

Elle avait lu : « Parmi les morts, on compte le prince Souvarine. La famille si cruellement éprouvée, il y a quelques mois, vient de perdre son chef. »

Serge et Paul se mirent à pleurer, tout en appelant Léna dont la pâleur les effrayait. Mme Desay et sa fille, rappelées par les cris, rentrèrent effrayées.

— Papa est mort! Léna est morte! maman est morte! sanglotait Paul sur tous les tons du désespoir ; quel malheur ! mon Dieu !

Serge, pâle, fiévreux, avait peine à contenir un tremblement et ses yeux rougissaient sous les larmes brillantes qui y montaient.

En voyant les journaux ouverts, madame Desay avait compris.

— Chers enfants, leur dit-elle, en aidant Andrée qui avait soulevé la tête de Léna et lui faisait respirer des sels, je vous en prie, calmez-vous ; soyez plus maîtres de vous et nous pourrons causer ensemble.

Léna rouvrait les yeux, et en se rappelant la fatale nouvelle, elle éclata en sanglots.

— Nous n'avons plus de mère, plus de père, plus personne? dit-elle enfin.

— Mais que croyez-vous donc, ma chérie? lui dit Andrée, pendant que Mme Desay froissait le journal avec indignation.

— Toujours des fausses nouvelles! dit-elle. Mes chers enfants, rassurez-vous, le prince Souvarine a été blessé, il y a déjà une quinzaine de jours, aux côtés du général Skobeleff, mais son état n'est pas désespéré; il est grave, c'est vrai, mais nous prierons tant pour lui que Dieu vous le laissera...

Pas mort! ah! les jeunes princes revinrent aussi vite à l'espérance qu'ils s'étaient laissés aller à la douleur. Les hommes sont ainsi, à plus forte raison les enfants.

Mme Desay leur apprit alors que le prince, en conduisant une attaque qui devait prévenir une sortie, s'était avancé trop vivement et avait été atteint à la poitrine et au bras par des coups de feu. Il était soigné dans les ambulances de la Croix-Rouge et, la balle de la poitrine n'ayant pu être extraite, son état était grave.

Avant de quitter le prince, Mme Desay avait reçu de lui l'ordre formel de ne pas inquiéter les enfants dans quelque cas que ce fût. Il avait à l'avance écrit une série de lettres qui leur étaient envoyées par les soins de son intendant : ne sachant où les hasards de la guerre le porteraient, il voulait que ses enfants ne fussent troublés ni par l'attente, ni par des soucis dont il fallait garder leur jeune âge. Il connaissait la nature tourmentée de Serge et la sensibilité excessive de Léna. Les soigner, les distraire, les amuser était tout ce qu'il réclamait de l'institutrice.

— Vous n'avez point manqué à votre parole, Madame, dit Serge ; c'est bien, mon père ne vous en voudra pas, mais nous allons partir, ce soir, pour Plewna.

MADAME DESAY. — Je vous tiendrai fidèlement au courant de l'état du prince, mon cher Serge ; je reçois des nouvelles tous les deux jours, j'en demanderai désormais chaque jour. Mais les ordres sont formels, vous devez rester près de moi.

— Venez avec nous, dit Léna ; je vous en supplie, je ne puis vivre ainsi, si je ne revois pas mon père.

Mme Desay se montra tendre, maternelle, pour les enfants qu'elle aimait presque à l'égal des siens, mais elle demeura inflexible. Sur le conseil de M. Leberrier, elle prit la résolution de les distraire, et ce fut ainsi qu'au lieu d'aller à Fontainebleau, on partit, un beau matin, pour les Vosges. Il est impossible d'échapper aux distractions d'un voyage et, malgré l'idée qui, chez les jeunes Russes, primait toutes les autres, ils ne purent séjourner sans plaisir dans cette région si pittoresque et si variée, dont Gérardmer est le centre. Chaque jour, une dépêche apportait le bulletin de santé du blessé, et la situation traînait sans amener de changement notable. Cependant, on partait de bon matin avec un guide pour explorer les forêts et les montagnes de la région vosgienne.

Sur leur demande, M. Leberrier était venu rejoindre ses jeunes amis et il faisait tous ses efforts pour les distraire. Sur la très juste réclamation de Jean, avant toute excursion, il dut donner quelques notions sur le fruit. L'été s'achevait, on courait vers l'automne, et c'était bien la saison.

« Sans entrer dans des détails scientifiques trop spéciaux, dit le marin à son jeune auditoire, je vous dirai que, dans tout fruit, nous devons distinguer trois parties ou couches : l'épiderme extérieur ou *épicarpe*; le parenchyme intermédiaire ou *mésocarpe*: l'épiderme intérieur ou *endocarpe*. Le fruit n'est autre que le pistil, où nous remarquons l'ovaire ou *péricarpe*, l'ovule ou la *graine*.

Un exemple vous fera mieux saisir. Prenons une pêche ou un abricot : la peau est l'épicarpe ; la partie qu'on mange, le mésocarpe ; le noyau, l'endocarpe. En l'ouvrant, vous trouvez l'amande qui est la graine. Dans la noix ou dans l'amande, au contraire, vous mangez la graine, et vous rejetez l'enveloppe verte et amère qui n'est autre que le mésocarpe avec son épiderme.

Ces parties ne sont pas toujours aussi distinctes. Ainsi, dans le melon, c'est le mésocarpe qui forme la partie verte et la chair sucrée, l'épicarpe et l'endocarpe ayant presque disparu.

Nommons maintenant les différentes formes qu'affecte le fruit et que vous connaissez déjà. On appelle *drupe* le fruit charnu, à noyau, soit la cerise ou la prune. L'*akène* a un péricarpe mince et sec et présente une graine, unique par loge, à laquelle elle ne tient que par son point d'attache; mais, quand elle est comme soudée au péricarpe, elle prend le nom de *caryopse*. Les graminées, le blé, l'avoine ont le fruit en caryopse ; la bourrache, le rosier l'ont en akène. Quelquefois le péricarpe s'amincit au-delà de la loge et forme comme une feuille membraneuse, on a alors la *samare*, comme dans l'érable. Si le carpelle s'ouvre longitudinalement en deux valves, on a une *coque*, exemple, l'hellébore ; ou une gousse, le petit pois. La *baie* désigne un fruit dont le péricarpe est charnu, comme la groseille. Parmi les fruits dont les carpelles s'ouvrent d'eux-mêmes, nous voyons la *capsule*. Tantôt elle s'ouvre comme une boîte, telle est celle du mouron rouge ; tantôt, semblable à une gousse allongée, elle s'ouvre dans sa longueur, c'est la *silique*, fruit des crucifères.

Tous ces fruits proviennent d'un seul pistil ; mais il en est d'autres qui se formeront de plusieurs ; ces pistils se soudent et on ne voit plus qu'un fruit, tel est celui de la mûre, de l'ananas, de l'arbre à pain. Le *cône*, fruit des arbres verts (pin, sapin, cèdre), résulte d'une agrégation semblable ; remarquons que, dans le cyprès et le genévrier, ce cône prend la forme d'une baie, mais n'en est pas une.

Nous n'en dirons pas plus sur le fruit : ces quelques mots vous suffiront pour vous guider dans vos promenades.

Paul, qui avait gardé toute sa gaieté, ajouta :

— Et je déclare que le fruit me semble la partie de la Botanique la plus agréable à étudier. Mais les autres ne riaient guère, et M. Leberrier s'ingéniait à les intéresser. Il leur signalait les plantes les plus caractéristiques et les plus intéressantes de ces régions.

« La végétation des montagnes, leur dit-il, un jour qu'on montait au grand Hohneck, n'est pas une végétation à part comme celle des eaux ou des sables; non, elle répond à celles des latitudes différentes que l'endroit où l'on est représente. Ici, nous ne pourrions pousser loin la comparaison, parce que les Vosges ne dépassent guère le niveau de la mer, 1.500 mètres, mais supposez l'une des plus hautes du globe, l'Himalaya ou certains sommets des Andes. Donc, la végétation suivie depuis la base jusqu'à la cime d'une montagne située sur l'équateur présentera des modifications analogues à celles qu'on rencontrerait en allant de l'équateur au pôle. Ici, nous avons le climat tempéré du nord de la France, aussi nous voyons les plantes des champs telles que nous les avons observées aux environs de Paris, qui est le centre le plus apte à nous donner une idée générale d'une grande partie de la zone tempérée froide. Ainsi, je vois l'avoine pubescente, la bugle, — cette jolie labiée. Nous commençons à escalader les premières pentes et déjà nous voyons les plantes alpestres. Voici des aconits; voici l'arnica, dont nous avons parlé;

Aconit napel. — *a*, sommité fleurie ; *b*, fleur entière ; *c*, fleur sans les enveloppes florales ; *d*, fruit ; *e*, graine ; *f*, racine.

le carex précoce, nous connaissons sa famille, c'est une Cypéracée. Sa tige est triangulaire, ses feuilles striées, ce qui fait de cette famille nombreuse et peu intéressante un mauvais fourrage, car il coupe les mains à qui veut l'arracher et écorche le palais des bestiaux qui le mangent. Son nom vulgaire est la *laiche*.

Jean, cueillez cette centaurée et ces armoises, avec l'achillie et les arniques, cela fera de beaux échantillons de la flore des montagnes. Ce cyclamen représentera bien la famille des Primulacées. Cette

Arnica. — *a*, plante entière; *b*, fleur de la circonférence; *c*, fleur du disque; *d*, akène plumeux.

Cyclamen d'Europe. — *a*, plante entière; *b*, fleur; *c*, fruit.

saxifrage, appelée dorine, appartient à une famille qui ne redoute pas le froid, car il y a des saxifrages qui vivent sous la neige et résistent aux eaux glacées qu'elle forme en fondant; leur nom signifie perce-pierres, parce qu'elles naissent et vivent au milieu des montagnes pierreuses. Cette plante aux allures de tulipe est une liliacée nommée la fritillaire: celle-ci est jaune, panachée de brun; il y en a de blanches et de rouges. A côté de la digitale à grandes fleurs, vous voyez la gentiane croisette avec ses charmants verticilles de fleurs bleues. La germandrée petit-chêne, excellente plante tonique et fébrifuge, nous montre ses fleurs purpurines, à côté de sa sœur la germandrée sauvage. Ici, voici un groseillier noir. En redescendant, vous ferez bien de prendre une légumineuse, le mélilot ferrugineux qui est très caractéristique : au commencement de la floraison, ses fleurs sont jaune clair et, après la fécondation, elles deviennent brunes.

La molène est bien reconnaissable à ses petites fleurs en panicule d'un jaune pâle, serrées les unes contre les autres : à leur tige, cou-

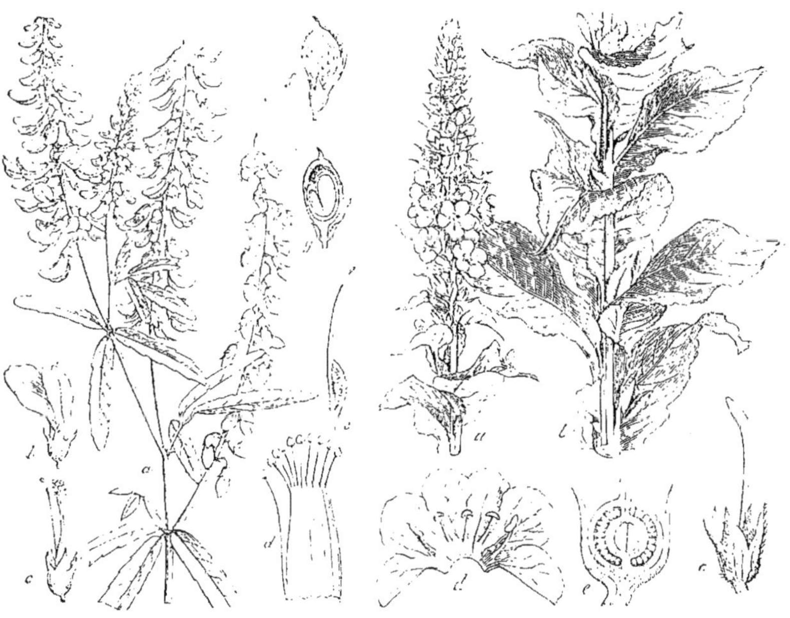

Mélilot. — *a*, plant : *b*, fleur : *c*, organes sexuels et calice : *d*, androcée étalé : *e*, pistil : *f*, *g*, fruit entier et ouvert.

Molène bouillon-blanc. — *a*, *b*, plant : *c*, pistil et calice ; *d*, corolle ouverte : *e*, coupe de l'ovaire.

verte d'une poussière farineuse, et à leurs étamines chargées de poils jaunâtres. Elle possède à un degré moindre les qualités émollientes, calmantes et béchiques du *bouillon-blanc*, dont la graine enivre les poissons et permet de les prendre à la main. Voici l'ophrys mouche; les fleurs de son épi lâche semblent des mouches bleuâtres : c'est la division inférieure avec sa remarquable tache bleue, qui figure le corps de l'insecte. Vous avez reconnu là une des plus bizarres Orchidées. L'orchis taché ne doit pas être loin. Nous retrouvons l'origan avec sa bonne odeur de menthe, ses vertus toniques et stomachiques. La phalangère fleur de lis a fleuri là au printemps; c'est une plante qui ressemble à l'ornithogale ou dame d'onze heures et dont

Ornithogale.

les pétales délicats et blancs sont marqués au dos d'une large raie verte. Cueillez ces feuilles de pimprenelle, et aspirez-les après les avoir froissées; quelle odeur aromatique! encore un apéritif vulnéraire. Il y a eu là des polygala à foison. Nous en avons trouvé au Bois de Boulogne, de ces frêles fleurs qui ont, dit-on, la propriété d'augmenter le lait des vaches qui le mangent, d'où son nom. La potentille, de la famille des Rosacées, et ressemblant à la benoîte, a étendu là son feuillage argenté.

Déjà le froid est plus intense; la renoncule laineuse montre ses

Polygala.

fleurs jaunes et ses grandes feuilles très velues et presque cotonneuses en dessous. Le selin de montagne, une belle ombellifère, aux feuilles étalées et pointues élève sa tige auprès d'une scabieuse brune. Voici plusieurs espèces de seneçons sans grande utilité médicale; des statices, nous en trouvions dans les sables des côtes, en voici sur cette colline aride. La véronique officinale avec ses qualités apéritives, béchiques et vulnéraires, tapisse ces bois montueux de ses petites fleurs d'un bleu pâle veiné de rouge : on la connaît sous le nom de thé d'Europe.

Nous sommes arrivés à 800 mètres; remarquez qu'après avoir côtoyé les noyers, traversé les bois de châtaigniers, nous n'avons plus rencontré que des chênes, des hêtres et des bouleaux. Ici les chênes cessent. A 1,000 mètres, nous ne verrons plus les hêtres; puis, les bois ne seront plus formés que d'arbres verts : sapin, mélèze et pin commun. Au delà de 1,800 mètres, si, au lieu d'un simple ballon des Vosges, nous faisions l'ascension d'un des sommets des Alpes, nous ne verrions plus, à partir de cette altitude, que de maigres taillis; enfin, un arbrisseau, le rhododendron, qu'on appelle la rose des Alpes. Dès lors, on ne trouvera plus que des plantes

Scabieuse. Statice.

alpines ne dépassant pas le niveau du sol : quelques crucifères, des composées, des graminées, des saxifrages, des gentianes, toutes plantes vivaces ou ligneuses, — les plantes annuelles ayant peine à se maintenir dans des régions où des froids trop rigoureux peuvent détruire leur graine. Les lichens, seuls, précéderont désormais les neiges éternelles.

Rhododendron.

Cette fois M. Leberrier avait parlé sans qu'aucune question, aucune gaie réflexion fût venue l'interrompre; tous les promeneurs étaient silencieux. Serge seul, assez attentif d'ordinaire lorsqu'il s'agissait de démonstrations nouvelles, avait parlé plusieurs fois bas à sa sœur avec animation. L'ascension, puis la descente s'accomplirent sans incident. Le soir, lorsque tous furent réunis au salon de l'hôtel, Léna demanda à Andrée si elle se souvenait exactement de la composition de cet élixir vulnéraire dont on avait parlé le jour de l'excursion à Champigny : pour plus de sûreté, Andrée s'adressa à M. Leberrier qui donna la recette écrite de sa main. La dépêche attendue chaque jour arriva régulièrement de Plewna : elle portait « mieux insensible, abattement profond ». Léna et son frère ne manifestèrent pas l'émotion que Mme Desay avait pu craindre et on se sépara, le soir, aussi mornes que quand on s'était retrouvés le matin.

Le lendemain, vers sept heures, Andrée entra dans la chambre de sa mère avec un visage bouleversé.

— Qu'est-il arrivé? demanda Mme Desay, tremblant d'apprendre la funeste issue des blessures du prince.

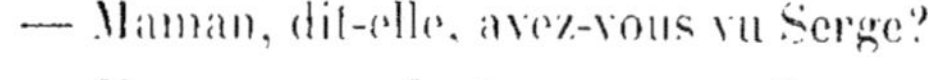

— Maman, dit-elle, avez-vous vu Serge?

— Non, mon enfant, pas ce matin.

— Personne ne l'a vu, ni Jean, ni Paul. Léna pleure.

Lichen.

— Ne serait-il pas parti avec M. Leberrier, pour quelque excursion?

— Non ; M. Leberrier le cherche comme nous.

— Demande à Simon, Andrée. Nous sommes dans un de ces moments où l'on a tout à craindre.

Mais Simon ne se trouva pas plus que Serge. La tenue embarrassée de Léna et ses réticences firent supposer à Andrée qu'elle en savait plus long qu'elle ne voulait le dire. C'était vrai. Une dépêche ne venant pas de Plewna, mais de Munich et signée Serge, apprenait à Mme Desay que le jeune garçon était parti, accompagné de Simon, pour retrouver son père, au camp. Léna avoua qu'elle connaissait le projet de son frère et que, loin de le retenir, elle lui avait donné tout son argent et celui de Paul pour le voyage, parce qu'il portait à leur père le fameux Falltrank qui devait le guérir, ainsi que tous les pauvres soldats russes.

Mme Desay fut vaincue par la naïveté et l'amour filial des enfants. Elle ne pouvait pas faire revenir Serge qui était déjà hors de France, elle allait se décider à le rejoindre, lorsque, cette fois encore, M. Leberrier offrit d'aller, sinon à la poursuite, du moins à la rencontre du jeune garçon. Un voyage ne l'effrayait pas, et sa situation d'officier de marine lui assurait un bon accueil des Russes, toujours pleins de cordialité et de sympathie à l'endroit de la nation française. Pour ne pas troubler les bons rapports qui n'avaient cessé d'exister entre Mme Desay et le prince Souvarine, il importait que Serge ne parût pas devant son père comme un coureur de routes, abandonné à sa fantaisie.

Tout se passa pour le mieux. M. Leberrier, plus expert que l'enfant et le vieux Simon dans l'art de voyager, les devança à Plewna.

Le prince, affaibli et malade, ne songea pas à se faire expliquer l'incartade de Serge; la présence de son fils lui fit du bien, et il prit avec une complaisance attendrie le fameux vulnéraire dans lequel les enfants avaient foi. Fut-ce le plaisir de revoir son fils, ou le mal n'était-il point aussi grave qu'on l'avait cru, toujours est-il que le prince Souvarine revint à la vie, et, un mois après ce que nous venons de raconter, il put rentrer dans son palais de Pétersbourg, où il retrouva Léna et Paul.

M. Leberrier, qui s'était conduit avec tant de dévouement et qui avait eu tant de bontés pour les jeunes Russes, est resté l'ami de Serge. Le prince, qui éprouvait le plus grand plaisir à s'entretenir avec lui, a vainement essayé de le retenir en Russie; le jeune marin n'a voulu, à aucun prix, renoncer à une carrière qui lui permet de servir noblement et utilement son pays.

Andrée, devenue Mme Leberrier, occupe les trop larges loisirs que lui laisse l'absence de son mari à rédiger les leçons communes, les entretiens, le récit des excursions qui ont été faites, lors du séjour en France des élèves de sa mère.

Jean, fidèle à sa vocation, après s'être solidement instruit en physique, en chimie, même en pharmacie, a obtenu une mission du gouvernement et explore Madagascar, que son beau-frère lui avait décrit autrefois.

Léna est une des plus ardentes propagatrices de l'œuvre de la Croix-Rouge, et elle a mis à profit ses connaissances en botanique au bénéfice des malades et des pauvres.

Serge et Paul sont entrés à l'École des Cadets; ils ont conservé tous deux un bon souvenir pour cette science qui leur rappelle les jours les plus tristes et les plus doux de leur jeune vie. Ils ont promis à Jean, pour lequel ils ont une vive amitié, de l'accompagner dans une de ses fréquentes explorations.

FIN

9736-87. — Corbeil. Typ. et stér. Crété.

TABLE DES MATIÈRES

AVANT-PROPOS VII
I. — FRANÇAIS ET RUSSES 1
II. — DES FLEURS ! 8
III. — PREMIERS EXPLOITS DE SERGE 17
IV. — MERVEILLES DES FEUILLES 30
V. — QUE DE CHOSES DANS UNE TIGE ! 41
VI. — OU EST JEAN ? 51
VII. — LA FLEUR 79
VIII. — UN PEU DE LUMIÈRE, OU BOTANISTES ET SYSTÈMES 100
IX. — A TRAVERS CHAMPS. LE LONG DE L'EAU 142
X. — ANALYSE DE TROIS SAVANTS 156
XI. — LA MÈRE GUIBAL 170
XII. — CHASSE AUX CHAMPIGNONS 191
XIII. — SOUS BOIS 209
XIV. — LE LONG DU RUISSEAU 222
XV. — DANS LES MONTAGNES 244

SUITE DE LA COLLECTION GRAND IN-8° JÉSUS A 10 FR.

Magnifiques volumes illustrés de très nombreuses gravures.

Riche reliure, toile rouge à biseau, plaque et tranches dorées, gouttière creuse.

LE BUFFON ILLUSTRÉ

A L'USAGE DE LA JEUNESSE

Par A. de BEAUCHAINAIS

LES

IGNORANCES DE MADELEINE

Par Émilie CARPENTIER

RÉCITS DE VIEUX MARINS

Par Albert LAPORTE

LES

GRIMPEURS DE MONTAGNES

Par L. BAILLEUL

SOUVENIRS D'ALGÉRIE

Par Albert LAPORTE

LES

CONTES DE PERRAULT

PRÉCÉDÉS D'UNE PRÉFACE

Par J.-T. DE SAINT-GERMAIN

ENCADREMENT EN COULEURS A TOUTES LES PAGES

9736-87. — Corbeil. Imprimerie. Crété.

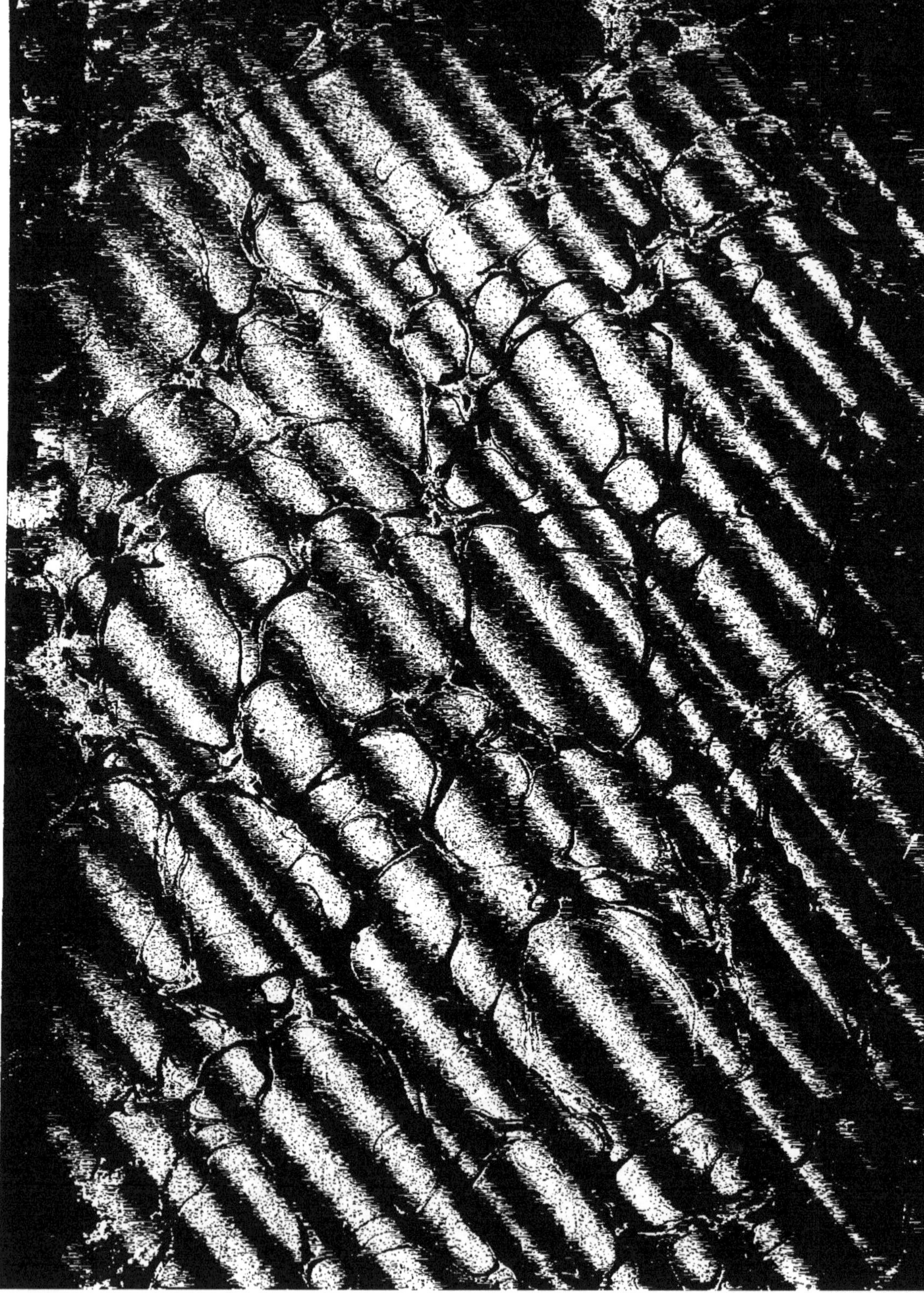

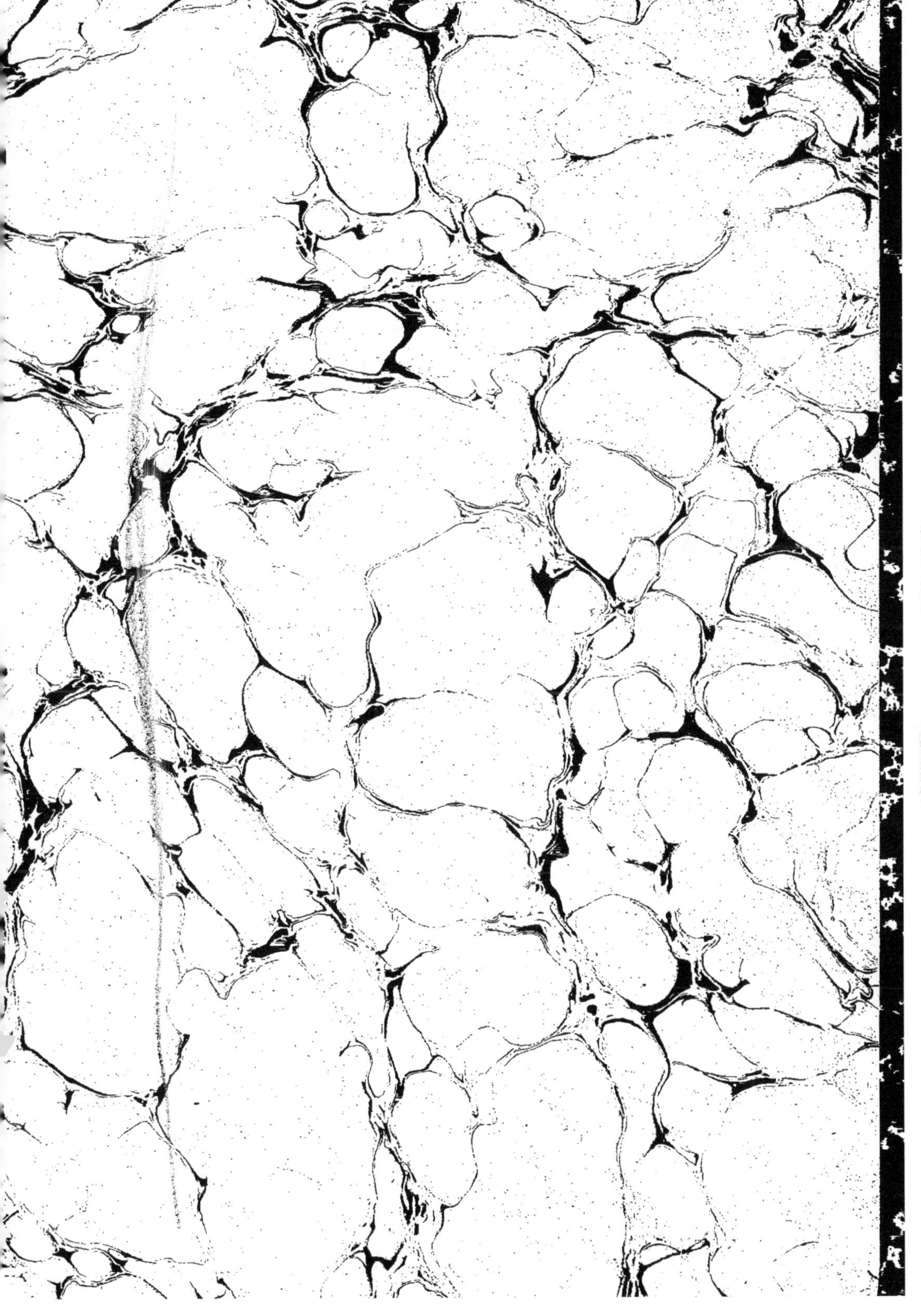

www.ingramcontent.com/pod-product-compliance
Ingram Content Group UK Ltd.
Pitfield, Milton Keynes, MK11 3LW, UK
UKHW020206250726
13967UKWH00003B/1293